高 等 学 校 教 材

工程制图与 AutoCAD 教程

佟以丹　孙晓锋　王晓玲　主编

第二版

U0344065

化学工业出版社

·北京·

本修订版采用中华人民共和国质量监督检验检疫总局发布的《技术制图》和《机械制图》等最新国家标准。

本书主要内容包括绪论，制图的基本知识，点、直线、平面的投影，立体的投影及其表面交线，组合体的视图及尺寸标注，轴测图，机件常用的表达方法，标准件和常用件，零件图，装配图，化工工艺流程图的绘制，AutoCAD绘图基础，附录。与本教程配套的有《工程制图与AutoCAD教程习题集（第二版）》。

本书可作为高等院校工程图学课程的教材，也可供工程技术人员参考。

图书在版编目（CIP）数据

工程制图与AutoCAD教程/佟以丹，孙晓锋，王晓玲
主编. —2版. —北京：化学工业出版社，2015.4（2021.4重印）
高等学校教材
ISBN 978-7-122-22780-5

Ⅰ.①工⋯　Ⅱ.①佟⋯②孙⋯③王⋯　Ⅲ.①工程制
图-AutoCAD软件-教材　Ⅳ.①TB237

中国版本图书馆CIP数据核字（2015）第008805号

责任编辑：程树珍　李玉晖
责任校对：边　涛　　　　　　　　　　　　装帧设计：张　辉

出版发行：化学工业出版社（北京市东城区青年湖南街13号　邮政编码100011）
印　　装：大厂聚鑫印刷有限公司
787mm×1092mm　1/16　印张17½　字数435千字　2021年4月北京第2版第8次印刷

购书咨询：010-64518888　　　　　　　　售后服务：010-64518899
网　　址：http://www.cip.com.cn
凡购买本书，如有缺损质量问题，本社销售中心负责调换。

定　　价：32.00元　　　　　　　　　　　　　　　　版权所有　违者必究

工程制图与AutoCAD教程

前　言

　　本教材（第一版）获吉林省和吉林省工程图学学会优秀教材。本教材的编写根据教育部工程图学教学指导委员会审定的《普通高等院校工程图学课程教学基本要求》的精神，针对工科院校非机械类专业"画法几何及机械制图"课程要求编写而成。在编写过程中，考虑到非机械类专业机械基础相对薄弱的特点，在教学实例上，更加注重内容的典型性和代表性；在表现方法上，充分利用立体图帮助阐述投影图的内容；在内容编排上，注重对各章节内容的总结，更方便学生的阅读和理解。

　　本修订版采用中华人民共和国质量监督检验检疫总局发布的《技术制图》和《机械制图》等最新国家标准。在修订过程中对部分章节的内容进行了增减和修改，如对制图的基本知识进行了完善，第 2 章中增加了练习习题，更换了相关图例，对表面粗糙度内容进行了修改，增加了几何公差的内容及 AutoCAD 绘图的练习习题。第二版内容即简洁又完整，适合工科院校非机械类专业学生学习。

　　参加修订工作的有佟以丹（绪论、第 9、第 10、第 11 章），孙晓锋（第 1、第 2、第 3、第 7、第 8 章），王晓玲（第 4、第 5、第 6 章），关会英（附录）。

　　本教程在修订过程中，得到了吉林化工学院工程制图教学中心全体老师的大力支持和帮助，并提出许多宝贵意见，在此表示感谢！本教程参考了一些国内外同类著作，在此特向有关作者致意！

　　由于我们水平有限，教程中尚有不妥之处，希望读者批评指正。

编者

2014.12

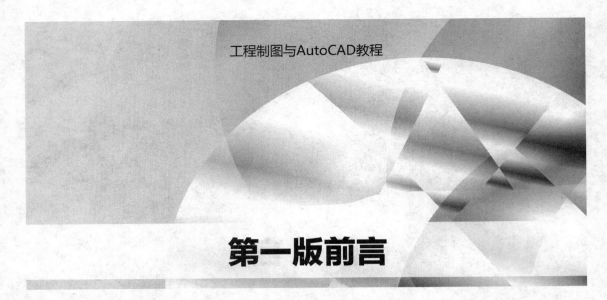

工程制图与AutoCAD教程

第一版前言

本教材以国家教育部颁发的适用于非机械类专业"画法几何及工程制图课程教学基本要求"为依据，在总结近几年教学改革经验、融入教学改革成果的基础上，力争做到适用于工科大中专院校非机械类各个专业。

自 20 世纪 90 年代以来，各工科院校加大了非机械类专业"画法几何及机械制图"课程的教学改革，由于各专业课程门数不断增多，这门课程的学时一减再减。因此，在编写过程中，本教材努力做到体现这门基础学科的特点，突出这门课程的实践性、实用性，开发学生的空间想象力和空间逻辑思维能力，培养学生的工程表达能力、创新意识和设计意识。

本教材的主要内容包括制图的基本知识和基本技能，点、直线、平面的投影，立体的投影，组合体，轴测图，机件的表达方法，标准件和常用件，零件图，装配图，化工工艺流程图的绘制规定，AutoCAD 二维绘图基础，AutoCAD 工程图样绘制实例，附录。本教材共12 章，主要特点如下。

① 浓缩了画法几何部分的内容，并降低了有关几何元素综合题的难度及深度，使这一部分内容自成一体，关系更加密切、易懂；

② 针对非机类学生立体感较差，强化了组合体内容，增加了各种典型图形和细致分析，为培养读者的空间立体感打下基础；

③ 充实了 AutoCAD 绘图内容，特别是增设了许多绘图实例，包括机械零件和工艺流程图两大方面，便于学员自学 AutoCAD 内容；

④ 强调实用性，重点突出了与工程应用密切相关的内容，重视方法、能力和技能等综合能力素质的培养；

⑤ 强调尺规绘图与计算机绘图的重要性，在习题集中准备了大量的绘图练习，注重培养严谨、认真、求实、科学的学风，重视工程意识的建立；

⑥ 教材内容科学正确，文字精练，前后衔接合理流畅。

与本教材配套的有《工程制图与 AutoCAD 教程习题集》。本教材可作为高等院校工程图学课程的教材，也可供工程技术人员参考。

本教程第 1 章～第 3 章由刘文彦编写，第 4 章～第 6 章由王晓玲编写，第 7 章由司玉兰编写，绪论、第 8 章～第 12 章由佟以丹编写，附录由关会英编写。

本教材在编写过程中，得到了吉林化工学院邵泽波教授的大力支持和帮助，在此表示感谢！本教材参考了一些国内外同类著作，在此特向有关作者致意！

　　由于笔者水平有限，教程中难免存在不妥之处，希望读者批评指正。

编者

2008.9

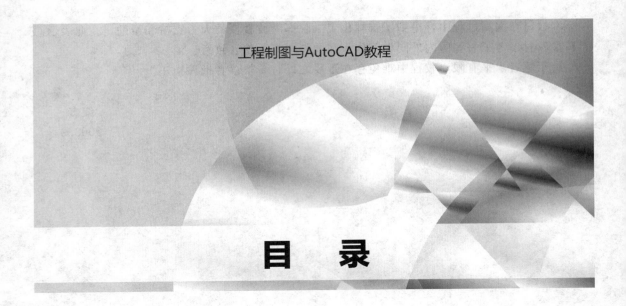

目　录

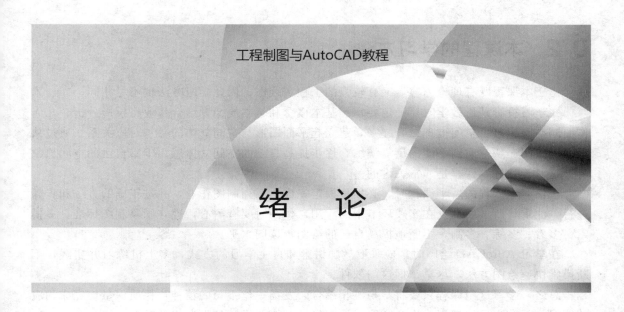

工程制图与AutoCAD教程

绪 论

0.1 本课程的性质和任务

工程图学是研究工程图样的绘制、表达和阅读的一门应用科学，是工程技术人员在设计、制造、使用、维修过程中所共同遵守的技术语言，每个工程技术人员都必须要掌握这种语言，否则就无法从事技术工作。

本课程主要研究绘制、阅读工程图样的基本原理和方法，培养学生的空间想象力，是一门既有系统理论又有较强实践性的技术基础课。本课程主要包括四个方面的内容。

① 画法几何 学习用正投影法表达空间几何形体和图解简单几何问题的基本原理和方法。

② 制图基础 训练用仪器和徒手绘图的操作技能，培养绘制和阅读投影图的基本能力，学习标注尺寸的基本方法。

③ 机械制图 培养绘制和阅读常见机器或部件的零件图和装配图的基本能力，并以培养读图能力为重点。

④ 计算机绘图 融入了 AutoCAD2006 绘图软件，使学生掌握计算机绘图的基本知识，学习常用图形的绘制。

本课程的主要任务：

ⅰ．学习正投影法的基本原理及其应用；

ⅱ．培养学生的空间想象力和空间逻辑思维能力；

ⅲ．培养学生尺规绘图、徒手绘图和计算机绘图能力；

ⅳ．培养学生绘制和阅读机械图样的基本能力；

ⅴ．培养认真负责的工作态度和严谨、勤奋、细致的工作作风；

ⅵ．通过本课程的学习，使学生的动手能力、工程意识、创新意识和设计意识得以全面提高。

0.2 本课程的学习方法

由于本课程既有理论内容，又有较强的工程实践性，因此学习方法也不尽相同。

在学习投影理论教学时，一定要掌握基本概念和基本规律，结合作业将投影分析、几何作图同空间想象、空间推理结合起来，建立起平面图形与空间立体的一一对应关系。通过从平面到空间、从空间到平面的反复演练，逐步提高自己的空间立体感，丰富自己的空间想象力，这对于学好本课程是非常关键的。

在学习本课程的后半课程时，必须按规定完成一系列制图作业，并按正确的方法和步骤进行，注重将所学的理论在实践环节中的应用，作图时要有耐心，遵守国家制图标准，多摸索、多看、多练、多画，不断地提高自己的绘图、读图水平。

在学习 AutoCAD 绘图时，应采取教师讲解和自主学习的方式，多上机练习并实践，不断摸索快速绘图方法，尽早掌握这门软件。

总之，学习这门课程只要将学与练相结合，发扬一丝不苟的精神，保质保量地完成相应的练习，就会为后续课程、生产实习、课程设计及毕业设计打下良好的基础。

制图的基本知识

工程图样是工程界的共同语言，是现代工业生产中必不可少的技术资料。为便于生产、管理和交流，必须对图样的画法、尺寸标注方法等做出统一的规定。本章主要介绍国家标准《技术制图》和《机械制图》中的有关规定，并简略介绍平面图形的基本画法、尺寸标注等。

1.1 国家标准《技术制图》和《机械制图》的有关规定

国家标准简称"国标"，其代号为"GB"，例如 GB/T 14689—2008，其中"T"为推荐性标准，"14689"是标准顺序号，"2008"是标准颁布的年代号。本节都是根据国家标准讲述工程制图绘图中的有关规定。

1.1.1 图纸幅面和格式

（1）图纸幅面尺寸

图纸幅面是指图纸宽度与长度组成的图面。根据 GB/T 14689—2008 的规定，绘制图样时优先采用表 1-1 所规定的基本幅面（第一选择），如图 1-1 中粗实线所示。

表 1-1 图纸基本幅面及图框尺寸

幅面代号	A0	A1	A2	A3	A4
尺寸 $B \times L$	841×1189	594×841	420×594	297×420	210×297
e	20			10	
c	10			5	
a	25				

必要时允许按规定加长图纸的幅面，加长幅面的尺寸由基本幅面的短边成整数倍增加后得出。图 1-1 中的细实线及虚线分别表示第二和第三选择加长幅面。

（2）图框格式

图纸上限定绘图区域的线框称为图框。图框用粗实线画出，图样绘制在图框的内部。图框格式分为不留装订边和留装订边两种，不留装订边的图框格式如图 1-2 所示，留装订边的

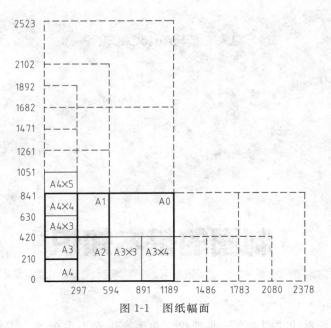

图 1-1　图纸幅面

图框格式如图 1-3 所示。同一产品只能采用同一种格式，周边尺寸如表 1-1 所示。

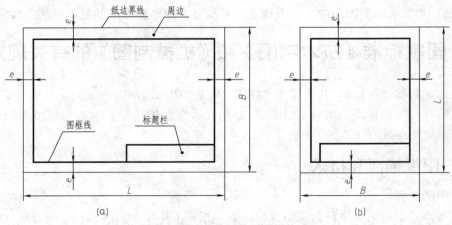

图 1-2　不留装订边的图纸格式

（3）标题栏及明细表

　　每张图纸都必须画出标题栏，用来填写图样上的综合信息，其格式和尺寸按 GB/T 10609.1—2008《技术制图标题栏》的规定绘制，建议在制图作业中采用图 1-4 的格式。标题栏的位置在图纸右下角，如图 1-2 和图 1-3 所示。

　　标题栏的长边为水平方向，且与图纸长边平行时，构成 X 型图纸，如图 1-2(a) 及图 1-3(a) 均为 X 型图纸。若标题栏的长边与图纸长边垂直，则构成 Y 型图纸，如图 1-2(b) 及图 1-3(b) 均为 Y 型图纸。上述两种情况下，看图的方向与看标题栏的方向一致。

　　明细栏是装配图中才有，明细栏一般放在标题栏上方，并与标题栏对齐。用于填写组成零件的序号、名称、材料、数量、标准件规格以及零件热处理要求等。相关规定请参照国家标准 GB/T 10609.2—2009《技术制图》—"明细栏"的有关规定。

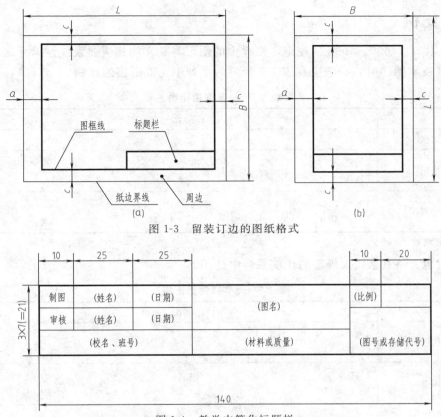

图 1-3 留装订边的图纸格式

	10	25	25			10	20
制图	(姓名)	(日期)		(图名)		(比例)	
审核	(姓名)	(日期)					
(校名、班号)				(材料或质量)		(图号或存储代号)	

3×7(=21)

140

图 1-4 教学中简化标题栏

绘制标题栏时，应注意以下问题：

ⅰ. 明细栏和标题栏的分界线是粗实线，明细栏的外框竖线是粗实线，横线和内部竖线均为细实线（包括最上一条横线）。

ⅱ. 填写序号时应由下向上排列，这样便于补充编排序号时被遗漏的零件。当标题栏上方位置不够时，可在标题栏左方继续列表由下向上延续。

ⅲ. 标准件的国标代号应写入备注栏。备注栏还可用以填写该项的附加说明或其他有关的内容。

图 1-5 是标准标题栏和明细栏。

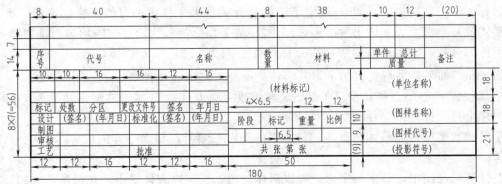

图 1-5 标准标题栏和明细栏

1.1.2 比例

根据 GB/T 14690—1993 的规定，图样中的图形与其实物相应要素线性尺寸之比，称为比例。绘制技术图样时，一般应在表 1-2 规定的系列中选取适当的比例。

表 1-2 一般选用比例

种 类	比 例		
原值比例	$1:1$		
放大比例	$5:1$ $5\times10^n:1$	$2:1$ $2\times10^n:1$	$1\times10^n:1$
缩小比例	$1:2$ $1:2\times10^n$	$1:5$ $1:5\times10^n$	$1:10$ $1:1\times10^n$

注：n 为正整数。

必要时也允许在表 1-3 规定的比例系列中选用。

表 1-3 允许选用的比例

种 类	比 例				
放大比例	$4:1$ $4\times10^n:1$	$2.5:1$ $2.5\times10^n:1$			
缩小比例	$1:1.5$ $1:1.5\times10^n$	$1:2.5$ $1:2.5\times10^n$	$1:3$ $1:3\times10^n$	$1:4$ $1:4\times10^n$	$1:6$ $1:6\times10^n$

注：n 为正整数。

比例符号应以"："表示。比例的表示方法如：$1:1$，$1:2$，$2:1$ 等。一般情况下，比例应填写在标题栏中。绘制同一机件的各个视图应采用相同的比例，当某个视图需要采用不同的比例时，可在视图的上方标注比例。如 $\dfrac{\mathrm{I}}{5:1}$，$\dfrac{A}{2:1}$，平面图 $1:100$ 等。不论采用何种比例绘图，标注尺寸时，机件均按实际尺寸标注。绘制图样时，比例应根据机件的形状大小、结构复杂程度以及该机件的用途等因素确定，尽可能选用 $1:1$ 的比例，以便能直观地反映机件的实际大小。

1.1.3 字体

国标（GB/T 14691—1993）规定了图样及有关技术文件中书写的汉字、字母、数字的结构形式及基本尺寸。字体书写必须做到："字体工整、笔画清楚、间隔均匀、排列整齐"。

字体的号数，即字体高度 h，其公称尺寸系列为 1.8，2.5，3.5，5，7，10，14，20，单位为 mm。如需要书写更大的字，其字体高度应按 $\sqrt{2}$ 的比例递增。

字母和数字分 A 型和 B 型，A 型的笔画宽度 d 为 $h/14$，B 型的笔画宽度 d 为 $h/10$，在同一图样上只允许采用一种字型的字体。

字母和数字可写成斜体和直体，斜体字字头向右倾斜，与水平方向成 $75°$，汉字只能写成直体。

在计算机制图中，数字与字母一般以斜体输出，汉字以直体输出。在机械图样的计算机制图中，汉字的高度降至与数字高度相同；在建筑图样的计算机制图中，汉字的高度允许降至 2.5mm，字母和数字对应地降至 1.8mm。

（1）汉字

国家标准规定汉字应写成长仿宋体，并采用国务院正式公布推行的简化字。汉字的高度 h 不应小于 3.5mm，字宽一般为 $h/\sqrt{2}$，即约等于字高的 2/3。

书写长仿宋体字的要领是：横平竖直，注意起落，结构匀称，填满方格。基本笔画有点、横、竖、撇、捺、挑、钩、折 8 种，写法实例如图 1-6 所示。

字体端正　笔画清楚　排列整齐　间隔均匀

装配时作斜度深沉最大小球厚直网纹均布水平镀抛光研视图
向旋转前后表面展开两端中心孔锥销键

图 1-6　汉字示例

（2）字母与数字

工程上常用的数字有阿拉伯数字和罗马数字，并经常用斜体书写，如图 1-7 和图 1-8 所示。

图 1-7　阿拉伯数字字体示例

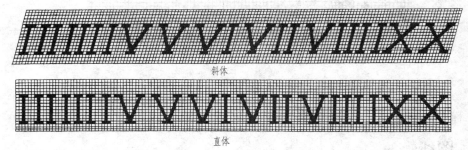

图 1-8　罗马数字字体示例

拉丁字母的大写和小写有斜体和直体两种，如图 1-9 所示。

希腊字母写法示例如图 1-10 所示。

用作指数、脚注、极限偏差、分数的数字及字母一般应采用小一号的字体，如图 1-11 所示。图样中的数学符号、计量单位符号、物理量符号以及其他符号、代号，应符合国家有

大写斜体

大写直体

小写斜体

小写直体

图 1-9　拉丁字母示例

关法令和标准的规定。

1.1.4　图线

国家标准 GB/T 17450—1998 和 GB/T 4457.4—2002 规定了图样中图线的线型、尺寸和画法。

（1）线型及图线尺寸

国家标准《技术制图　图线》中，规定了 15 种基本线型，以及若干种基本线型的变形和图线的组合，表 1-4 给出了机械制图中常用的 9 种线型。

工程制图与AutoCAD教程

$ABΓΔEZHΘIKΛMNΞO$

$ΠPΣTYΦXΨΩ$

大写斜体

$αβγδεζηθθικλμνξο$

$πρστυφψχψω$

小写斜体

图 1-10　希腊字母示例

$10^3 \quad S^{-1} \quad D_1 \quad T_d$

$Φ20^{+0.010}_{-0.023} \quad 7°^{+1°}_{-2°} \quad \dfrac{3}{5}$

图 1-11　其他字体示例

表 1-4　各种图线名称、线型、线宽和用途

图线名称	线　　　型	线宽	主　要　用　途
粗实线	————————	d	可见棱边线、可见轮廓线、可见相贯线等
粗虚线	– – – – – –	d	允许表面处理的表示线
粗点画线	—— · —— · ——	d	限定范围表示线
细实线	————————	$0.5d$	过度线、尺寸线、尺寸界线、指引线和基准线、剖面线、重合断面的轮廓线等
细虚线	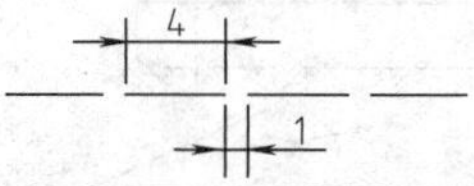 – – – 4 – 1 –	$0.5d$	不可见棱边线、不可见轮廓线等
细点画线	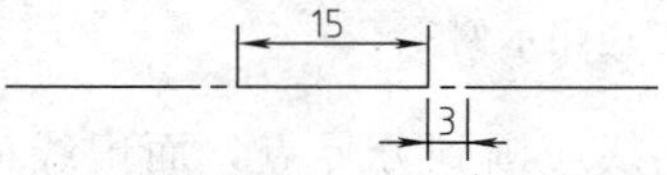 — · — 15 · 3 —	$0.5d$	轴线、对称中心线等
细双点画线	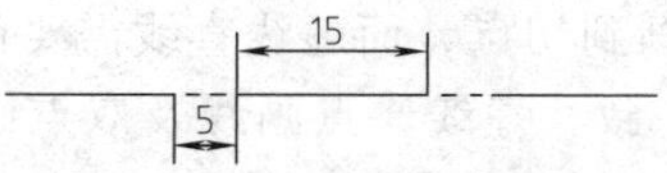 — · · — 15 · · 5 —	$0.5d$	相邻辅助零件的轮廓线、可动零件的极限位置的轮廓线、成形前轮廓线、剖切面前的结构轮廓线、轨迹线、中断线等

图线名称	线　型	线宽	主要用途
波浪线	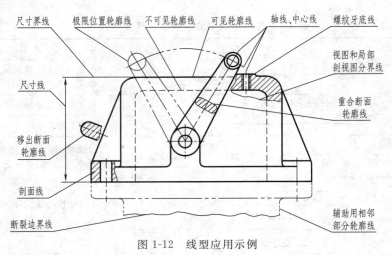	0.5d	断裂处边界线，视图与剖视图的分界线。在一张图纸上，一般采用其中一种线型
双折线		0.5d	

国家标准 GB/T 17450—1998 规定，所有线型的图线宽度（d），应按图样的类型和尺寸大小在下列数系中选择：0.13，0.18，0.25，0.35，0.5，0.7，1.0，1.4，2.0，单位为 mm，其中优先采用 0.5 或 0.7。

按 GB/T 4457.4—2002 规定，在机械图中采用的粗线和细线的宽度比例为 2∶1。在同一图样中，同类图线的宽度应基本一致。在机械图样中常用的图线见表 1-4。除粗实线、粗虚线和粗点画线以外均为细线，粗细线的线宽比例为 2∶1。

为了保证图样清晰、易读和便于缩微方便，应尽量避免在图样中出现宽度小于 0.18mm 的图线。

（2）图线的画法及注意点

ⅰ．两条平行线之间的最小间隙不得小于 0.7mm；

ⅱ．在较小的图形上绘制细点画线或双点画线有困难时，可用细实线代替；

ⅲ．绘制圆的对称中心线时，圆的中心线应是长画的交点。点画线和双点画线的首末端应是长画，而不是点；

ⅳ．轴线、对称线、中心线、双折线和作为中断线的双点画线，应超出轮廓线 2～5mm。虚线、点画线、双点画线的短画、长画的长度和间隔应各自大小相等；

ⅴ．细点画线、细双点画线、细虚线、粗实线彼此相交时，都应交于画线处，不应留空，如图 1-12 所示；

图 1-12　线型应用示例

ⅵ．当虚线处于粗实线的延长线上时，粗实线应画到分界点，而虚线应留有间隔，当虚线圆弧和虚线直线相切时，虚线圆弧的短画应画到切点，而虚线直线需要留有间隔；

ⅶ．同一图样中，同类图线的线宽应基本一致。虚线、点画线及双点画线的短画、长画的长度和间隔应各自大小相等；

viii. 两种图线重合时，只需画出其中一种，优先顺序为：可见轮廓线，不可见轮廓线，对称中心线，尺寸界限。

图 1-13 给出了图线在相交、相切处容易出现错误的实例。

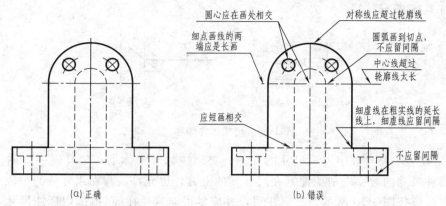

图 1-13　图线在相交、相切处的正确与错误画法

1.1.5　尺寸注法

图形仅表示机件的形状，而机件的大小必须通过标注尺寸确定。尺寸是图样中的主要内容之一，标注尺寸是一项重要的工作，必须认真细致，一丝不苟。

国家标准 GB/T 4458.4—2003 及 GB/T 16675.2—1996 规定了尺寸标注的基本规则、形式和组成等。

（1）基本规则

i. 机件的真实大小应以图样上所注的尺寸数值为依据，与图形的大小及绘图的准确度无关；

ii. 图样中的尺寸，以 mm 为单位时，不需标注计量单位的代号和名称，如采用其他单位，则必须注明相应的计量单位的代号或名称；

iii. 图样中所标注的尺寸，为该图样所示机件的最后完工尺寸，否则应另加说明；

iv. 机件的每一尺寸，一般只标注一次，并应标注在反映该结构最清晰的图形上。

（2）尺寸要素

一个完整的尺寸一般应包括尺寸界线（包括箭头或斜线）、尺寸线和尺寸数字（包括符号）三个基本要素，如图 1-14 所示。

① 尺寸界线　尺寸界线用来表示所注尺寸的起始和终了位置。尺寸界线用细实线画，并由图形的轮廓线、轴线或对称中心线

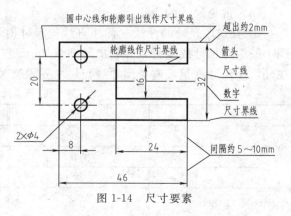

图 1-14　尺寸要素

处引出，也可以直接利用这些线代替，尺寸界线一般应与尺寸线垂直，必要时也允许与尺寸线倾斜。

② 尺寸线　尺寸线用来表示所注尺寸的方向。尺寸线必须用细实线单独画出，不能用其他图线代替，也不得与其他图线重合或画在其他图线的延长线上。

尺寸线的终端有两种形式：箭头和斜线。箭头适用于各种类型的图样，同一张图样上箭头大小要一致，一般采用一种形式。圆的直径、圆弧半径及角度的尺寸线的终端形式应画成箭头，如图 1-15 所示。

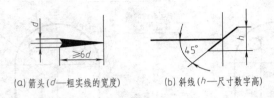

(a)箭头(d—粗实线的宽度)　　(b)斜线(h—尺寸数字高)

图 1-15　尺寸线终端形式

③ 尺寸数字　尺寸数字表示尺寸的数值，必须按标准字体书写，且同一张图上的字高应一致，线性尺寸的数字一般应注写在尺寸线的上方，也允许注写在尺寸线的中段处。尺寸数字的方向，应按图 1-16 所示的方向注写，并应尽可能避免在 30°范围内标注尺寸，当无法避免时，可按图 1-17 所示的形式标注。

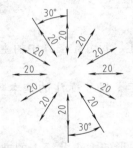

图 1-16　尺寸数字的方向

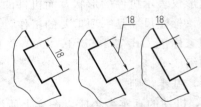

图 1-17　30°范围内标注尺寸

尺寸数字遇到图线时，需将图线断开，如图线断开影响图形表达时，应调整尺寸位置。

不同类型的尺寸符号如表 1-5 表示。

(3) 常见尺寸的注法

① 直线段尺寸的注法　标注直线段尺寸时，尺寸线必须与所标注的线段平行。尺寸界线一般应与尺寸线垂直，并超出轮廓线 2mm 左右。当有几条相互平行的尺寸线时，大尺寸在外，小尺寸在里，避免尺寸线与尺寸界限交叉，如图 1-18 所示。

表 1-5　尺寸符号

符　号	含　义	符　号	含　义
ϕ	直径	t	厚度
R	半径	⌄	埋头孔
S	球	⌴	沉孔或锪平
EQS	均布	↧	深度
C	45°倒角	□	正方形
∠	斜度	▷	锥度

② 圆、圆弧及球面尺寸　圆的尺寸需标注直径尺寸，尺寸线通过圆心画出，且在尺寸线前加符号"ϕ"。大于一半的圆弧标注直径尺寸，小于一半的圆弧标注半径尺寸，尺寸线通过圆心画出，且在尺寸线前加符号"R"，如图1-19所示。

当圆弧的半径过大或在图纸的范围内无法注出其圆心位置时，可采用折线形式；当圆心位置不需注明时，尺寸线可只画靠近箭头的一段，如图1-20所示。

标注球面尺寸时，需要在"ϕ"或"R"前加球面符号"S"，如图1-21所示。

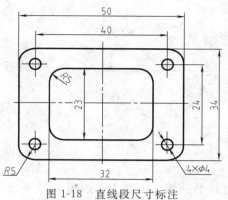
图 1-18　直线段尺寸标注

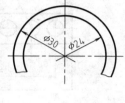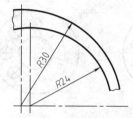
图 1-19　圆和圆弧尺寸标注

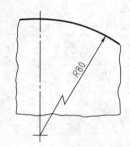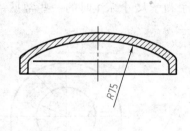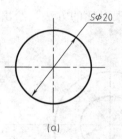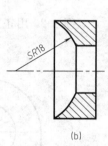
图 1-20　大圆弧尺寸标注　　　　　　　　　图 1-21　球面尺寸标注

③ 小尺寸的注法　尺寸界限之间没有足够位置画箭头时，可把箭头或数字放在尺寸界限的外侧；当几个小尺寸连续标注而无法画箭头时，可用斜线或实心圆点代替，如图1-22所示。

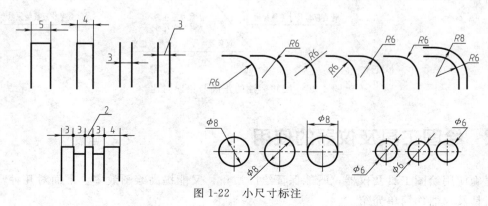
图 1-22　小尺寸标注

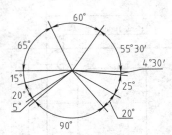

图 1-23　角度尺寸标注

④ 角度尺寸的注法　标注角度尺寸时，尺寸界限应径向引出，尺寸线应画成圆弧，圆弧的中心是该角的顶点，角度的数字一律水平书写，一般标注在尺寸线的中断处，必要时允许标注在尺寸线的外侧或内侧，也可引出标注，如图 1-23 所示。

⑤ 相同要素的注法　在同一图形中，相同结构的孔、槽等可只注出一个结构的尺寸，并标出数量，如图 1-24 所示。

⑥ 对称机件注法　对称机件的图形只画一半或大于一半时，尺寸线应略超过中心线或断裂处的边界线，此时仅在尺寸线的一端画出箭头，如图 1-25 所示。

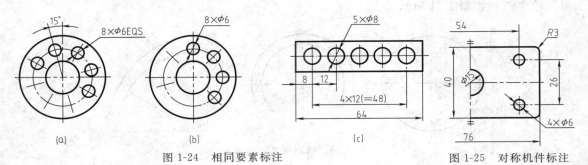

图 1-24　相同要素标注　　　　　　　　　　　　　　图 1-25　对称机件标注

图 1-26 用正误对比的方法，给出了初学尺寸标注时的一些常见错误。

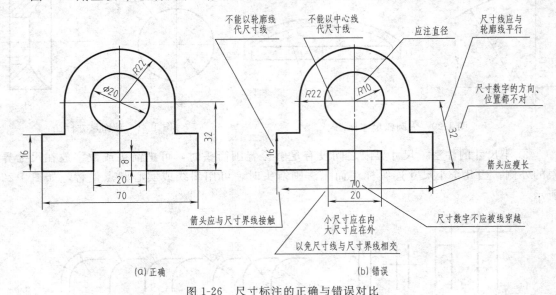

图 1-26　尺寸标注的正确与错误对比

1.2　绘图工具及仪器的使用

正确使用绘图工具及仪器，既能保证绘图质量，又能提高绘图效率。下面对几种常用的绘图工具及仪器作简单介绍。

1.2.1 图板、丁字尺和三角板

图板为矩形木板，供固定图纸用。图板表面必须平坦、光滑，左右两边必须平直，作为丁字尺的导边。图纸用胶带纸固定其上，用于绘制图样，如图 1-27 所示。

丁字尺由尺头和尺身相互垂直固定在一起，主要用来画水平线，或作为三角板移动的导边。使用时，用左手扶住尺头，使尺头工作边靠紧图板的左侧沿导边作上下滑动，移至所需位置。用左手压紧尺身，从左至右画水平线，如图 1-28 所示。

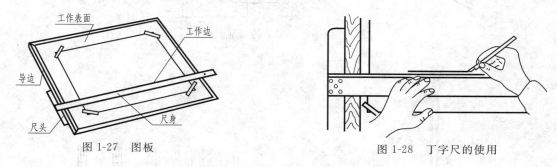

图 1-27 图板　　　　　　　　　　　　图 1-28 丁字尺的使用

三角板是用塑料制成的直角三角形透明板，一副两块，分别具有 45°、30° 和 60° 的锐角。三角板与丁字尺配合使用，可绘制垂直线和 15° 倍角的斜线，如图 1-29 所示。

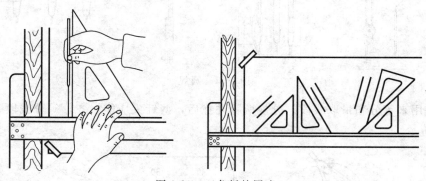

图 1-29 三角板的用法

1.2.2 绘图铅笔

绘图时常用的铅笔分为软硬两种，其中字母 B 表示软铅笔，H 表示硬铅笔。H 前面的数值越大，铅芯越硬；B 前面的数值越大，铅芯越软。HB 表示软硬是介于 B 和 H 之间。通常打底稿用 H 或 2H 铅笔，写字选用 H 或 HB 铅笔，铅芯削成圆锥形。加深时，粗实线常用 B 铅笔，铅芯削成扁平的矩形，如图 1-30 所示；画细实线、点画线和虚线时常用 HB 铅笔。加深用的圆规铅芯比画直线的铅芯软一级。注意同类型的线条粗细、浓淡应保持一致。

1.2.3 圆规和分规

圆规是画圆或圆弧的仪器。有大圆规、弹簧规和点圆规等。大圆规的一条腿装有钢针，另一条腿可装铅笔插腿或鸭嘴插腿。圆规两腿并拢后，针尖应略高于铅芯尖。画图时，应将钢针插入图板内，使圆规向前进方向稍微倾斜，并用力均匀，转动平稳。当画较大圆时，应尽量使圆规两脚垂直于纸面，如图 1-31 所示。

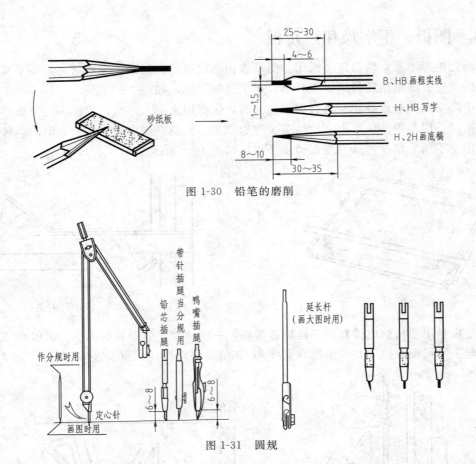

图 1-30 铅笔的磨削

图 1-31 圆规

分规是用来等分和量取线段。分规两腿并拢后，两针尖应能对齐，等分线段、量取尺寸如图 1-32 所示。

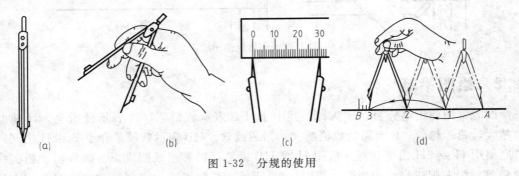

图 1-32 分规的使用

除上述工具和仪器外，在绘图时还需要准备曲线板、模板、擦图片、胶带纸、铅笔刀、橡皮等工具。

1.3 几何作图

在绘制图样时，无论图形多么复杂，都是由基本几何图形组成的，熟悉和掌握常见几何图形的画法，可以提高绘图质量和速度。

1.3.1 正多边形

（1）正六边形的画法

已知正六边形的外接圆直径，可用丁字尺和三角板配合作图，如图1-33（a）、（b）所示；也可以用分规等分圆周作图，如图1-33（c）所示。

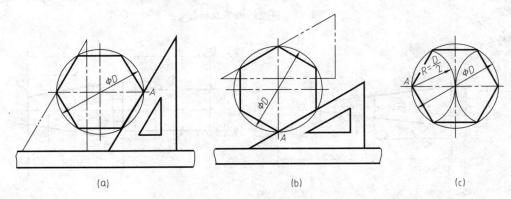

图 1-33　正六边形的画法

（2）正五边形的画法

已知外接圆直径，作正五边形，如图1-34所示。

作图步骤：

i．以 A 为圆心，OA 为半径，画弧交圆周于 B、C，连接 BC 的 OA 中点 D；

ii．以 D 为圆心，DE 为半径画弧，得交点 F，EF 线段长即为五边形边长；

iii．自 E 点起，用 EF 长截取圆周，得点2、3、4、5，依次连接，既得正五边形。

图 1-34　正五边形的画法

1.3.2 斜度和锥度

（1）斜度

斜度是指直线（平面）对另一直线（平面）的倾斜程度，其大小由这两个直线（平面）间夹角的正切表示，在图样中常以 $1:n$ 的形式与斜度符号一起标注。斜度的画法及标注如图1-35所示。

（2）锥度

锥度是两个垂直于圆锥轴线的圆截面的直径差与该两截面间的轴向距离之比，其数值一般写成 $1:n$ 的形式，并与锥度符号一起标注，如图1-36所示。

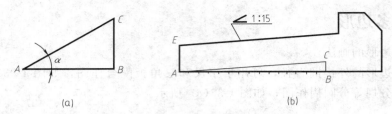

(a)

(b)

图 1-35　斜度的画法及标注

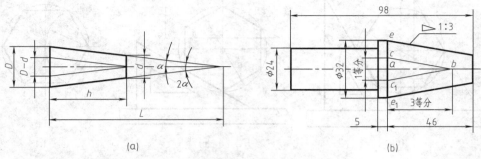

(a)

(b)

图 1-36　锥度的画法及标注

1.3.3　椭圆

椭圆是工程中常用的平面曲线，下面介绍两种根据椭圆长、短轴绘制椭圆的方法。

（1）四心圆法［图 1-37(a)］

作图步骤：

ⅰ．以 O 为圆心，OA 为半径画弧，交短轴延长线上 E 点；

ⅱ．连接 AC，以 C 为圆心，CE 为半径画弧交 AC 于 F 点；

ⅲ．作线段 AF 的中垂线，交长轴 O_1，短轴 O_2，并找出对称点 O_3、O_4；

ⅳ．连接 O_1O_2、O_1O_4、O_2O_3、O_3O_4，分别以 O_1、O_2、O_3、O_4 为圆心，O_1A、O_2C 为半径画弧至连心线，既得椭圆。

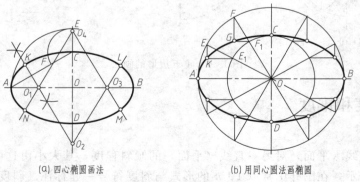

(a) 四心椭圆画法

(b) 用同心圆法画椭圆

图 1-37　椭圆的画法

（2）同心圆法［图 1-37(b)］

作图步骤：

ⅰ．分别以 AB、CD 为半径画同心圆；

ⅱ.过圆心 O 作一系列直径与同心圆相交;

ⅲ.自大圆交点作垂线,自小圆交点作水平线,它们的交点即为椭圆上的点;

ⅳ.用曲线板光滑地连接各点,既得椭圆。

1.3.4 圆弧连接

绘制图形时,经常遇到用一已知半径的圆弧光滑地连接相邻的已知直线或圆弧的作图问题。常见的连接形式有:直线与圆弧连接,圆弧与圆弧连接。为了保证连接光滑,作图时必须准确找到连接圆弧的圆心和连接点(切点)。

(1)圆弧连接的作图原理

ⅰ.半径为 R 的圆弧与直线相切,圆弧的圆心轨迹是与已知直线平行且相距为 R 的直线。自连接弧的圆心向已知直线作垂线,其垂足就是连接点(切点),如图 1-38(a)所示;

ⅱ.半径为 R 的圆弧与圆心为 O_1、半径为 R_1 的已知圆弧外切时,其圆心的轨迹为已知圆弧的同心圆。该圆半径为 R_0($R_0 = R_1 + R$),两圆弧圆心连线与已知弧的交点即为连接点(切点),如图 1-38(b)所示;

ⅲ.半径为 R 的圆弧与圆心为 O、半径为 R_1 的已知圆弧内切时,其圆心的轨迹为已知圆弧的同心圆。该圆半径为 R_0($R_0 = R_1 - R$),两圆弧圆心连线与已知弧的交点即为连接点(切点),如图 1-38(c)所示。

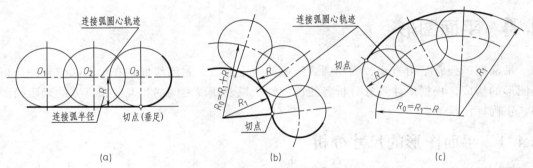

(a)　　　　　　　　　(b)　　　　　　　　　(c)

图 1-38　圆弧连接的作图原理

(2)圆弧连接的应用举例

ⅰ.用半径为 R 的圆弧连接两相交直线Ⅰ和Ⅱ,如图 1-39 所示。

分别作距离两直线Ⅰ和Ⅱ为 R 的平行线,相交于 O,从 O 分别向直线Ⅰ和Ⅱ作垂线,得垂足 K 和 K_1,以 O 为圆心,R 为半径作连接弧 K_1K。

ⅱ.用半径为 R 的圆弧连接直线Ⅰ和 O_1 为圆心、R_1 为半径的已知弧,如图 1-40 所示。

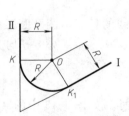

图 1-39　圆弧与两直线连接

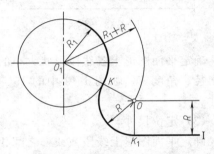

图 1-40　圆弧与直线和圆弧连接

作距离直线Ⅰ为 R 的平行线，并以 O_1 为圆心、$R_1 + R$ 为半径画弧，平行线与所作圆弧相交于 O，从 O 向直线Ⅰ作垂线，得垂足 K_1，连接 OO_1 与已知弧交于 K，以 O 圆心，R_1 为半径作连接弧 K_1K。

ⅲ．用半径为 R 的圆弧与已知圆弧外连接，如图 1-41 所示。

分别以 O_1、O_2 为圆心、$R_1 + R$、$R_2 + R$ 为半径画弧，两圆弧相交于 O，连接 OO_1、OO_2 与已知弧分别交于 K、K_1，以 O 圆心，R 为半径作连接弧 K_1K。

ⅳ．用半径为 R 的圆弧与已知圆弧内连接，如图 1-42 所示。

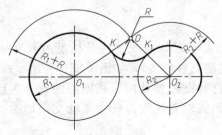

图 1-41　圆弧与圆弧外连接

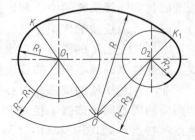

图 1-42　圆弧与圆弧内连接

分别以 O_1、O_2 为圆心、$R - R_1$、$R - R_2$ 为半径画弧，两圆弧相交于 O，连接 OO_1、OO_2 与已知弧分别交于 K、K_1，以 O 圆心，R 为半径作连接弧 K_1K。

1.4　平面图形

平面图形通常是由直线、圆和圆弧组成的一个或数个封闭线框，在绘图时应首先分析平面图形的构成，根据所注尺寸分析各线段的性质以及线段之间的相互关系，才能确定绘图步骤，正确标注尺寸。

1.4.1　平面图形的尺寸分析

平面图形中的尺寸，按其作用分为定形尺寸和定位尺寸，要想确定平面图形中线段的上下、左右的相对位置，必须引入基准的概念。

图 1-43　手柄

（1）基准

确定平面图形的尺寸位置的几何元素（点或线）称为基准。通常将图形中的对称线、较大圆的中心线和重要的轮廓线等作为基准。图 1-43 的手柄是以水平的对称线和较长的直线作为基准线。

（2）定形尺寸

确定平面图形上各线段形状大小的尺寸称为定形尺寸。如直线的长度、圆及圆弧的直径或半径、角度等。如图 1-43 中的 15、$R10$、$R15$、$R12$、$R50$、$\phi20$、$\phi5$、$\phi30$ 等均为定形尺寸。

（3）定位尺寸

确定平面图形上线段或线框之间相对位置的尺寸称为定位尺寸。如图 1-43 中的 $\phi5$ 小圆位置尺寸 8 和 $R10$ 位置尺寸 75。

1.4.2　平面图形的线段分析

平面图形中各线段的绘图顺序与线段的性质有关。确定平面图形中的任一线段，一般需要三个条件（两个定位条件，一个定形条件），如绘制任意一个圆，需要知道圆心的两个坐标和圆的直径。因此，凡完全已知上述三个尺寸的线段（圆弧）称为已知线段（圆弧），如图 1-43 中的 $\phi5$、$R15$；已知定形尺寸和一个定位尺寸，并有一个连接关系的线段（圆弧）称为中间线段（圆弧），如图 1-43 中的 $R50$；仅已知定形尺寸，并有两个连接关系的线段（圆弧）称为连接线段（圆弧），如图 1-43 中的 $R12$。

1.4.3　平面图形的绘图步骤

画平面图形时，应按线段的性质先画已知线段，再画中间线段，最后画连接线段，如图 1-44 所示。

1.4.4　平面图形的尺寸标注

尺寸标注要在图形分析基础上进行，标注的要求是：正确、完整、清晰。正确是指按国家标准规定标注尺寸；完整是指尺寸要齐全，不重复，不遗漏；清晰是指尺寸标注在反映结构形状最明显的图形上，安排有序，书写清楚。标注的具体步骤：首先要选择基础，然后标注定形尺寸和定位尺寸，最后要进行检查调整。

下面以图 1-45 图形为例，具体标注如下。

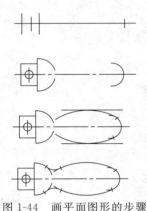

图 1-44　画平面图形的步骤

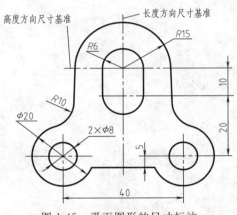

图 1-45　平面图形的尺寸标注

ⅰ. 分析图形，该平面图形左右对称，因此选择左右对称线作为长度基础，选择 $R15$ 所在圆弧的中心线作为高度基准；

ⅱ. 标注定形尺寸，$R6$、$R15$、$R10$、$\phi20$、$2\times\phi8$；

ⅲ. 标注定位尺寸，10、20、5、40；

ⅳ. 检查。

1.4.5　尺规绘图的步骤

ⅰ. 准备工作，首先准备好绘图用的图板、丁字尺、三角板、绘图仪器及其他工具，再按要求磨削好铅笔及圆规铅芯；

ⅱ．选择图幅、固定图纸，根据图样的大小和比例选择合适的图幅，用丁字尺找正后，再用胶带纸将图纸固定在图板上；

ⅲ．用细实线画图框和标题栏；

ⅳ．布置图面，根据每个图形长宽尺寸确定其位置，并且要考虑标注尺寸所占的面积。位置确定后，通过画出图形的基础线和对称中心线等使图形定位；

ⅴ．画底稿，根据定好的基准线，按尺寸画出主要轮廓线，再画细节部分；

ⅵ．检查、修改和清理底稿作图线；

ⅶ．铅笔描深，按先曲线后直线，先实线后其他图线的顺序描深，尽量使同类图线的粗细、浓淡一致；

ⅷ．标注尺寸，填写标题栏；

ⅸ．再检查全图，改正错误，完成全图。

2

点、直线、平面的投影

2.1 投影的基本知识

2.1.1 投影法概述

空间物体在灯光或日光照射下，在地面或墙面上会出现物体的影子，人们根据这一自然现象经过科学地总结、概括，从而定义了工程上投影的方法。如图 2-1 所示，现设立一个平面和平面外一点 S，S 为投影中心，平面 P 为投影面，A 为空间任一点，连 SA 并延长至 P 面，得交点 a，Sa 为投射线，a 被称为 A 点在平面 P 上的投影，这种产生图像的方法叫做投影法。

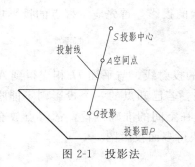

图 2-1 投影法

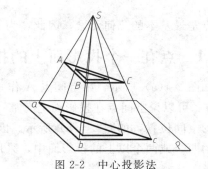

图 2-2 中心投影法

2.1.2 投影法的分类

投影法通常可分为两大类：中心投影法和平行投影法。

（1）中心投影法

如图 2-2 所示，投影中心距离投影面为有限远，所有的投影线汇交于投影中心 S，这样的投影法称为中心投影法。这种投影法具有较强的直观性，立体感好。但用这种投影法绘制的图像，不能反映物体的真实形状和大小。因此，中心投影法主要用于绘制建筑物或产品的透视图。

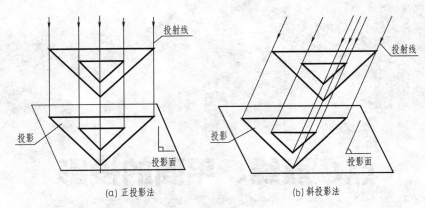

(a) 正投影法　　　　　　　(b) 斜投影法

图 2-3　平行投影法

（2）平行投影法

当把投影中心移至无穷远处，投影线都相互平行，这种投影法称为平行投影法。

根据投射线与投影面所夹角度的不同，平行投影法又分为直角投影法和斜角投影法。投射线垂直于投影面的称为直角投影法，也称为正投影法，如图 2-3（a）所示；投射线倾斜于投影面的称为斜角投影法，也称为斜投影法，如图 2-3（b）所示。

用平行投影法绘制的投影图直观性差，但度量性好。所以机械图样多采用平行投影绘制。根据制图国家标准规定，机件的图样按正投影绘制。为了方便叙述，常用"投影"代替正投影。

2.2　点的投影

点是最基本的几何元素。因此，为了研究其他元素的投影，首先应掌握点的投影规律。

2.2.1　点在一个投影面上的投影

如图 2-4（a）所示，由空间点 A 作垂直于平面 H 的投射线，与平面 H 相交得到 A 点的投影 a。可以说空间点在投影面上有唯一的投影。反之，若已知点的一个投影则不能唯一确定点的空间位置，如图 2-4（b）所示。因此，要确定点在空间的准确位置，常将点放在相互垂直的两个或两个以上的投影面中，采用正投影方法获得多面投影图。

2.2.2　点的三面投影

（1）三投影面体系建立

如图 2-5 所示，相互垂直的三个平面组成三投影面体系，它们分别是：

正面投影面　简称正面或 V 面；

水平投影面　简称水平面或 H 面；

侧面投影面　简称侧面或 W 面。

三投影面之间的交线称为投影轴，分别是：

OX 轴—V 面与 H 面的交线；

OY 轴—H 面与 W 面的交线；

OZ 轴—V 面与 W 面的交线。

三投影轴的交点称为原点，用 O 表示。

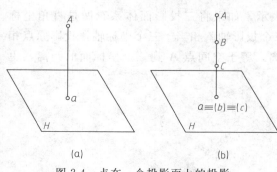

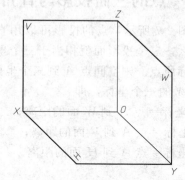

图 2-4　点在一个投影面上的投影　　　　　　图 2-5　三投影面体系

（2）点的三面投影

在三投影面体系空间有一点 A，从 A 点分别向三个投影面做垂线，与 H 面的交点为 a，与 V 面的交点为 a'，与 W 面的交点为 a''，如图 2-6（a）所示。一般空间点用大写字母 A，B，C 表示。它们的水平投影用相应的小写字母 a，b，c 表示；正面投影用 a'，b'，c' 表示；侧面投影用 a''，b''，c'' 表示。

为了使三面投影能够在一个平面上表达，国家标准规定：V 面不动，H 面绕 OX 轴向下旋转 $90°$，W 面绕 OZ 轴向右旋转 $90°$，这样三投影面展成为一个平面。实际绘图时通常去掉投影面的边框和投影面代号，如图 2-6（b）、（c）所示。

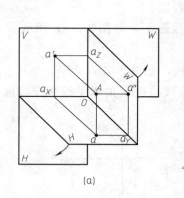

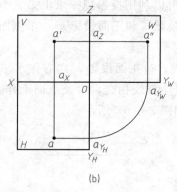

图 2-6　点的三面投影

（3）点的投影规律

分析图 2-6（a），从以 A 为顶点的平行六面体的几何关系可以得出，点 A 的三个投影之间有如下投影规律。

ⅰ．点的投影连线必定垂直于相应的投影轴，即 $aa' \perp OX$；$a'a'' \perp OZ$；$aa_{Y_H} \perp OY_H$，$a''a_{Y_W} \perp OY_W$。

ⅱ.点的投影到投影轴的距离，等于空间点到相应投影面的距离，即

$a'a_X = a''a_Y = A$ 点到 H 面的距离 Aa；

$aa_X = a''a_Z = A$ 点到 V 面的距离 Aa'；

$aa_Y = a'a_Z = A$ 点到 W 面的距离 Aa''。

2.2.3 点的三面投影与直角坐标的关系

如图 2-7 所示，点的投影可以用直角坐标表示，如果将三投影面体系看做是直角坐标系，那么，三个投影面就相当于三个坐标面，三个投影轴就相当于三个坐标轴，投影原点相当于坐标原点。则空间点 A 到三个坐标面的距离，等于空间点 A 到三个坐标面的距离，也就是点 A 的三个坐标，即

X 坐标＝点 A 到 W 面的距离；

Y 坐标＝点 A 到 V 面的距离；

Z 坐标＝点 A 到 H 面的距离。

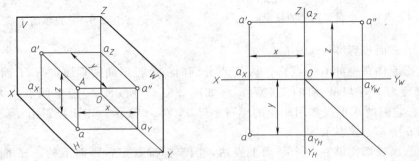

图 2-7 点的投影与该点直角坐标关系

由于每个投影可反映点的两个坐标，那么，点的三个投影就可以反映该点的三个坐标。因此，若已知点的两个投影，就可以利用投影规律求出第三个投影。

【例 2-1】 已知点 A 的水平投影 a 和正面投影 a'，求侧面投影 a''，如图 2-8(a) 所示。

作图步骤：

ⅰ.作 Y_H、Y_W 的 45°分角线，过正面投影 a' 向右作水平线，如图 2-8(b) 所示；

ⅱ.过水平投影 a 作水平线与 45°线相交，由交点向上作垂线与过 a' 的水平线相交，该交点即为 A 点的侧面投影 a''，如图 2-8(c) 所示。

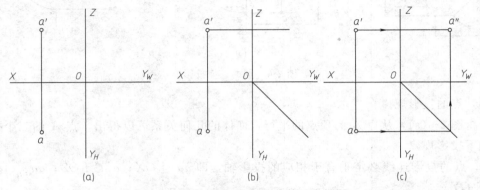

图 2-8 根据点的两个投影求第三个投影

2.2.4 投影面上及投影轴上点的投影

如图 2-9 所示，点 A 在 V 面上，点 B 在 H 面上，它们的共同点是有一个坐标值为零。其投影特点为在该投影面上的投影与该点重合，在另外两个面上的投影分别在相应的投影轴上。

点 C 在 X 轴上，其特点是两个坐标值为零。其投影特点为在该轴所属的投影面上的投影与该点重合，另外一个面上的投影在原点。

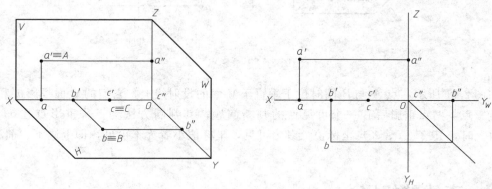

图 2-9 投影面及投影轴上点的投影

2.2.5 两点的相对位置

空间两点的相对位置，是指在三投影面体系中，一个点处于另一个点的前后、左右及上下方位置。可以利用投影图上点的同面投影坐标值的大小来判断，即这两个点对三个投影面的距离差，如图 2-10 所示。

如判断 A、B 两点的位置，比较它们的坐标大小，其判断方法为：X 坐标值大的在左；Y 坐标值大的在前；Z 坐标值大的在上。

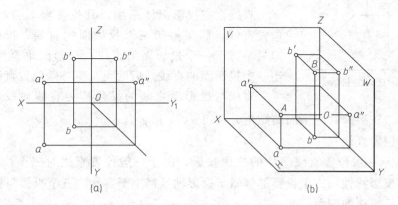

图 2-10 两点的相对位置

2.2.6 重影点的投影

当两点处于同一条投射线上，它们在该投射线垂直的投影面上的投影重合，此两点称为

2　点、直线、平面的投影

重影点，即两个点的其中一个投影重合。

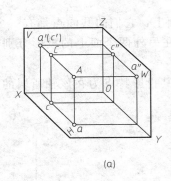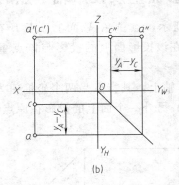

图 2-11　重影点

如图 2-11 所示，点 A 与 B 同时位于垂直于 V 面的投射线上，它们的 V 面投影 a' 和 b' 是一对重影点。两点重影后有一个可见性的判断问题，其判断方法为：若重影点在 H（V、W）面上时，其 Z（Y、X）坐标值大者为可见，坐标值小者为不可见，即上遮下、前遮后、左遮右。

2.3　直线的投影

2.3.1　直线的投影

一般情况下，直线（均以直线的有限长度——线段表示）的投影仍然为直线，特殊情况下，它的投影可积聚为一点，如图 2-12 所示。对于直线的投影，一般都是作出它的两个端点的投影，然后连接两点的同面投影，即得直线的投影。

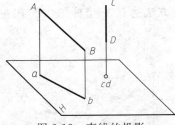

图 2-12　直线的投影

2.3.2　各种位置直线的投影

直线在三投影面体系中，其位置可以分为三类：一般位置直线，即倾斜于三个投影面的直线；投影面平行线，即只平行于一个投影面的直线；投影面垂直线，即只垂直于一个投影面的直线。后两类又叫特殊位置直线。

直线与投影面之间的夹角称为直线对投影面的倾角，直线对水平面、正平面和侧平面的倾角分别用 α、β 和 γ 表示。

（1）一般位置直线

图 2-13 表示一般位置直线 AB 的三面投影。由于一般位置直线对三个投影面都倾斜，所以具有下列投影特性：三个投影都倾斜于投影轴且都小于实长，三个投影与投影轴的夹角不反映直线对投影面的倾角。

（2）投影面平行线

仅与一个投影面平行的直线称为投影面平行线。平行于水平面的直线称为水平线，平行于正平面的直线称为正平线，平行于侧平面的直线称为侧平线。

表 2-1 列出了三种平行线的立体图、投影图及投影特性。

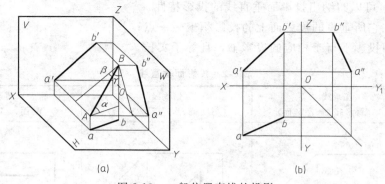

图 2-13　一般位置直线的投影

表 2-1　投影面平行线

名称	正平线 (//V面,对H、W面倾斜)	水平线 (//H面,对V、W面倾斜)	侧平线 (//W面,对V、H面倾斜)
立体图			
投影图			
投影特性	1. a'b'反映真长和真实倾角α、γ 2. ab//OX,a"b"//OZ,长度缩短	1. cd反映真长和真实倾角β、γ 2. c'd'//OX,c"d"//OYw,长度缩短	1. e"f"反映真长和真实倾角β、α 2. e'f'//OZ,ef//OYH,长度缩短

通过分析,可以归纳出投影面平行线的投影特性。

ⅰ.直线在它所平行的投影面上的投影反映实长,它与投影轴的夹角,分别反映直线对另外两个投影面的真实倾角。

ⅱ.其他两投影平行于相应的投影轴,且小于实长。

（3）投影面垂直线

仅与一个投影面垂直的直线称为投影面垂直线。垂直于水平面的直线称为铅垂线,垂直于正平面的直线称为正垂线,垂直于侧平面的直线称为侧垂线。

表 2-2 列出了三种垂直线的立体图、投影图及投影特性。

通过分析，可以归纳出投影面垂直线的投影特性：

ⅰ. 直线在它所垂直的投影面上的投影积聚为一点；

ⅱ. 其他两投影平行于相应的投影轴，且等于实长。

表 2-2　投影面垂直线

名称	正垂线 （⊥V 面，// H 面、//W 面）	铅垂线 （⊥H 面，//V 面、//W 面）	侧垂线 （⊥W 面，//V 面、// H 面）
立体图	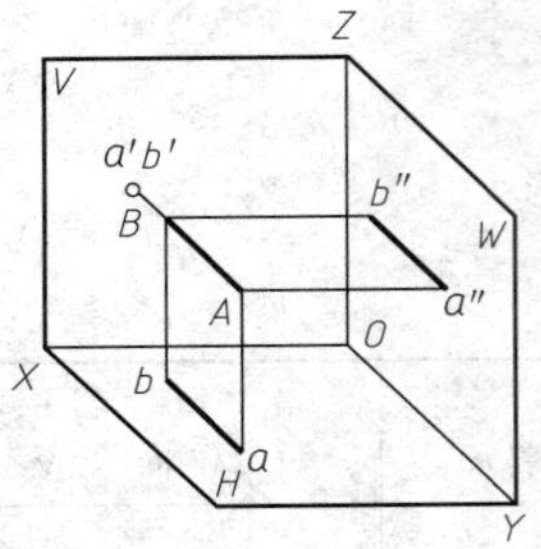	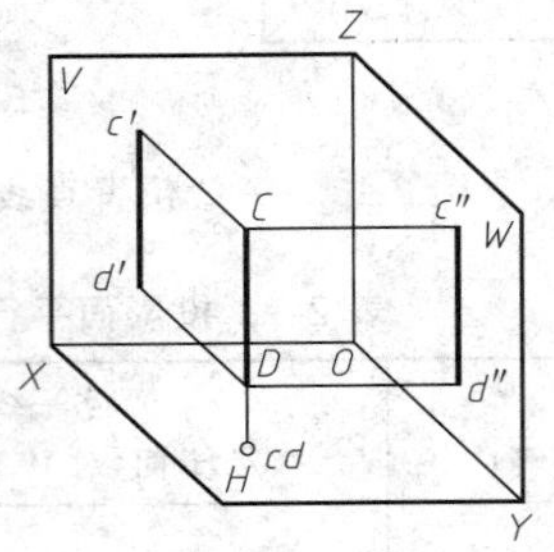	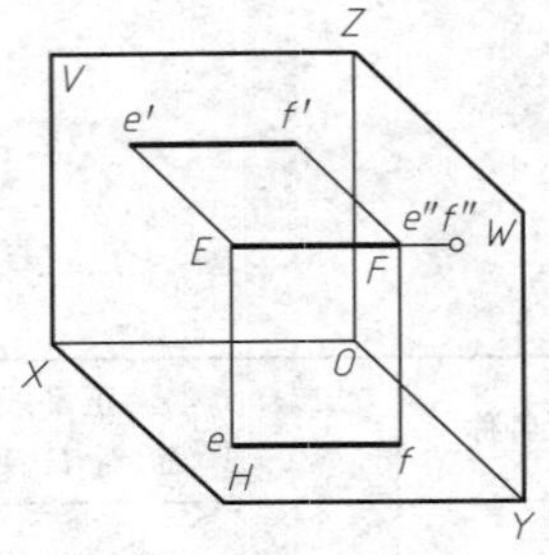
投影图	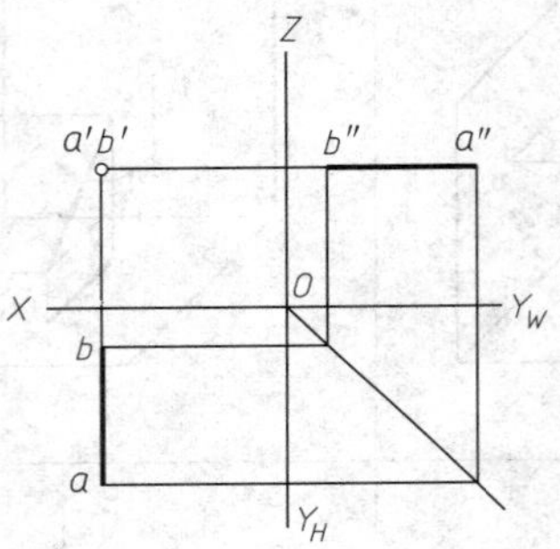	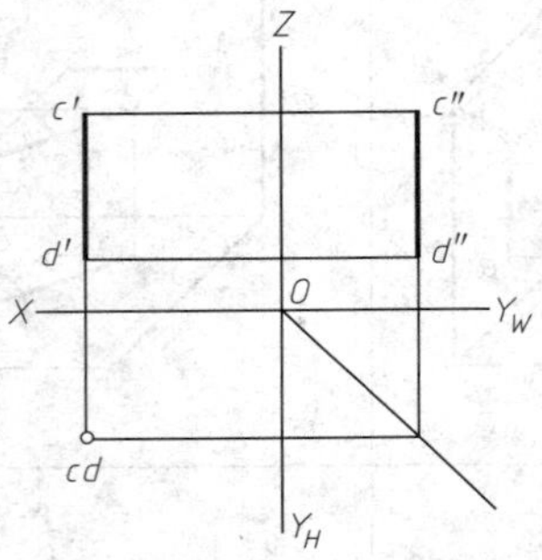	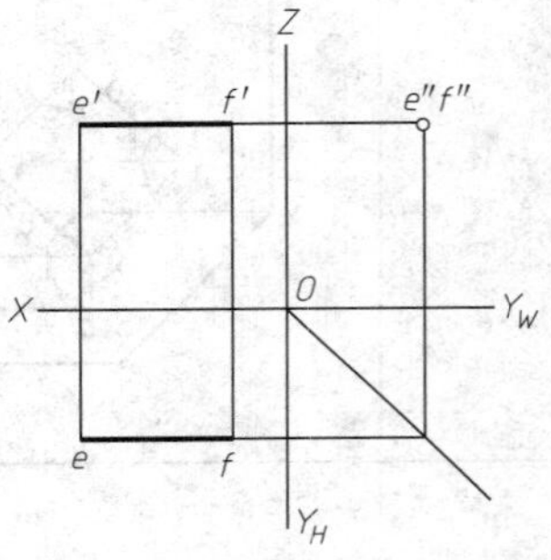
投影特性	1. $a'b'$ 积聚成一点 2. ab // OY_H，$a''b''$ // OY_W，都反映真长	1. cd 积聚成一点 2. $c'd'$ // OZ，$c''d''$ // OZ，都反映真长	1. $e''f''$ 积聚成一点 2. ef // OX，$e'f'$ // OX，都反映真长

2.3.3　求一般位置线段的实长和倾角

一般位置线段的投影即不反映线段的实长，也不反映直线对投影面的倾角。若要求一般位置线段的实长及倾角，应引入直角三角形法。

在图 2-14（a）中，空间直线 AB 和其水平投影 ab 构成一个垂直于 H 面的平面 $ABba$，过 B 作 BC // ba，则得直角三角形 ABC，其中斜边 AB 即为实长，直角边 $BC = ab$，另一直角边 $AC = Z_A - Z_B$，即 AB 两点的 Z 坐标差，斜边与直角边 BC 的夹角即为直线对 H 面的倾角。这种利用直线的某一投影及坐标差构成的直角三角形求线段实长的方法称为直角三角形法。

直角三角形法：以直线在某一投影面的投影为直角边，直线两端点与这个面的距离差为另一直角边，所形成的直角三角形的斜边就是直线的实长，斜边与投影边的夹角既是直线对这个投影面的倾角。

作图方法如图 2-14（b）所示。以水平投影 ab 为一直角边，以 AB 直线的 Z 坐标差为另一直角边，则斜边即为直线的实长，斜边（实长）与投影长（ab）的夹角即为直线对 H 面的倾角。

直角三角形法有 4 个要素：一直角边（投影长）；另一直角边（坐标差）；斜边（实长）；倾角。在 4 个要素中，已知任意两个要素，就可以作出直角三角形，求出其他两个要素，解出所求的问题。

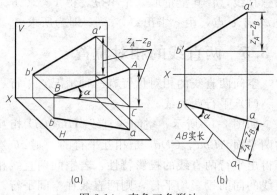

图 2-14　直角三角形法

2.3.4　直线上点的投影

直线上点的投影具有如下特性。

ⅰ. 点在直线上，则点的投影必在该直线的同面投影上。反之，如果点的各个投影均在直线的同面投影上，则点必在该直线上，如图 2-15 所示。

ⅱ. 点分直线之比，投影后仍保持不变。如图 2-15 所示，点 K 在直线上，则 $AK:KB=ak:kb=a'k':k'b'=a''k'':k''b''$。

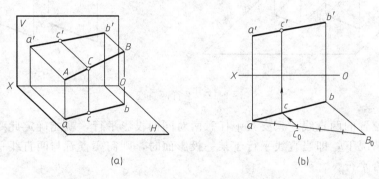

图 2-15　直线上的点

【例 2-2】　已知直线 AB 的两个投影，在 AB 上取一点 C，使 $AC:CB=2:3$，求点 C 的两面投影，如图 2-16(a) 所示。

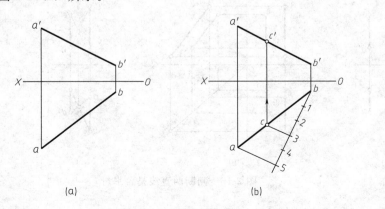

图 2-16　直线上取点

解　如图 2-16(b) 所示，根据直线上点的投影特性，可任选 ab 投影的 b 点，过 b 点作任意直线，在其上量取 5 个单位，得 1、2、3、4、5 点，连接 5a，过 3 点作 5a 的平行线，交 ab 于 c 点，由 c 求出 c′，c、c′ 即为所求。

2.3.5 两直线的相对位置

空间两直线的相对位置有三种情况：平行、相交和交叉（异面直线）。

（1）平行两直线

如图 2-17 所示，空间两直线 AB、CD 相互平行，由于将两直线向 H 面投影时所形成的两平面 ABba、CDdc 是相互平行的，则 ab // cd。同理，a′b′ // c′d′，a″b″ // c″d″。因此，可得出平行两直线的投影特性：若空间两直线相互平行，则其同面投影仍平行；反之，若两直线的同面投影均平行，则两直线在空间平行。

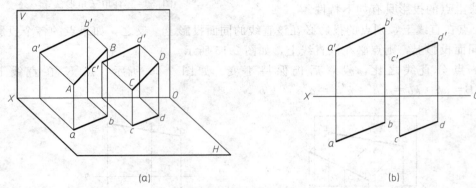

图 2-17　平行两直线

对于一般位置的两直线，只要其中任意两对同面投影平行，就能确定此两直线在空间平行。但在特殊情况下，即当直线平行于某一投影面时，则需要查看与两直线平行的那个投影面上的投影是否平行。

【例 2-3】 已知两直线 AB、CD 的正面投影和水平投影，且相互平行，判断空间两直线是否平行，如图 2-18(a) 所示。

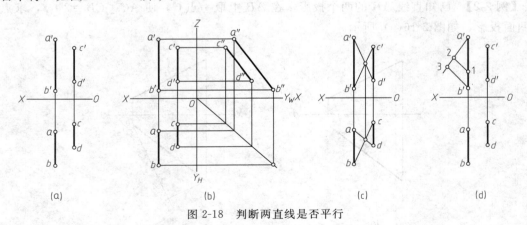

图 2-18　判断两直线是否平行

解　方法一［图 2-18（b）］

根据 AB 和 CD 的水平面和正平面投影，求出其在侧平面的投影，如果 a″b″ // c″d″，则 AB // CD，反之，则 AB 和 CD 交叉，从图中可以看出 AB // CD。

方法二 [图 2-18（c）]

分析 分别连接 A 和 D，B 和 C，若 AD 和 BC 相交，则 A、B、C、D 四点共面，所以 $AB /\!/ CD$；反之，若 AD 和 BC 交叉，则 A、B、C、D 四点不共面。

作图 连接 ab、bc 得交点 k，连接 $a'd'$、$b'c'$ 得交点 k'，因为 $kk' \perp OX$，则 AD 和 BC 相交，所以 $AB /\!/ CD$。

方法三 [图 2-18（d）]

分析 如果两侧平线为平行直线，则两直线的各同面投影长度比相等。但是，仅仅各同面投影长度比相等，还不能保证两直线一定平行，因为在正平面和水平面成相同倾角的侧平线可以有两个方向，它们能得到同样比例的投影长度，所以还必须检验两直线是否同方向。

作图 从已知投影图中可以看出 AB 和 CD 是同方向的。在 $a'b'$ 上取 1，使 $a'1 = c'd'$，过 a' 作任意辅助线，并在该辅助线上取点 2，使 $a'2 = cd$，取点 3 使 $a'3 = ab$，连接 21 和 $3b'$。因为 $21 /\!/ 3b'$，所以 $ab : cd = a'b' : c'd'$，则 $AB /\!/ CD$。

（2）相交两直线

如图 2-19 所示，空间两直线 AB、CD 相交于 K 点，它是两直线的共有点，既在直线 AB 上，也在直线 CD 上。因此，按照直线上点的投影特性，K 点的水平投影 $k \in ab$，$k \in cd$，k 一定是 ab、cd 的交点，同理，k' 是 $a'b'$ 与 $c'd'$ 的交点，k'' 是 $a''b''$ 与 $c''d''$ 的交点。另外，作为一个点的投影，k、k' 和 k'' 必须符合点的投影规律。

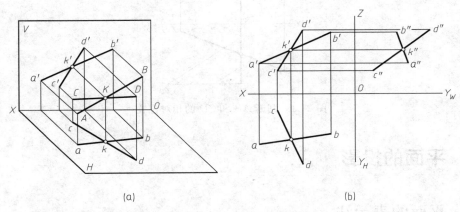

(a)　　　　　　　　　　(b)

图 2-19　相交两直线

由此可以得出两直线相交的投影特性：空间两直线相交，其同名投影均相交，且交点符合点的投影规律；反之，若两直线的同名投影均相交，且交点符合点的投影规律，则该两直线相交。

（3）交叉两直线

如图 2-20 所示，即不平行也不相交的空间两直线称为交叉直线，又称异面直线。交叉两直线的同面投影可能相交，但交点不符合点的投影规律。在实际情况中，交叉两直线可能有一个、两个或三个投影相交，但交点不符合点的投影规律。

【例 2-4】 已知直线 AB、CD 的正面投影和水平投影，判断两条直线的相对位置。

解　分析 因为 AB、CD 的投影不平行，所以 AB 不平行于 CD；若 AB、CD 相交，则 $a'b'$ 和 $c'd'$ 的交点是 AB 和 CD 交点的投影；若 AB、CD 交叉，则 $a'b'$ 和 $c'd'$ 的交点分别位于 AB、CD 上对正面投影的重影点的重合的投影。

作图　在 $a'b'$ 和 $c'd'$ 的相交处，定出 AB 上的点 E 的正面投影 e'；由 a 任作一直线，在其上量取 $a1=a'e'$、$12=e'b'$；连接 2 和 b，作 $1e \parallel 2b$，与 ab 交于 e，即为 E 点的水平投影。因为 e 不在 ab 和 cd 的交点处，所以 AB 和 CD 交叉（图 2-21）。

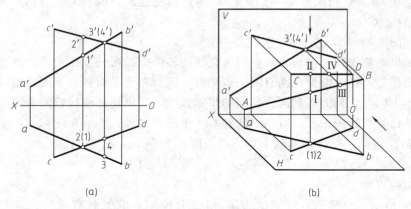

图 2-20　交叉两直线

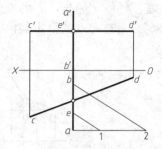

图 2-21　判断 AB 和 CD 的相对位置

2.4　平面的投影

2.4.1　平面的表示法

（1）几何元素表示法

由初等几何知道，不在同一直线上的三点可以确定一个平面。因此，在投影图上可以用下列任一组几何元素的投影表示平面，如图 2-22 所示。

ⅰ．不属于同一直线的三点［图 2-22(a)］；

ⅱ．一直线和直线外一点［图 2-22(b)］；

ⅲ．相交两直线［图 2-22(c)］；

ⅳ．平行两直线［图 2-22(d)］；

ⅴ．任意平面图形［图 2-22(e)］。

以上几种确定平面的方法是可以互相转换的，并且以平面图形表示平面最为常见。

（2）迹线表示法

平面与投影面的交线称为平面的迹线。图 2-23 中的平面 P，它与 H 面的交线称为水平

工程制图与AutoCAD教程

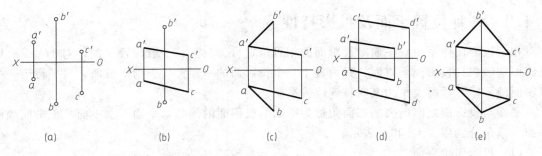

图 2-22　几何元素表示平面

迹线，用 P_H 表示；与 V 面的交线称为正面迹线，用 P_V 表示；与 W 面的交线称为侧面迹线，用 P_W 表示。

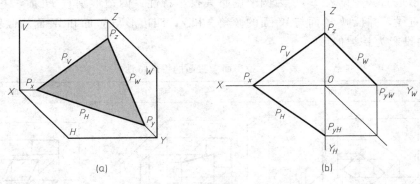

图 2-23　平面的迹线表示法

平面的迹线属于投影面上的直线，它的一个投影在原处，另外两个投影在投影轴上，一般省略不画。由于相交两直线、平行两直线可以决定一平面，所以，可以用两条迹线表示一个平面。一般情况下，用一对迹线表示一般位置平面。由于投影面平行面和投影面垂直面的投影具有积聚性。所以，用倾斜于投影轴的迹线表示投影面垂直面，如图 2-24所示；用平行于投影轴的迹线表示投影面平行面，如图 2-25 所示。

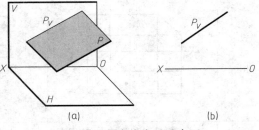

图 2-24　用迹线表示垂直面

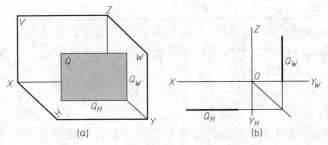

图 2-25　用迹线表示平行面

2.4.2 各种位置平面及投影特性

在三投影面体系中，平面对投影面的相对位置分为三类：一般位置平面，对 H、V、W 投影面均倾斜；投影面垂直面，只垂直于一个投影面的平面；投影面平行面，只平行于一个投影面的平面。后两类平面又叫特殊位置平面。

平面与投影面之间所夹的二面角称为平面对投影面的倾角，平面对水平面、正平面和侧平面的倾角分别用 α、β 和 γ 表示。

（1）投影面垂直面

垂直于一个投影面而对其他两个投影面倾斜的平面，统称为投影面垂直面。

垂直于 H 面的平面，称为铅垂面；垂直于 V 面的平面，称为正垂面；垂直于 W 面的平面，称为侧垂面。

下面以铅垂面（参见表 2-3）为例来说明其投影特性：四边形垂直 H 面，它在 H 面投影积聚为一直线，并反映 V 面与 W 面的倾角 β 和 γ；四边形与 V 面和 W 面均倾斜，在 V 面和 W 面上的投影为一类似形。

表 2-3　投影面垂直面的投影特性

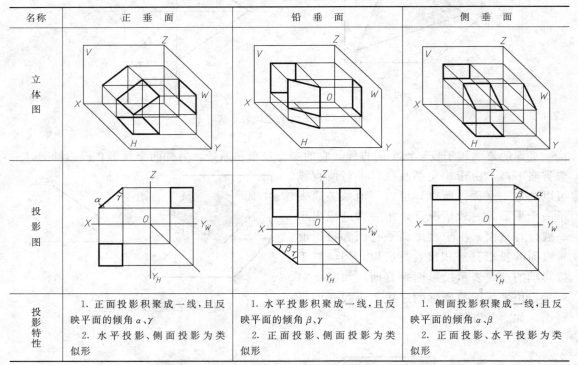

名称	正 垂 面	铅 垂 面	侧 垂 面
立体图			
投影图			
投影特性	1. 正面投影积聚成一线，且反映平面的倾角 α、γ 2. 水平投影、侧面投影为类似形	1. 水平投影积聚成一线，且反映平面的倾角 β、γ 2. 正面投影、侧面投影为类似形	1. 侧面投影积聚成一线，且反映平面的倾角 α、β 2. 正面投影、水平投影为类似形

分析表 2-3 其他两种垂直面的投影，可以得出投影面垂直面的投影特性：

ⅰ. 在平面所垂直的投影面上的投影积聚成一倾斜的直线段，它与投影轴的夹角，分别反映平面对另外两个面的真实倾角；

ⅱ. 另外两个投影均为类似形。

（2）投影面平行面

平行于一个投影面而垂直于其他两个投影面的平面，统称为投影面平行面。

平行于 H 面的平面，称为水平面；平行于 V 面的平面，称为正平面；平行于 W 面的平面，称为侧平面。

下面以水平面（参见表 2-4）为例来说明其投影特性：四边形 $\parallel H$ 面，它的 H 面投影反映实形，四边形 $\perp V$ 面和 W 面，它在 V 面和 W 面投影均积聚为一条直线，且分别平行于投影轴。

表 2-4　投影面平行面的投影特性

名称	正　平　面	水　平　面	侧　平　面
立体图	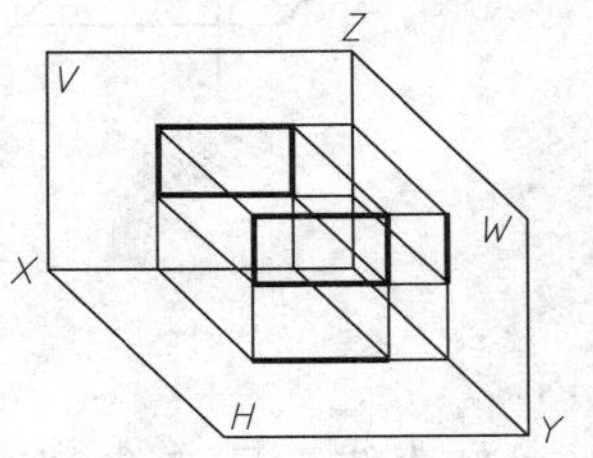	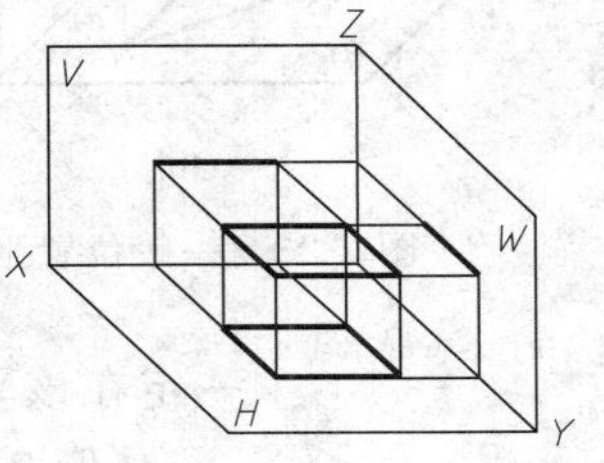	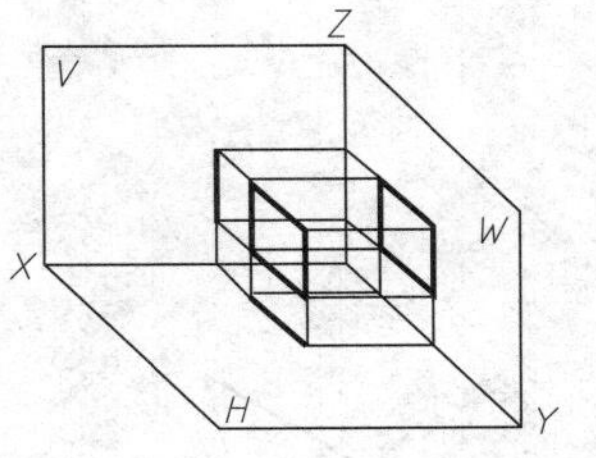
投影图	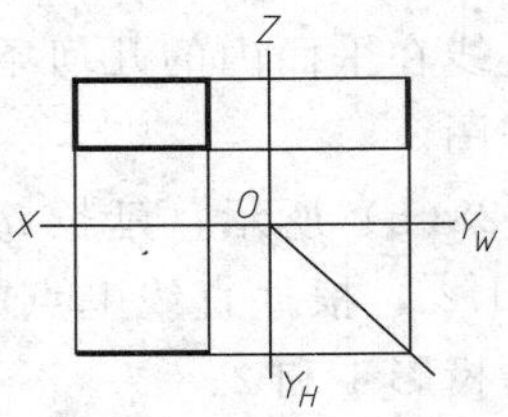	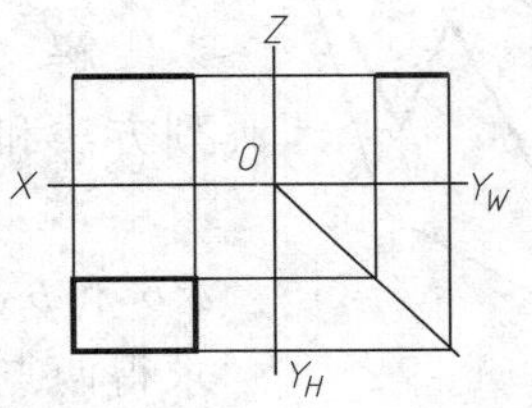	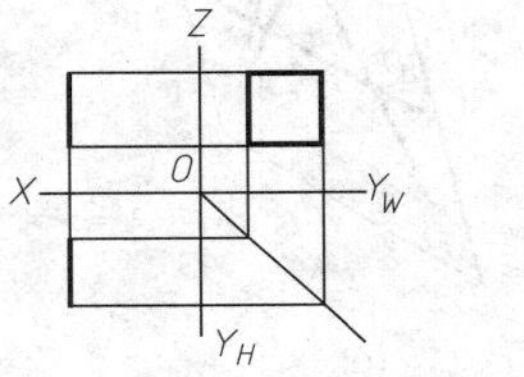
投影特性	1. 正面投影反映实形 2. 水平投影、侧面投影积聚成一线，且分别平行于 OX、OZ 轴	1. 水平投影反映实形 2. 正面投影、侧面投影积聚成一线，且分别平行于 OX、OY_W 轴	1. 侧面投影反映实形 2. 正面投影、水平投影积聚成一线，且分别平行于 OZ、OY_H 轴

分析表 2-4 其他两种平行面的投影，可以得出投影面平行面的投影特性：

ⅰ. 在平面平行的投影面上的投影反映实形；

ⅱ. 另外两个投影积聚为一条直线，且平行于相应的投影轴。

（3）一般位置平面

对三个投影面均倾斜的平面，称为一般位置平面，如图 2-26 所示。

由于一般位置平面对 H、V、W 面均倾斜，所以它的三个投影都不可能反映实形，也不可能积聚成直线，而是小于原平面图形的类似形，其投影特性可以总结为：三个投影均为原平面的类似形，且投影面积比实形小。

2.4.3　平面上的直线和点

（1）平面上的直线

直线在平面上的几何条件：直线在平面上，该直线必经过平面上的两个点，或者通过平面上一点，且平行平面上的一条直线。

如图 2-27（a）所示，平面 P 由相交两直线 AB 和 BC 所决定，在 AB 和 BC 上各取一点 D 和 E，则 D、E 必在平面 P 上。因此，D、E 连线必在平面 P 上。

如图 2-27（b）所示，AB 和 C 点在 P 平面内，过 C 点作直线 CF 平行于 AB，则 CF 线

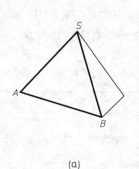
(a)

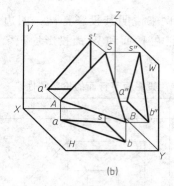
(b)

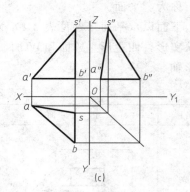
(c)

图 2-26　一般位置平面

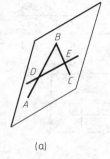
(a)

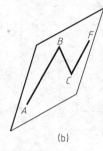
(b)

图 2-27　平面上的直线

一定在该平面内。

【例 2-5】　已知直线 DE 在 $\triangle ABC$ 所决定的平面上，求其水平投影 de，如图 2-28(a) 所示。

解　根据直线在平面内的几何条件，可按下列方法和步骤作图。

ⅰ. 如图 2-28(b) 所示，延长 $d'e'$，分别与 $a'b'$ 和 $b'c'$ 交于 $1'2'$，根据直线上点的投影特性，求得两点的水平投影 1 和 2；

ⅱ. 连接 1 和 2，再根据直线上点的投影特性，由 $d'e'$ 向下投影求得 de，如图 2-28（c）所示。

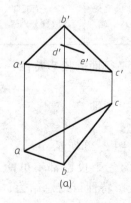
(a)

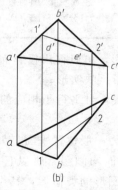
(b)

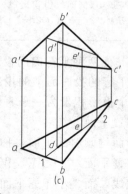
(c)

图 2-28　平面内取直线

（2）平面内取点

点在平面上的几何条件：点在平面上，该点必在平面内的任意直线上，如图 2-29 所示。若在平面上取点，必须先在平面上取一条直线，然后在直线上取点。

【例 2-6】　已知平面 ABC 上一点 E 的正面投影 e'，求其水平投影；F 点的水平投影，求其正面投影，如图 2-30 所示。

分析：因为 E 和 F 点在 $\triangle ABC$ 上，必在 $\triangle ABC$ 上的某一直线上。过 e' 在 $\triangle ABC$ 上，任作一直线 Ⅰ Ⅱ，则 e' 在直线的正面投影上，e 在直线的水平投影上，再按投影关系求出 e。

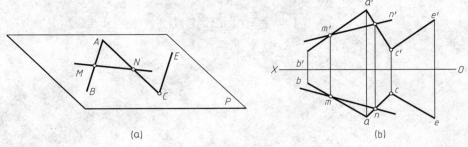

图 2-29　取属于平面内的点

过 f 在 △ABC 上任作一直线 AⅢ，f 在直线的水平投影上，则 f' 在直线的正面投影上，再按投影关系求出 f'。

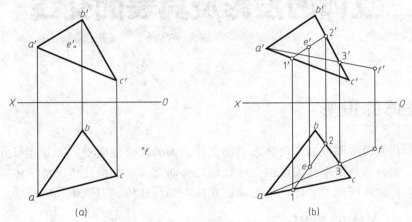

图 2-30　求平面上点的投影

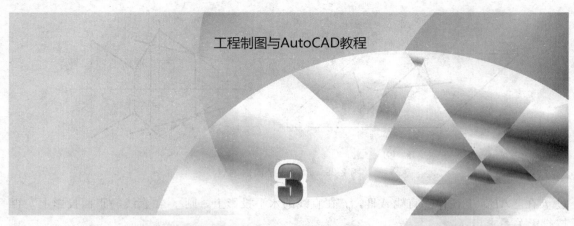

3

立体的投影及其表面交线

3.1 立体的投影

　　立体是由其表面所围成的几何体，根据立体表面的几何性质不同，立体可分为平面立体和曲面立体。表面都是由平面围成的立体，称为平面立体，如棱柱体、棱锥体等；表面由曲面（或平面）和曲面围成的立体，称为曲面立体，如圆柱体、圆锥体、圆球体、圆环体等。

3.1.1 平面立体的投影

　　由于平面立体是由点（顶点）、线（棱线）和面（棱面和底面）组成的。画平面立体的投影就是画出组成立体的各个表面的投影，而面是由交线围成，线归结为点的连接。因此，画平面立体投影可归结为找出各个顶点的投影，由各顶点连接画出各棱线的投影。画图时，可见棱线用粗实线画，不可见棱线用虚线画，可见与不可见重合画粗实线。

3.1.1.1 棱柱体

　　（1）棱柱体的投影

　　棱柱由上、下底面和侧面组成，侧面与侧面的交线叫棱线，按棱线的数目分为三棱柱、四棱柱和五棱柱等。

　　① 立体分析　图 3-1(a) 所示为三棱柱体。它的顶面及底面皆为水平面，两个侧面为铅垂面，另一个侧面为正平面，三条棱线均为铅垂线。

　　② 投影分析　图 3-1(b) 所示为三棱柱体的投影图。顶面和底面的水平投影（$\triangle abc$ 和 $\triangle a_1 b_1 c_1$）重合，且反映实形。正面投影积聚为平行于 OX 轴的直线 $b'a'c'$ 和 $b_1'a_1'c_1'$，侧面投影积聚为平行于 OY 轴的直线 $b''c''a''$ 和 $b_1'' c_1'' a_1''$。三条棱线的正面投影（$b'b_1'$、$a'a_1'$、$c'c_1'$）和侧面投影（$b''b_1''$、$c''c_1''$、$a''a_1''$）反映实长，水平投影积聚为一个点。

　　（2）棱柱体的表面取点

　　在平面立体表面取点、线，实际上就是在平面上取点和线，其作图方法相同。如图 3-1

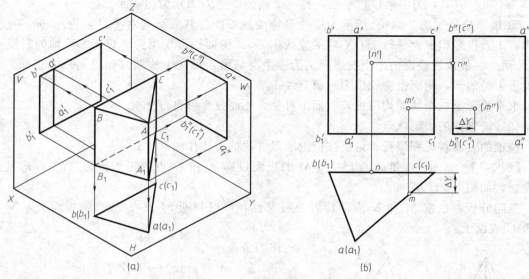

图 3-1 三棱柱的投影及表面取点

(b) 所示，已知棱柱表面上 M 和 N 点的正面投影，求水平投影和侧面投影。根据 m' 的位置和可见性，可以判断 M 点在 AA_1C_1C 平面上，由于 AA_1C_1C 平面是铅垂面，利用其投影的积聚性，可以求出 M 点的水平投影 m，根据 m' 和 m，求出侧面投影 m''。由于 AA_1C_1C 的侧面投影不可见，所以 m'' 不可见，用括号括起来。根据 n' 的位置和可见性，可以判断 N 点在 BB_1C_1C 平面上，由于 BB_1C_1C 平面是正平面，利用其水平投影和侧面投影的积聚性，根据投影关系可以求出 N 点的水平投影 n 和侧面投影 n''。

棱柱表面取线的方法和平面上取线的方法相同，即在棱柱表面上取两个点，然后按顺序连线。

3.1.1.2 棱锥体

棱锥的所有棱线交于一点，叫做锥顶，按棱线的数目分为三棱锥、四棱锥、五棱锥等。

(1) 棱锥体的投影

① 立体分析　图 3-2(a) 所示为三棱锥体。它的底面为水平面（△ABC），两个侧面

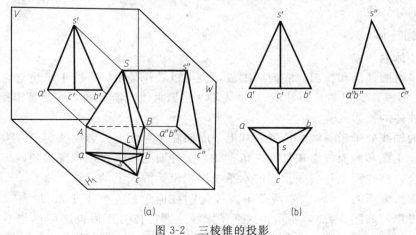

图 3-2　三棱锥的投影

3　立体的投影及其表面交线

41

（△SAC 和△SBC）为一般位置平面，另一个侧面（△SAB）为侧重面。

② 投影分析　图 3-2(b) 所示为三棱锥体的投影图。其底面的水平投影为△abc，反映实形，正面投影积聚为平行于 OX 轴的直线 a'b'c'，侧面投影积聚为平行于 OY 轴的直线 a"b"c"。两个一般位置棱面的三个投影分别为三个类似形，另一个棱面（侧垂面）的正面、水平投影为类似形，侧面投影积聚为一条直线。

水平投影上三个棱面均可见，底面不可见，侧面投影可自行分析。

（2）棱锥体的表面取点

棱锥的表面若无积聚性，可以按面上取点、线的方法作图。

【例 3-1】 已知三棱锥表面上一点 M 的正面投影 m'和 N 点的正面投影（n'），求其余两投影，如图 3-3 所示。

空间分析：根据 M 和 N 点的位置及可见性，可以判断 M 点在△SAB 表面上，N 在△SAC 表面上。

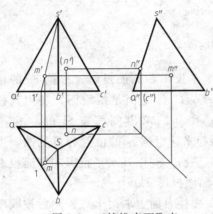

图 3-3　三棱锥表面取点

作图步骤：

ⅰ．连 s'm'并延长与 a'b'交于 1'；

ⅱ．求出 SⅠ 的水平投影 s1；根据点的从属性，由 m'求出 m，再根据 m 和 m'求出 m"；

ⅲ．N 点属于△SAC 为侧垂面，利用积聚性由 n'求出侧面投影 n"；

ⅳ．根据投影关系由 n'和 n"求出 n。

3.1.2　曲面立体的投影

曲面立体由曲面或曲面和平面围成，曲面中最常见的为回转曲面。工程上常见的回转曲面体有圆柱体、圆锥体、圆球体、圆环体等。回转面可看作是由一条动线绕与它共面的一条定直线旋转一周而成，这条运动的线称为母线，母线在曲面上任一位置称为素线。曲面立体的投影画法是把组成立体的回转面的轮廓和平面表示出来。回转面相对于某一投影面的轮廓线叫转向轮廓线，是切于曲面的诸投影线与投影面的交点的集合，也就是这些投射线所组成的平面或柱面与曲面切线的投影，常常是曲面的可见投影和不可见投影的分界线。

3.1.2.1　圆柱体

（1）圆柱体的形成

圆柱体是由圆柱面和顶面、底面所围成，也可以看作是由一直线ⅠⅠ绕与它平行的轴线 OO 旋转一周形成，如图 3-4(a) 所示。轴线 OO 是铅垂线，所有的素线都是铅垂线。

（2）圆柱体的投影

圆柱体的轴线处于铅垂线的位置，其上下底面在水平面上投影反映实形，为整个圆周所包含的区域，正面和侧面投影积聚为一条直线。圆柱面的水平投影积聚为圆，与上下底面的圆周投影重合，圆柱面上每一条素线的水平投影积聚为圆周上的一点。

正面投影长方形的 1'1'、2'2'两条垂直线是圆柱面上最左（ⅠⅠ）、最右（ⅡⅢ）两条素线的正面投影，如图 3-4(a) 所示。这两条素线是圆柱体对正面投影可见与不可见的分界线，也称为正视转向线，即ⅠⅠ、ⅡⅢ两条素线把圆柱分为前后两个部分，对正面投影可

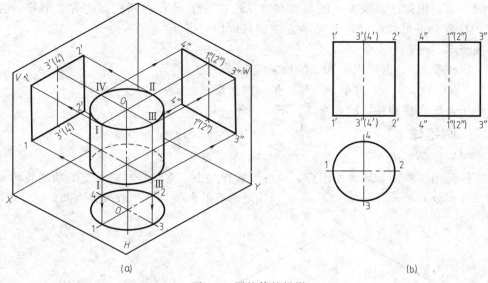

图 3-4 圆柱体的投影

言，前半部分可见，后半部分不可见。ⅠⅠ、ⅡⅡ两条素线的侧面投影失去了转向线的意义，投影与中心线重合，不画实线，水平投影积聚在 1 和 2 点。

侧面投影长方形的 3″3″、4″4″两条垂直线是圆柱面上最前（ⅢⅢ）、最后（ⅣⅣ）两条素线的侧面投影，如图 3-4(a) 所示。这两条素线是圆柱体对侧面投影可见与不可见的分界线，也称为侧视转向线，即ⅢⅢ、ⅣⅣ两条素线把圆柱分为左右两个部分，对侧面投影可言，左半部分可见，右半部分不可见。ⅢⅢ、ⅣⅣ两条素线的正面投影失去了转向线的意义，投影与中心线重合，不画实线，水平投影积聚在 3 和 4 点。

（3）圆柱体表面上取点

圆柱体表面上取点，应首先根据点的投影和可见性判断点在圆柱体表面的位置，然后利用圆柱体投影积聚性的特点，求第二个投影，再根据两个投影求第三个投影，最后判断投影的可见性。

【例 3-2】 已知圆柱体表面上 E 点的正面投影 e' 和 K 点的正面投影 (k')，求其余两投影，如图 3-5 所示。

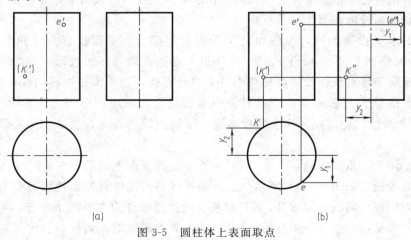

图 3-5 圆柱体上表面取点

3 立体的投影及其表面交线

空间分析：根据已知投影 e' 的位置和可见性，可知 E 点在圆柱面的右前半部，由已知投影 k' 的位置和可见性，可知 K 点在左半圆柱面的后半部。

作图步骤：

ⅰ．由 e' 求出 e，再根据 e' 和 e 的投影求出 e''；

ⅱ．由 (k') 求出 k，再根据 (k') 和 k 的投影求出 k''；

ⅲ．由于 E 点在圆柱体的右半部，所以 e'' 不可见。

3.1.2.2 圆锥体

（1）圆锥体的形成

圆锥体是由圆锥面和底面所围成，也可以看作是由一直线绕与它相交的轴线旋转一周形成。如图 3-6（a）所示，轴线 OO_1 是铅垂线，所有的素线都是一般位置直线。

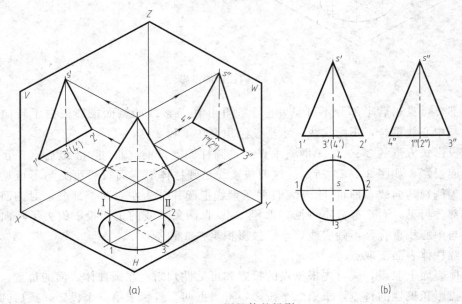

图 3-6　圆锥体的投影

（2）圆锥体的投影

圆锥体的轴线处于铅垂的位置，其底面在水平面上投影反映实形，为整个圆周所包含的区域，正面和侧面投影积聚为一条直线。

圆锥面的水平投影为圆，与底面的圆平面投影重合，正面投影为三角形区域，$s'1'$、$s'2'$ 两条边是圆锥面上最左（SⅠ）、最右（SⅡ）两条素线的正面投影，如图 3-6(a) 所示。这两条素线是圆锥体对正面投影可见与不可见的分界线，也称为正视转向线，即 SⅠ、SⅡ 两条素线把圆锥分为前后两个部分，对正面投影可言，前半部分可见，后半部分不可见。SⅠ、SⅡ 两条素线的侧面投影和水平投影失去了转向线的意义，投影与中心线重合，不画实线。

侧面投影同为三角形区域，$s''3''$、$s''4''$ 两条边是圆锥面上最前（SⅢ）、最后（SⅣ）两条素线的侧面投影，如图 3-6(a) 所示。这两条素线是圆锥体对侧面投影可见与不可见的分界线，也称为侧视转向线，即 SⅢ、SⅣ 两条素线把圆锥分为左右两个部分，对侧面投影可言，左半部分可见，右半部分不可见。SⅢ、SⅣ 两条素线的正面投影和水平投影失去了转向线的意义，不画实线。

（3）圆锥体表面上取点

圆锥面的投影没有积聚性，因此不能利用积聚性来作图，应按照面上取点的方法，在圆锥面上利用辅助线作图。根据圆锥体的形成过程可知，圆锥在任意位置的素线都是直线，圆锥面上任一点的运动轨迹都是垂直于轴线的圆，因此，在圆锥面上取点时，可采用素线法和辅助圆法。

【例 3-3】 已知圆锥体表面上 E 点的正面投影 e'，求其余两投影，如图 3-7 所示。

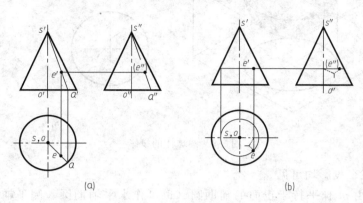

图 3-7 圆锥体上表面取点

空间分析：根据已知投影 e' 的位置和可见性，可知 E 点在圆锥面的右前半部。

① 素线法作图   如图 3-7（a）所示。

过 e' 作素线 SA 的正面投影 $s'a'$，然后做出 SA 的水平投影 sa 和侧面投影 $s''a''$；

根据点的从属性，在 SA（sa、$s''a''$）上求 e 和 e''；

由于 E 点在圆锥体的右半部，所以 e'' 不可见。

② 辅助圆法   如图 3-7（b）所示。

过 E 点在圆锥面上作一圆，此圆所在平面必垂直于回转轴，其正面投影和侧面投影积聚成一直线。该圆的水平投影是底面圆投影的同心圆，将圆的三投影画出后，在圆上求出 E 点的水平投影和侧面投影，并判断可见性。

3.1.2.3 圆球体

（1）圆球体的形成

圆球体是由圆球面围成的立体，可看作是由一圆母线绕任意直径为轴线旋转一周后形成的曲面。

（2）圆球体的投影

圆球体的三个投影均为大小相等的圆，直径等于圆球的直径。其正面投影（水平投影、侧面投影）分别是圆球对正面投影（水平投影、侧面投影）转向轮廓线的投影，其余两投影重合在圆的中心线，如图 3-8 所示。

（3）圆球体表面上取点

在圆球体表面取点，只能利用平行于任意投影面的辅助圆法作图。

【例 3-4】 已知圆球体表面上 M 点的水平投影 m，求其余两投影，如图 3-9 所示。

空间分析：根据已知投影 m 的位置和可见性，可知 M 点在前半球的左上部分球面上。

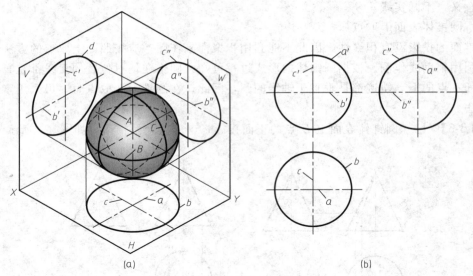

图 3-8　圆球体的投影

因此，点 M 的三个投影均可见。

作图步骤：由 m 作平行于正面的辅助圆（也可作水平辅助圆、侧平辅助圆），即过 m 作 ef // OX，ef 为正平圆的直径，画出正平圆求得 m'，再根据 m' 和 m 的投影求出 m"。

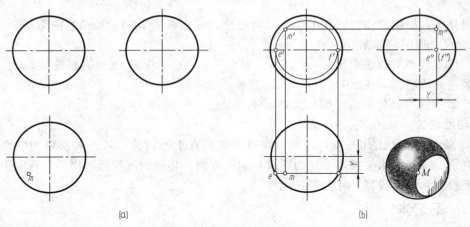

图 3-9　圆球体上表面取点

3.1.2.4　圆环体

（1）圆环体的形成

如图 3-10(a) 所示，圆环体由圆环面所围成，可看作是以圆为母线，绕与圆在同一平面内，但不通过圆心的轴线旋转而成。圆环外面的一半称为外环面，圆环里面的一半称为内环面。

（2）圆环体的投影

图 3-10(b) 为轴线垂直于水平面的圆环的三面投影。在正面投影中，左、右两个圆是最左、最右两个素线圆的投影，上下两条公切线是最高、最低两个纬线圆的投影，它们都是对正面投影的转向轮廓线。环的侧面投影与正面投影形状类似，是对侧面投影的转向轮廓线。在水平投影上，点画线圆是母线圆心轨迹的投影，大圆为外环面的上下半环分界线的水

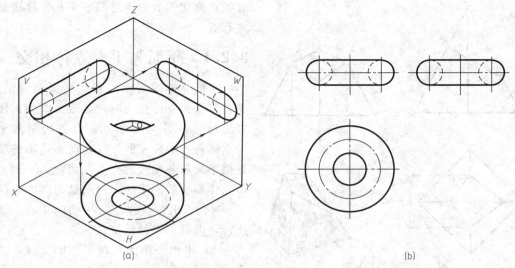

图 3-10 圆环体的投影

平投影,小圆为内环面的上下半环分界线的水平投影,也是水平转向线的投影。

3.2 平面与立体相交

平面与立体表面的交线称为截交线,该平面称为截平面,截交线围成的平面图形称为截断面,如图 3-11 所示。

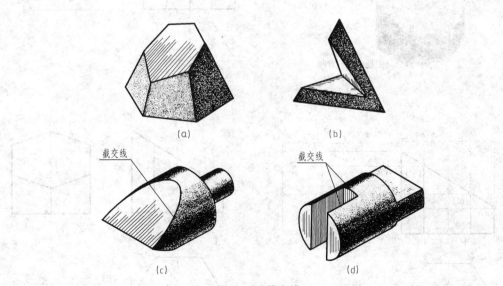

图 3-11 截交线

截交线的形状取决于被截切立体的形状和截平面与立体的相对位置。

平面与立体的截交线具有如下的基本特性:

① 封闭性 由于立体有一定的范围,截交线必定是封闭的平面曲线或折线;

② 共有性 截交线是平面与立体表面的交线。因此,截交线是立体表面和截平面的共

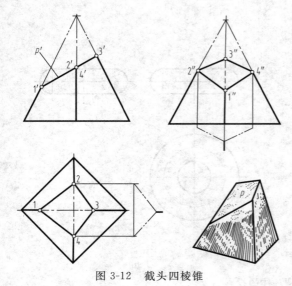

图 3-12　截头四棱锥

有线，截交线上的点是截平面和立体表面的共有点。

3.2.1　平面与平面立体相交

平面立体的表面由若干平面图形组成。平面与平面立体相交时，其截交线为封闭的多边形，如图 3-12 所示。其各边是截平面与立体各相关棱面的交线，而多边形的顶点是截平面与各棱线的交点。因此，平面与平面立体截交线的求法，可归结为以下两种：

ⅰ. 求出各棱线与截平面的交点，依次连接，即得所求的截交线；

ⅱ. 求出个棱面与截平面的交线，依次连接，即得所求的截交线。

【例 3-5】 已知正六棱柱被正垂面截切后的正面投影和水平投影，求其侧面投影，如图 3-13 所示。

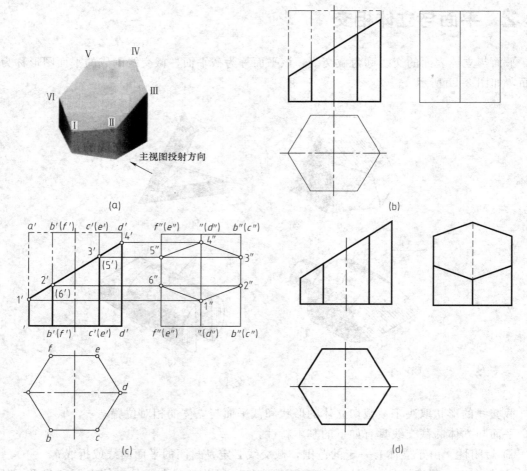

图 3-13　截切六棱柱的投影

工程制图与AutoCAD教程

空间分析：由图 3-13 可知，六棱柱的棱线是铅垂线，它被一个正垂面截去左上角一部分，所得截交线是六边形。六边形的各个顶点是六棱柱各棱线与截平面的交点。截交线的正面投影积聚成一段直线，截交线的水平投影与六棱柱各侧面的水平投影（六边形）重合。

作图步骤：

ⅰ. 利用点的投影规律，由截交线的水平投影（1、2、3、4、5、6）和正面投影（1′、2′、3′、4′、5′、6′），求出侧面投影（1″、2″、3″、4″、5″、6″）；

ⅱ. 依次连接 1″、2″、3″、4″、5″、6″、1″，即得截交线的侧面投影；

ⅲ. 确定各棱线的侧面投影，并判断可见性。

【例 3-6】 试求正四棱锥被一正垂面截切后的未知投影，如图 3-14 所示。

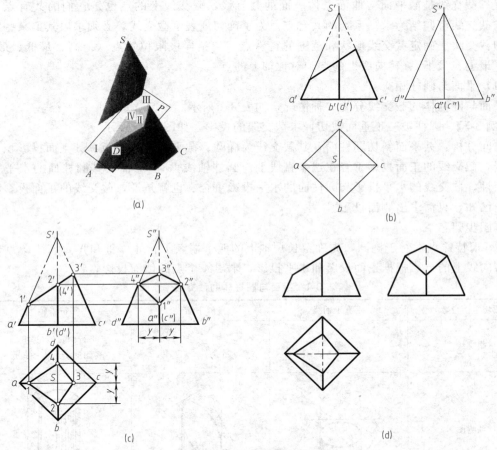

图 3-14 正垂面截切四棱锥

空间分析：因截平面与四棱锥的四个棱面相交，所以截交线为四边形，它的四个顶点即为四棱锥的四条棱线与截平面的交点。由于截平面是正垂面，其正面投影有积聚性。所以，截交线的正面投影已知，需要求其水平投影和侧面投影。

作图步骤：

ⅰ. 先将完整四棱锥三面投影图中四个顶点的投影依次标出，图 3-14(a)；

ⅱ. 在正面投影中标出截交线的投影 1′、2′、3′、4′，图 3-14(c)；

ⅲ. 点Ⅰ和Ⅱ分别属于棱线 SA 和 SB，根据点的从属性，可求出Ⅰ和Ⅱ点的水平投影

和侧面投影;

ⅳ. 点Ⅲ和Ⅳ分别属于 SC 和 SD, 由于 SC 和 SD 是侧平线, 所以先求Ⅲ和Ⅳ点的侧面投影, 再求其水平投影;

ⅴ. 依次连接各点的同面投影, 并判别可见性;

ⅵ. 补全各棱线的水平投影和侧面投影。

3.2.2 平面与回转体表面相交

平面与回转体表面相交, 一般情况下截交线为封闭的平面曲线, 特殊情况下截交线可能由直线和曲线或完全由直线围成。截交线的形状取决于曲面立体的几何性质及与截平面的相对位置。截交线是截平面与曲面立体表面的共有线, 截交线上的点也是它们的共有点。因此, 求截交线可归结为求一系列的共有点。为了确切地表示截交线, 必须求出其上某些特殊点, 即截交线上确定截交线形状和范围的特殊点。包括: 极限位置点 (最高、最低、最前、最后、最上、最下)、转向线上的点和对称轴上的点。

(1) 平面与圆柱相交

平面与圆柱体的截交线分为 3 种情况, 如表 3-1 所示。

【例 3-7】 圆柱被一正垂面截切, 求截交线的投影, 如图 3-15 所示。

空间分析: 截平面斜切圆柱面, 其截交线为椭圆。截平面垂直正面, 其正面投影积聚为一直线, 截交线的正面投影重合在这条直线上。圆柱轴线垂直 H 面, 其圆柱面的水平投影有积聚性, 截交线的水平投影与圆柱面的水平投影重合。也就是说, 截交线的正面投影和侧面投影已知, 只需求出侧面投影。

作图步骤:

ⅰ. 求特殊点, 对于椭圆, 先确定长短轴上的四个端点Ⅰ、Ⅱ、Ⅲ和Ⅳ, 该 4 个点也是圆柱转向线上的点, 根据正面投影和水平投影, 求出 4 个点的侧面投影;

表 3-1 平面与圆柱体的截交线

截切平面位置	垂直于轴线	倾斜于轴线	平行于轴线
截交线	圆	椭圆	平行两直线 (连同与底面的交线为一矩形)
轴测图	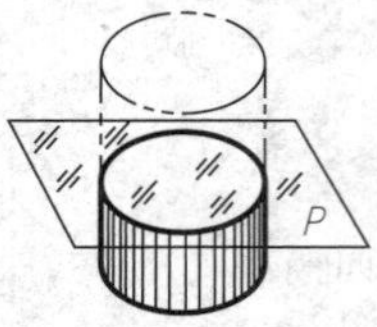	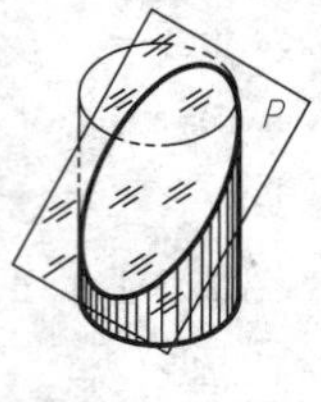	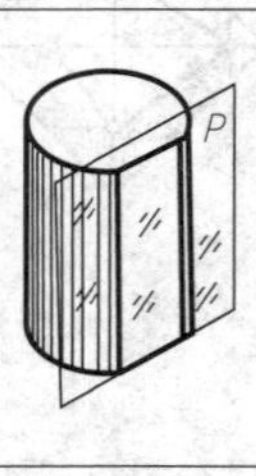
投影图	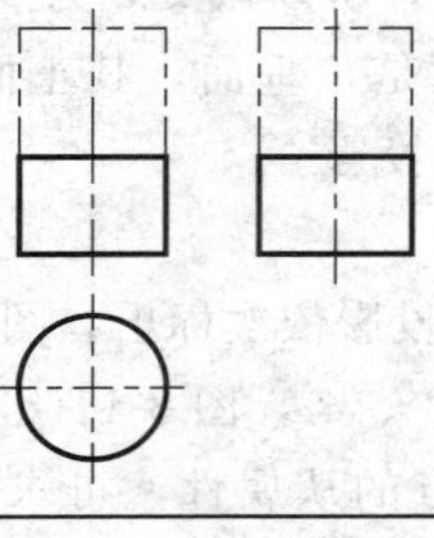	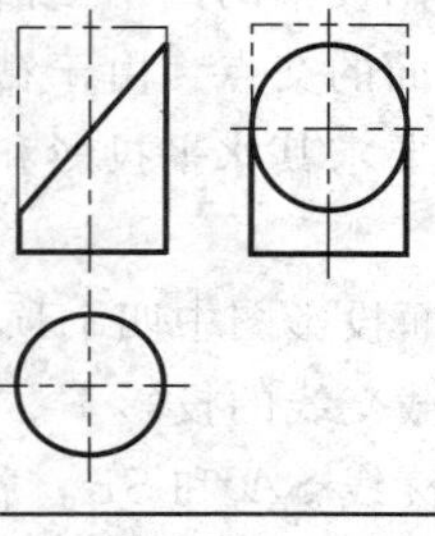	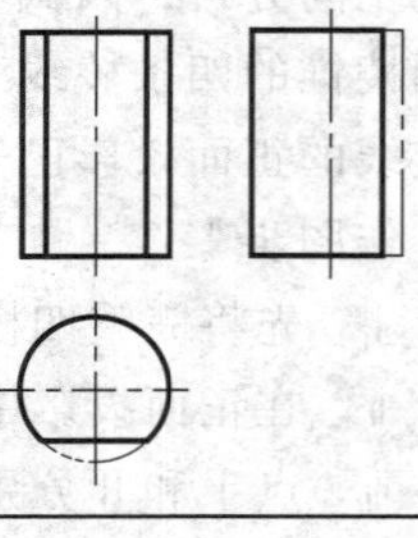

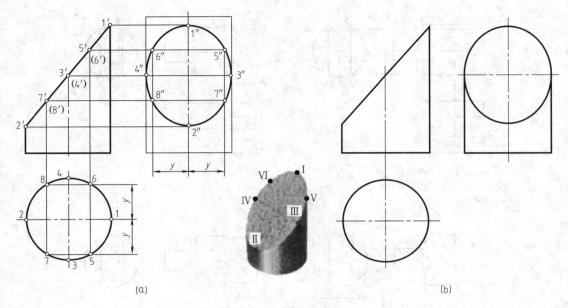

图 3-15　正垂面截切圆柱体

ⅱ．求一般点，找出一般点Ⅴ、Ⅵ、Ⅶ和Ⅷ的正面投影和水平投影，据此求出侧面投影；

ⅲ．依次光滑连线并判断可见性。按水平投影点的顺序依次连接各点的侧面投影；

ⅳ．补全轮廓线。圆柱体的侧视转向线应画至3″、4″处。

【例 3-8】　试完成接头的正面投影和水平投影，如图3-16所示。

空间分析：该圆柱体的轴线垂直侧面，在侧面投影有积聚性。左端的凹槽是用两个平行于圆柱轴线的对称的正平面和一个垂直于圆柱轴线的侧平面截切；右端的凸榫是用两个平行于圆柱轴线的对称的水平面和两个垂直于圆柱轴线的侧平面截切。平行轴线的正平面和水平面与圆柱面的截交线都是平行的直线（一段素线），垂直轴线的侧平面与圆柱面的截交线都是圆弧。左端的正平面和侧平面的交线是两条铅垂线，右端的水平面和侧平面的交线是两条正垂线。根据圆柱体和截平面的积聚性，可以找出各段截交线的两个投影，求其第三个投影。

作图步骤：

ⅰ．画左端凹槽部分，利用截平面和圆柱面的积聚性，确定水平投影和侧面投影，按照投影规律求出正面投影，见图3-16(b)；

ⅱ．画右端凸榫部分，利用截平面和圆柱面的积聚性，确定正面和侧面投影，按照投影规律求出水平投影，见图3-16(c)；

ⅲ．连线并判断可见性；

ⅳ．补全接头轮廓线的三面投影，完成全图，见图3-16(d)。

（2）平面与圆锥相交

平面与圆锥体的截交线分为5种情况，如表3-2所示。

【例 3-9】　圆锥被正平面截切，求截交线的投影，如图3-17所示。

空间分析：因为截平面是正平面，且与圆锥的轴线平行，其锥面的截交线是双曲线，截

3　立体的投影及其表面交线　　　　　　　　　　　　**51**

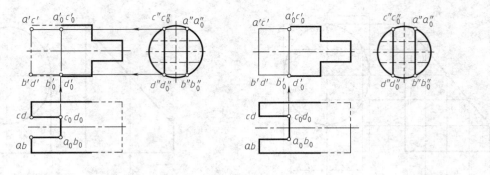

(a) 作 $a'a'_0$、$b'b'_0$、$c'c'_0$、$d'd'_0$

(b) 作 $a'_0c'_0$、$b'_0d'_0$、$a'b'c'd'$、$a'_0b'_0c'_0d'_0$

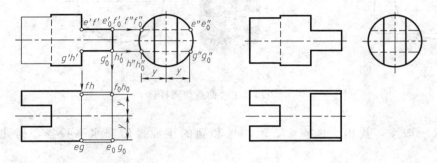

(c) 作右端凸榫部分的水平投影　　　　　(d) 作图结果

图 3-16　补全接头的正面投影和水平投影

交线的水平投影和侧面投影分别与截平面的同面投影重合，只需求出正面投影。

作图步骤：

ⅰ. 求特殊点，点Ⅲ是最高点（对称点、侧视转向线点），根据 3 和 3″，求出 3′，点Ⅰ和Ⅴ是最低点，也是最左、最右点，根据 1 和 5，求出 1′和 5′；

ⅱ. 求一般点，在最高点和最低点的适当位置利用辅助圆法确定两个一般点Ⅱ和Ⅳ，先作出正面的水平线，然后画出水平圆，找到 2 和 4，利用投影关系确定 2′和 4′；

表 3-2　平面与圆锥体的截交线

截切平面位置	垂直于轴线 $\theta=0°$	与所有素线相交 $\theta<\alpha$	平行于一条素线 $\theta=\alpha$	平行于轴线（或平行于两条素线） $\theta=90°$（或 $\theta°>\alpha$）	通过锥顶
截交线	圆	椭圆	抛物线	双曲线	相交两直线（连同与锥底面的交线为一三角形）
轴测图					

截切平面位置	垂直于轴线 $\theta=0°$	与所有素线相交 $\theta<\alpha$	平行于一条素线 $\theta=\alpha$	平行于轴线（或平行于两条素线）$\theta=90°$（或 $\theta°>\alpha$）	通过锥顶
投影图					

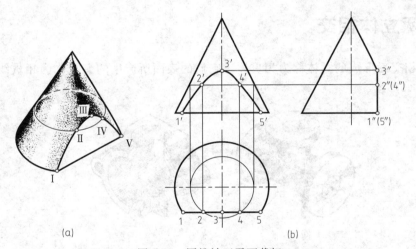

图 3-17　圆锥被正平面截切

ⅲ．依次将 $1'$、$2'$、$3'$、$4'$ 和 $5'$ 连成光滑的曲线，即为截交线的正面投影，如图 3-17（b）所示。

线的水平投影和侧面投影分别与截平面的同面投影重合，只需求出正面投影。

（3）平面与圆球相交

平面与圆球相交，不论平面与圆球的相对位置如何，其截交线都是圆。当截平面平行投影面时，截交线的投影是圆；当截平面垂直投影面时，截交线的投影积聚为一直线；当截平面倾斜投影面时，截交线的投影是椭圆。

【例 3-10】　画出半圆球切口的投影，如图 3-18 所示。

空间分析：半球被一个水平面和两个对称的侧平面截切，水平面与球面的交线为两段水平的圆弧，两个侧平面与圆球的交线各为一段平行于侧面的圆弧。截平面之间的交线是两条正垂线，水平投影反映实长，侧面投影不可见。

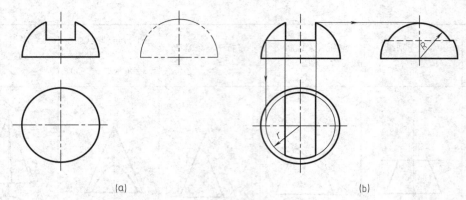

(a)   (b)

图 3-18　半圆球切口的投影

作图步骤:

ⅰ. 作出水平圆弧和正垂线的水平投影;

ⅱ. 作出侧平圆弧和正垂线的侧面投影;

ⅲ. 依次光滑连线并判断可见性,完成作图。

3.3　两立体相交

两立体相交后形成的立体称为相贯体,它们的表面所产生的交线称为相贯线,如图3-19所示。

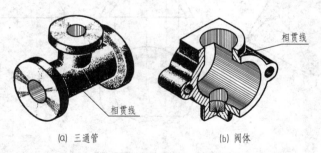

(a) 三通管   (b) 阀体

图 3-19　两立体的相贯线

两立体相交,包括两平面立体相交、平面立体与曲面立体相交、两曲面立体相交,这里只讨论常见的两回转体相交的问题。

由于两回转体的形状、大小和相对位置不同,相贯线的形状也不同,但它们都有如下的基本特性:

ⅰ. 相贯线是两回转体表面的共有线,也是两回转体表面的分界线,相贯线上的点是两回转体表面的共有点;

ⅱ. 相贯线一般为封闭的空间曲线,特殊情况下可能是平面曲线或直线。

相贯线上的点为两回转体表面所共有,那么求相贯线实际上就是求一系列共有点的问题。因此,可采用两种方法:表面取点法和辅助平面法。具体作图时,先求出能确定相贯线形状和范围的特殊点,再求出若干一般点,然后光滑连接并判断可见性,整理轮廓线,完成作图。

相贯线的可见性判断：只有一段相贯线同时位于两个回转体的可见表面时，这段相贯线的投影才是可见的，否则不可见。

3.3.1　表面取点法

当回转体表面具有积聚性时，相贯线的一个或两个投影就已知，可以利用回转体表面取点、线的方法，求出相贯线的未知投影。

【例 3-11】　求作轴线垂直相交的两圆柱的相贯线，如图 3-20 所示。

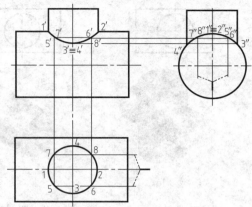

空间分析：两圆柱轴线正交，轴线垂直于侧面的大圆柱，其侧面投影有积聚性，轴线垂直于水平面的小圆柱，其水平投影有积聚性。因此，相贯线的水平投影和侧面投影分别重合在这两个有积聚性的圆周上。从水平投影看，相贯线为前后、左右对称的空间曲线。因此，相贯线的正面投影前后重合。

图 3-20　正交两圆柱的相贯线

作图步骤：

ⅰ. 求特殊点，在水平投影上确定Ⅰ、Ⅱ、Ⅲ和Ⅳ点，按照投影关系找出 4 个点对应的侧面投影，其中，Ⅰ和Ⅱ是两圆柱正视转向线上点，也是相贯线最高点和最左、最右点；Ⅲ和Ⅳ是最低点，也是小圆柱侧视转向线上点，由 4 个点的水平投影和侧面投影，求出正面投影；

ⅱ. 求一般点，在水平投影上确定 4 个一般点Ⅴ、Ⅵ、Ⅶ和Ⅷ，由水平投影找出对应的侧面投影，再根据投影关系求出正面投影；

ⅲ. 依次光滑连线并判断可见性，由于相贯线前后对称，其正面投影一定是前后重合，并且前半部是可见，按照水平投影的连线顺序，将各点的正面投影依次连成光滑曲线，即得正面投影，完成作图。

图 3-20 介绍了两圆柱体外表面相交的情况。在工程实际中，还有立体外表面与内表面相交和两立体内表面相交的情况。

图 3-21 给出了两圆柱体相交的三种情况。只要两圆柱体的直径和相对位置不变，它们的相贯线的形状和求解方法是一样的，只有可见性的区别。

【例 3-12】　求半圆球与圆柱相交的相贯线投影，如图 3-22 所示。

空间分析：圆柱轴线垂直于侧面，其侧面投影有积聚性，相贯线的侧面投影与圆柱的侧面投影重合，水平投影和正面投影需要求出。从侧面投影看，相贯体是前后对称。所以，相贯线的正面投影应前后对称，即前后重合且可见。

作图步骤：

ⅰ. 求特殊点，在侧面投影确定Ⅰ、Ⅱ、Ⅴ和Ⅵ点，其中，Ⅰ和Ⅱ是相贯线的最高点和最低点，也是两立体正视转向线上点，由 1″和 2″确定 1′和 2′，再按照投影关系求出 1 和 2；Ⅴ和Ⅵ是最前、最后点，也是圆柱水平转向线上点，但在半球上属于一般位置点，应按照圆球上表面取点方求求。过 5″和 6″点在半球面上作辅助圆，该圆与圆柱的水平转向线交于 5 和 6，由此求出 5′、6′；

ⅱ. 求一般点，在侧面投影确定两一般点Ⅲ和Ⅳ，过 3″和 4″两点作辅助圆，根据两点的

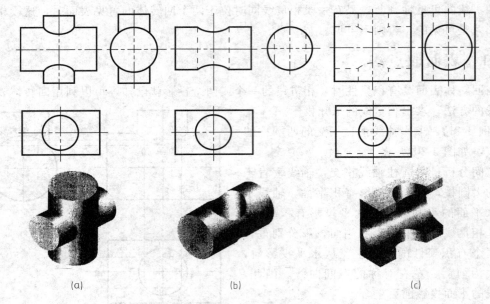

(a)   (b)   (c)

图 3-21　两圆柱体相交的三种情况

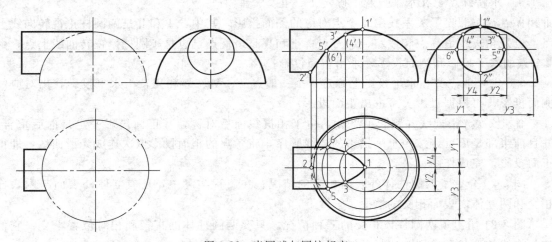

图 3-22　半圆球与圆柱相交

Y 坐标求出 3 和 4，利用投影关系再求出 $3'$ 和 $4'$；

ⅲ．依次光滑连线并判断可见性，相贯线的正面投影应前后对称，即前后重合且可见；相贯线的水平投影在圆柱的上半部分点可见，而下半部分的点不可见，即 6-4-1-3-5 可见，5-2-6 不可见；

ⅳ．补全轮廓线，两立体的正面转向线已画到相交处；圆柱的水平转向线应画到 5 和 6 处；位于圆柱下面的半球转向线不可见，应画成虚线。

3.3.2　辅助平面法

辅助平面法就是利用三面共点的原理，利用辅助平面求出与两曲面体表面上若干共有点，从而求出相贯线。辅助平面选择原则：应该使辅助平面截两曲面所得截交线的投影，尽可能是简单易画的圆或直线。

【例 3-13】 求圆柱与圆台相交后的相贯线投影，如图 3-23 所示。

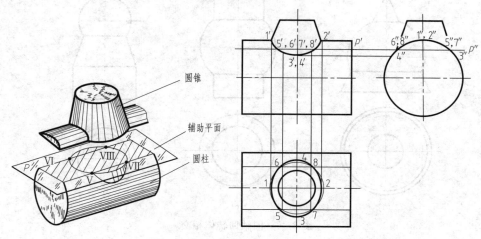

图 3-23 圆柱与圆台相交

空间分析： 圆柱与圆台垂直相交，从水平投影看，相贯线是前后、左右对称的封闭空间曲线。由于圆柱轴线垂轴侧面，其侧面投影积聚为一个圆。因此，相贯线的侧面投影也积聚在这个圆周上，相贯线的正面投影和水平投影应分别求出。

作图步骤：

ⅰ. 求特殊点，由正面投影和侧面投影可知，Ⅰ和Ⅱ点是最高点，也是最左和最右点，由 1′、2′和 1″、2″求出 1 和 2；Ⅲ和Ⅳ点为最低点，也是最前和最后点，由 3″和 4″求出 3′、4′和 3、4；

ⅱ. 求一般点，采用辅助平面法求出若干一般点，在最高和最低点之间作水平辅助平面 P，它与圆台的交线为圆，与圆柱的交线为两平行直线，圆与两平行直线在水平面交于 4 个点Ⅴ、Ⅵ、Ⅶ和Ⅷ，即可求出相贯线的水平投影 5、6、7 和 8，再返回到 p′ 和 p″ 上，找到正面投影 5′、6′、7′和 8′以及侧面投影 5″、6″、7″和 8″；

ⅲ. 依次光滑连线并判断可见性，相贯线的正面投影前后重合，且前半部分可见；相贯线的水平投影都处在两立体的上半部分可见。

3.3.3 相贯线的特殊情况

两回转体相交其相贯线一般为空间曲线，但在特殊情况下也可能是平面曲线或直线。

ⅰ. 当两个二次曲面（圆柱、圆锥）轴线正交，且平行于投影面，若公切于一个圆球，则他们的相贯线是垂直于这个投影面的椭圆，在该投影面上的投影积聚为一条直线，如图 3-24 所示。

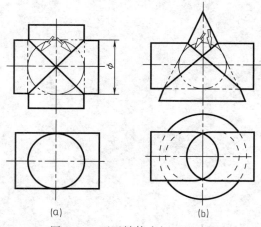

图 3-24 两回转体内切于一球面

ⅱ. 当两个同轴回转体相贯时，它们的相贯线是垂直于轴线的圆，如图 3-25 所示。

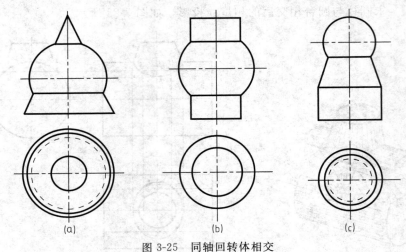

图 3-25　同轴回转体相交

工程制图与AutoCAD教程

组合体的视图及尺寸标注

前面已经介绍了基本形体在三个投影面的画法，但零件几乎都不是简单的基本形体，而是由基本形体经叠加和切割而形成的组合体。实际上组合体可看作是由物体（机器零部件）经过抽象和简化而得到的理论上的零件。这一章将在掌握前面所学的空间几何元素（点、线、面、基本形体）基本理论基础上，学习组合体的画图、看（读）图和标注尺寸的方法。

熟练地掌握画组合体的视图、看组合体的视图和标注组合体尺寸的方法，将为零件图等后续章节打下坚实的基础。

4.1 三视图的形成及其特性

4.1.1 三视图的形成

如图 4-1 所示，将物体置于第一角内，并使其处于观察者与投影面之间而得到的多面正投影的方法，称为第一角画法。GB/T 4448.1—2002《机械制图　图样画法　视图》规定，机械图样应采用正投影法绘制，并优先采用第一角画法。根据 GB/T 14592—1993《技术制图　投影法》规定，用正投影法所绘制的物体的图形，称为视图。由前向后投射所得的视图称为主视图，即物体的正面投影，通常反应所画物体的主要形状特征，也就是表示物体信息量最多的视图；由上向下投射所得的视图称为俯视图，即物体的水平投影；由左向右投射所得的视图称为左视图，即物体的侧面投影。

4.1.2 三视图的投影特性

如图 4-1 所示，在三视图中，主视图和俯视图都同时反映物体的长度，主视图和左视图都同时反映物体的高度，左视图和俯视图都同时反映物体的宽度。由此看出，三视图的投影特性是：**主俯视图长对正；主左视图高平齐；左视图和俯视图宽相等，并且前后对应**。这个特性不仅适用于物体总体的投影，也适用于物体局部结构的投影。物体的三视图按规定的位置配置，可不注视图的名称。

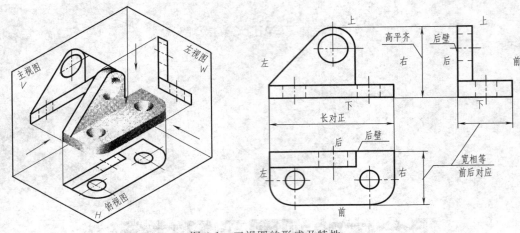

图 4-1　三视图的形成及特性

4.2　画组合体的视图

4.2.1　组合体的形成方式

　　组合体的形成方式有三种：叠加式、切割式、综合式。其中，叠加是实形体和实形体进行组合。如图 4-2(a) 可看成是六棱柱和圆柱两个基本体叠加而成。切割是从实形体中挖去一个实形体，被切去的部分就形成孔形体（孔洞）；或者是在实形体上切去一部分，使被切的实形体成为不完整的基本几何形体，如图 4-2(b) 所示。综合式是由若干个基本形体经叠加和切割两种方式形成的，是最常见的组合体，如图 4-2(c) 所示。

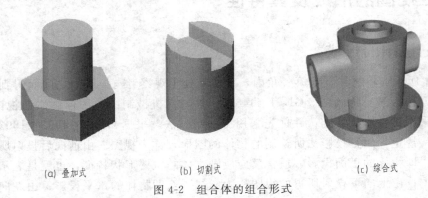

(a) 叠加式　　　　　(b) 切割式　　　　　(c) 综合式

图 4-2　组合体的组合形式

4.2.2　组合体中相邻表面间的相对位置

　　组合体无论按什么方式形成，其邻接表面间的相对位置均可分为三种：共面、相切和相交。

　　(1) 共面

　　当两形体邻接表面共面时，两形体邻接表面不应有分界线，因此，投影中不画分界线投影。如图 4-3(a) 所示，上部长方体与下部的底板的前后表面共面，中间无分界线，主视图中不应画出。左右端面上部与下部不共面，有分界线，所以左视图中应画实线分界线。

（2）相切

当两形体邻接表面相切时，两形体邻接表面是光滑过渡的，所以规定切线的投影不画，因此，视图中不画分界线投影，如图4-3(b)所示。

（3）相交

两形体相交时，其邻接表面一定产生交线（截交线和相贯线），这时要画出交线的投影，求交线的基本方法在前面已经讨论过。如图4-3(c)中左面凸台的前后两平面与直立圆柱面有交线，是截交线。

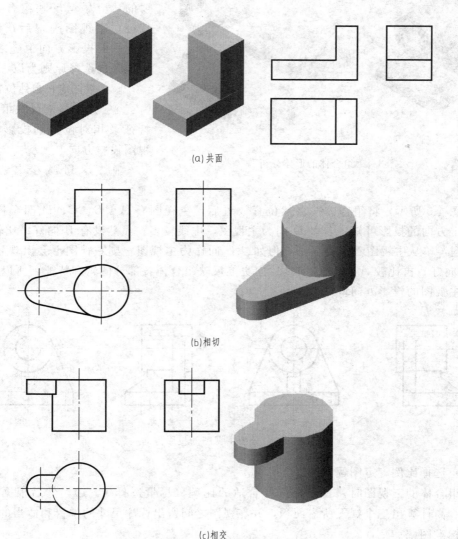

(a)共面

(b)相切

(c)相交

图4-3 形体分析和画图实例

4.2.3 画组合体视图的方法与步骤

（1）形体分析

前面讨论了组合体的构形、组合形式和表面之间的相对位置关系。这种假想把组合体分解为若干个基本形体、分析它们的形状、确定它们的组合形式和相邻表面间的位置关系，从而产生对组合体形成的完整概念的方法称为形体分析法。它是画图、看图及尺寸标注过程中的主要方法。

如图 4-4 所示，组合体由圆柱、支承板、肋板以及底板所组成。支承板、肋板及底板分别是不同形状的平板，支承板的左、右侧面与外圆柱面相切，肋板的左、右侧面与外圆柱面相交，底板的顶面与支承板、肋板的底面互相叠加。

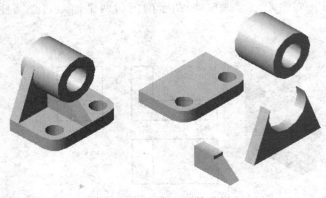

图 4-4　组合体的形体分析

（2）确定主视图

在三个视图中，主视图最重要的，应尽量反映组合体的形状特征，主视图确定后，俯视图和左视图的投影方向也随之而定了。主视图的选择原则为以下三点。

ⅰ. 主视图应按自然位置放置。

ⅱ. 选择最能反映组合体形状特征及相对位置的投影方向为主视图投影方向。

ⅲ. 尽量减少各视图中的虚线。

如图 4-5 所示，将组合体按自然位置放置后，主视图有 A、B、C、D 四个投影方向，比较四个方向的投影可知：若以 D 向为主视图，虚线较多，显然没有 B 向好；比较 A 向与 C 向视图，单从主视图看没有区别，但如以 C 向作为主视图，则左视图上会出现较多虚线，没有 A 向好。再比较 A 向与 B 向，B 向更能反映组合体各部分的轮廓特征，所以确定以 B 向作为主视图的投影方向最好。

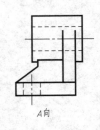  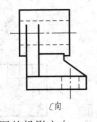 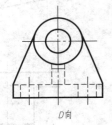

A向　　　　　　B向　　　　　　C向　　　　　　D向

图 4-5　分析主视图的投影方向

（3）选择比例、定图幅

画组合体的三视图时，首先要选择合适的比例（尽量选择 1∶1），然后根据组合体的长、宽、高计算出三个视图所占面积，并在视图之间留出标注尺寸的位置和适当的距离，然后选择标准图幅。

（4）布图、画基准线

先固定好图纸，然后画出确定各视图位置的基准线，每个视图需要两个方向的基准线（一般常用轴线、对称中心线、较大的平面）。

（5）绘制底稿

按形体分析法分解各基本体以及确定它们之间的相对位置，逐个画出各基本体的视图。画图时应先画出主要轮廓，再画细节；先画实线，后画虚线，而且要三个视图联系起来一起画，这样既能保证各基本体之间的相对位置和投影关系，又能提高绘图速度和准确度（减少测量次数）。

（6）检查、加深图线

底稿完成后，经仔细检查，擦去作图线，加深全图。应先加深圆、圆弧，后加深直线。具体步骤如图 4-6 所示。

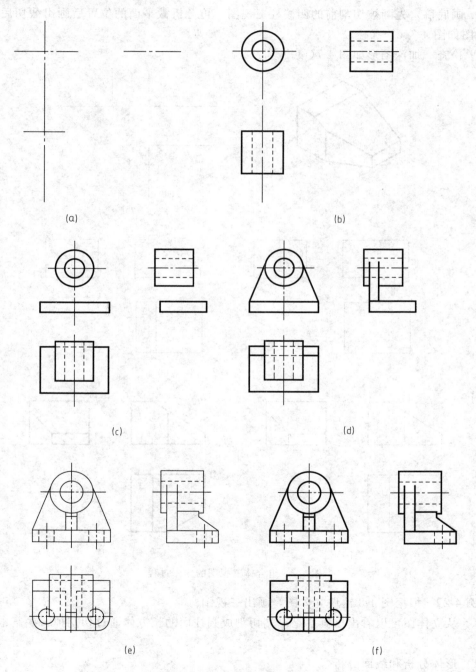

图 4-6　组合体的作图过程

【例 4-1】 画出图 4-7(a) 所示的组合体的三视图。

ⅰ. 进行形体分析。如图 4-7(a) 所示组合体是四棱柱通过正垂面和铅垂面切割后形成的组合体。

ⅱ. 选择主视图。

ⅲ. 选择比例，定图幅。

ⅳ. 布图，画基准线，以立体的底面、后面、右面为基准作图如图 4-7(b)。

ⅴ. 画底稿，先画被切割前的四棱柱三视图，再分析截平面的位置后画出截切后的组合体三视图如图 4-7(c)～(e)。

ⅵ. 检查、加深图形如图 4-7(f)。

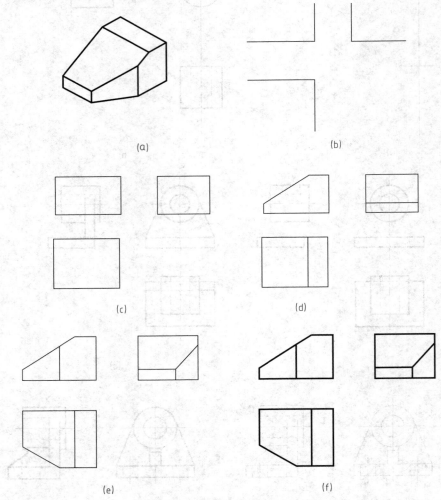

(a)　　　　　　　　　　　　　　　(b)

(c)　　　　　　　　　　　(d)

(e)　　　　　　　　　　　(f)

图 4-7　组合体三视图的作图过程

【例 4-2】 根据图 4-8 镶块立体图，画出三视图。

解　从立体图可以看出该镶块是一端切割成圆柱面的长方体通过切割掉一些基本体而形成的。

(1) 形体分析和线面分析

首先被两个前后对称的正平面和一个水平面切割，然后左端中间被一圆柱面切掉一部分，并从左向右贯穿一个圆柱形通孔，然后在左端上方和下方分别切掉半径不等的两个半圆形槽，每当切掉一块基本体之后在镶体表面上就形成一些交线。

（2）选择主视图

按自然位置安放好镶块后，选择如图4-8中的箭头方向为主视图投射方向。

（3）画图步骤

ⅰ．画出右端切割为圆柱面的长方形体三视图，如图4-9(a)所示；

ⅱ．画出被前后两个对称的正平面和一个水平面切割后形体的三视图，如图4-9(b)所示；

ⅲ．画出左端中间被一圆柱面切掉一部分后形体的三视图，如图4-9(c)所示；

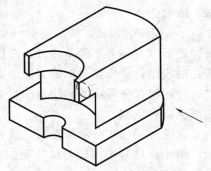

图4-8 镶块立体图

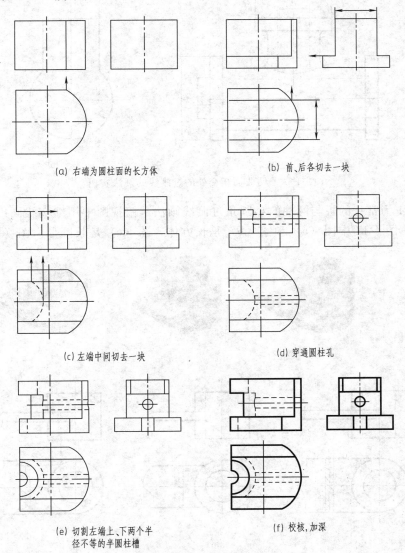

(a) 右端为圆柱面的长方体

(b) 前、后各切去一块

(c) 左端中间切去一块

(d) 穿通圆柱孔

(e) 切割左端上、下两个半径不等的半圆柱槽

(f) 校核，加深

图4-9 镶块三视图的作图过程

ⅳ．画出贯穿一个圆柱形通孔后形体的三视图，如图 4-9（d）所示；

ⅴ．画出左端上方和下方分别切掉半径不等的两个半圆形槽后形体的三视图，如图 4-9（e）所示；

ⅵ．校核并加深，如图 4-9（f）所示。

机器中有许多零件是铸件或锻件，在两表面的相交处，通常用小圆角光滑过渡。由于小圆角的投影，使机器表面的交线变得很不明显，这种交线称为过渡线。

过渡线在视图中的画法与画相贯线和截交线一样，只是用细实线绘制，并且在过渡线的端部应留有空隙。

如图 4-10（a）所示为铸造三通管，两圆柱面间及圆柱孔间的交线为过渡线，画法如图所示。图 4-10（b）是同轴的圆柱和圆球相交，由于相交处都是圆角过渡，所以视图中也都画成过渡线。

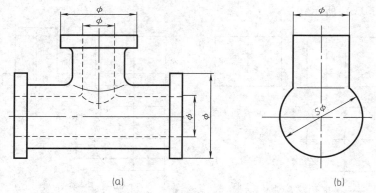

(a)　　　　　　　　　　(b)

图 4-10　两曲面相交处的过渡线的画法实例

如图 4-11 为常见的板与圆柱的小圆角过渡线画法。俯视图中用细实线画出的图形是板的断面实形。图 4-11 中图（a）和图（b）是长方体，图（c）是长圆形。图（b）中板的前

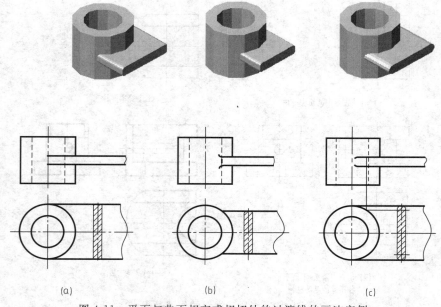

(a)　　　　　　　　(b)　　　　　　　　(c)

图 4-11　平面与曲面相交或相切处的过渡线的画法实例

后表面与圆柱面相交，主视图中过渡线在转角处应留空隙，图（a）中板的前后表面圆柱相切，主视图中不能画出切线的投影。图（c）中板的前、后为圆柱面有公共切平面，在主视图中过渡线的正面投影应留有空隙。

4.3 读组合体的视图

画图是把空间的组合体用正投影法表示在平面上，而读图则是根据已知图形，运用投影规律，想象出组合体的空间形状。两者互为逆过程。通过看图能提高空间想象力和投影分析能力。本节介绍两种读图方法：形体分析法和线面分析法。

4.3.1 读图的要点

在熟练掌握各种基本体（棱柱、圆柱、圆锥、圆球等）的三面投影特性和各基本体被切割和叠加后产生交线的形状及投影特性的基础上，读图要点有以下几点。

（1）几个视图联系起来读

组合体的形状一般是通过几个视图来表达的，每个视图只能反映物体的一个方向的形状，不能唯一地确定组合体的形状和相邻表面间的相对位置。

如图 4-12 所示的几组视图，它们的主视图虽然相同，但却表示不同形状的物体。

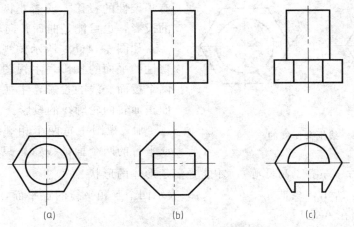

| (a) | (b) | (c) |

图 4-12 由一个视图可确定各种不同形状物体实例

又如图 4-13 所示三组视图，它们的主、左视图虽然相同，但仍然表示三种不同形状的物体。

（2）从反映形体特征的视图入手

在视图中，组合体的形状特征是对形体进行识别的关键信息。因此，读图时要从反映形状特征的视图入手，几个视图联系起来读，才能准确地的想象出各形体的形状和形体间的相对位置。

（3）理解视图中线框和图线的含义

ⅰ．视图中每一封闭线框都表示某一表面的投影。这个表面可能是平面、曲面，也可能是两个表面（平面和曲面、曲面和曲面）相切的组合，至于是什么面，这个视图本身不能确定，需要通过其他视图对照投影关系来确定。

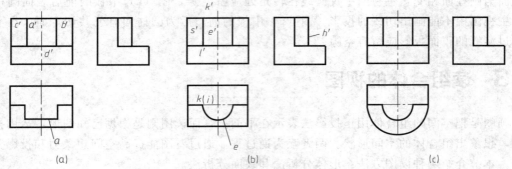

图 4-13　由两个视图可确定各种不同形状物体实例

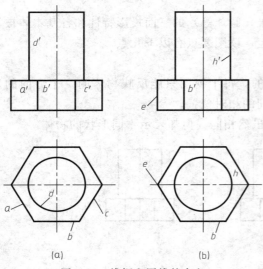

(a)　　　　　　　　(b)

图 4-14　线框和图线的含义

如图 4-14(a) 所示，主视图中有四个封闭线框，对照俯视图可知，线框 a'、b'、c' 分别是六棱柱前面的三个棱面与前后对称的后三个棱面的投影，是平面的投影。线框 d' 则是前半圆柱面和对称的后半圆柱面的投影，是曲面的投影。

ⅱ. 视图中每条图线，可能是物体表面有积聚性的投影，或者是两个表面的、交线的投影，也可能是曲面转向轮廓线的投影。

如图 4-14(b) 所示俯视图中的 b 是有积聚性的平面的投影，主视图中的 e' 是六棱柱两个棱面交线的投影，主视图中的 h' 是圆柱面正面转向轮廓线的投影。

ⅲ. 视图中每两个相邻线框都表示相交或平行的两个面的投影，只有分清它们之间的相对位置（前后、左右、高低等），才能弄清楚形体的形状。

如图 4-13(a) 所示，线框 a'、b'、c'、d' 表示四个互相平行的正平面，D 在最前面，A 在中间，B、C 面在 A 之后。

（4）善于构思物体的形状

为了提高读图能力，应将获得的关于体、面、线的信息进行综合分析、组合、构思，把想象中的组合体与给定视图反复对照、不断修正，培养构思物体形状的能力，从而进一步丰富空间想象力，达到正确、迅速地读懂视图，并想象出空间形体的形状。

4.3.2　读图的基本方法

4.3.2.1　形体分析法

读图的基本方法和画图一样，主要也是运用形体分析法，尤其对于叠加形体更为有效。在反映形状特征比较明显的视图上先按线框将组合体划分为几个部分，即划分为几个基本体，然后通过投影关系找到各线框所表示的形体部分在其他视图中的投影，从而分析它们之间的相对位置。最后综合起来想象组合体的总体形状。现以图 4-15 所示的组合体三视图为例说明运用形体分析法识读组合体视图的方法和步骤。

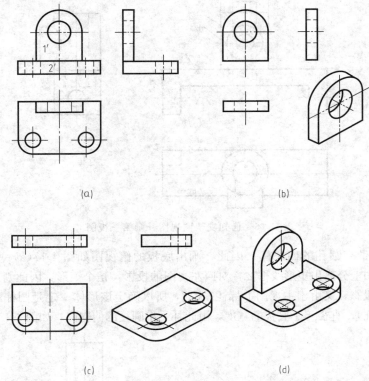

图 4-15　用形体分析法读图的方法和步骤

（1）在表达组合体形状特征最明显的主视图上划分线框

如图 4-15 线框 1′和线框 2′，分成两个基本体，可以认为该组合体是由上、下两个基本形体所组成。

（2）分别按各线框对投影，想象出各部分形体的形状

由主视图中上部线框 1′与俯视图、左视图对照投影可知它是一块平行于正平面的半圆形和矩形成的板状形体，在主视图中反映实形，而图中的小圆线框对应俯视图、左视图中的虚线，则是一个被挖切的圆柱通孔。

主视图中的下部线框 2′对照俯视图可知也是一块前面带有圆角的板状形体，图中的两个虚线框对应俯视图两个小圆形线框和左视图中的虚线，则是两个被挖切的圆柱通孔，由此想象出下部分形体的形状。

（3）将各部分形体和起来，想象出组合体的整体形状

在读懂上、下两部分形状的基础上，再根据该组合体的三视图中所示的相对位置把两部分构成一个整体，由此想象出该组合体的整体形状。

【例 4-3】　如图 4-16 所示，已知支承主、左视图，补画出俯视图。

解　如图 4-16 所示，将反映形状特征最明显的主视图初步划分为三个封闭线框，分别是矩形框、包含小圆形的圆形线框和像写字台一样的凹形线框。对照左视图，逐个想象出三个基本体的形状，并分析它们之间的相对位置及表面连接关系，最后把三个部分构成一个整体，补画出俯视图，具体步骤如下。

ⅰ. 在主视图上分离出线框 1′，对照左视图的投影可以看出它是一块像写字台一样的形

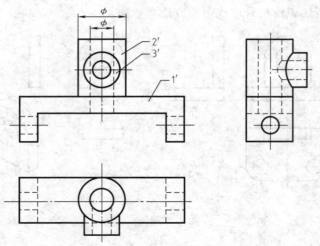

图 4-16　已知支架两视图补画第三视图

体，左右两侧是带有圆孔的四棱柱，因此，画出底板的俯视图如图 4-17(a) 所示。

ⅱ. 在主视图上分离出矩形线框 2′，对照左视图的投影，是个矩形，因此判定该形体可能是圆柱或四棱柱的投影，又由于主视图上标注"ϕ"，所以确定该形体一定是圆柱的投影（中间有穿透底板的圆柱孔），直径等于底板的宽度，由此补画出圆柱的俯视图，如图 4-17(b) 所示。

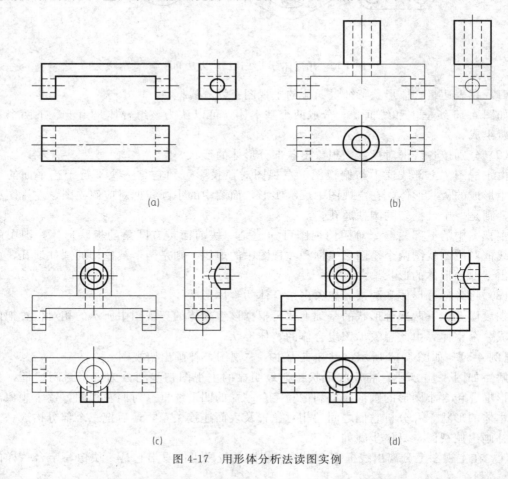

图 4-17　用形体分析法读图实例

工程制图与AutoCAD教程

ⅲ．在主视图上分离出圆形线框 3′（中间还有一个小圆线框），对照左视图的投影，判定该形体是中有圆柱孔的圆柱的投影，与形体 1 圆柱轴线垂直相交，左视图中的曲线是相贯线的投影，由此画出小圆柱的俯视图，如图 4-17(c) 所示。

ⅳ．根据底板和两个圆柱体的形状，以及它们之间的相对位置，想象出组合体的整体形状（图 4-18），并校核补画出俯视图，实线按规定加深，如图 4-17(d) 所示。

4.3.2.2 线面分析法

无论是画组合体的视图，还是读组合体的视图，运用的方法主要是形体分析法。但当读形状比较复杂的组合体的视图时，在运用形体分析法的同时，对于不易读懂的部分，常常采用线面分析法来帮助想象和读懂这些局部形状。

线面分析法是在形体分析法的基础上，研究和运用组合体中线、面的空间投影特性来帮助分析各部分的形状和相对位置，最终想象出组合体空间形体的一种方法。下面以图4-19为例，说明线面分析法在读图中的应用。

ⅰ．由图 4-19(a) 所示的三视图的外形轮廓基本都是长方形，可以看出该组合体是一四棱柱通过平面切割形成的基本组合体。

ⅱ．由俯视图中的左边线框 a 对投影，在主视图上与其长对正的是一条斜线 $a′$，可知这是一个正垂面，即用正垂面切去四棱柱的左上角。

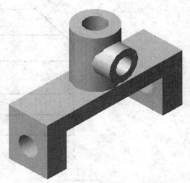

图 4-18　支架的立体图

ⅲ．由主视图左边的线框 $b′$ 对投影，在俯视图上与其长对正的也是一条斜线 b，可知这

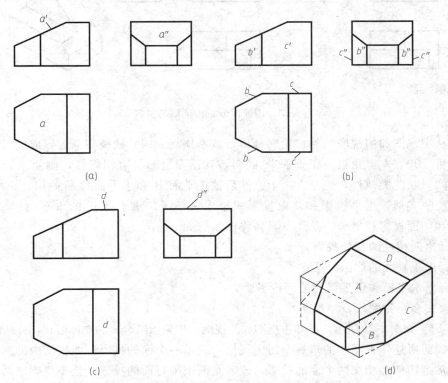

图 4-19　用线面分析法读图的方法和步骤

是一个铅垂面，由于俯视图前后对称，可知这是用前后对称的两个铅垂面在左侧切去四棱柱的前后角。由主视图中的右边线框 c' 对投影，在俯视图上与其长对正的是前、后两条直线 c，可知这是前后两个正平面。

ⅳ. 由俯视图中的右边线框 d 对投影，在主视图上与其长对正的是一条直线 d'，可知这是位于最高的一个水平面。

ⅴ. 通过上述分析，可想象出该组合体是一个长方体在左上角被一正垂面切割，然后又被前后对称的铅垂面切割而形成的组合体，从而想象出组合体的整体形状，如图 4-19（d）所示。

【例 4-4】 如图 4-20 所示，已知组合体的主视图和俯视图，补画俯视图。

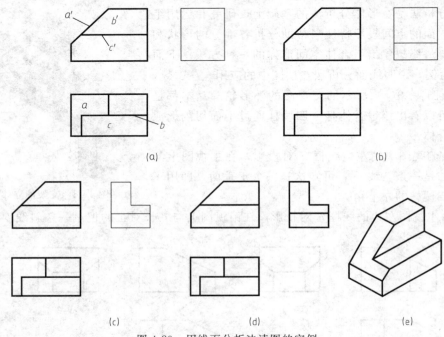

图 4-20　用线面分析法读图的实例

解　从主视图和俯视图的外形轮廓分析，该形体是一四棱柱被切割后形成的组合体。结合线面分析可知，左上角被一正垂面 A 截切，其正面投影具有积聚性，侧面投影和水平投影必为空间形状的类似性，也是六边形。然后被正平面 B 和水平面 C 所截切，正平面 B 的正面投影反映实形，水平投影和侧面投影积聚成一条线，水平面 C 的水平投影反映实形，正面投影和侧面投影积聚成一条线。具体作图步骤如下：

ⅰ. 画出四棱柱的侧面投影；

ⅱ. 画出正垂面的侧面投影；

ⅲ. 画出水平面和正平面的侧面投影；

ⅳ. 擦去多余作图线，加深实线。

【例 4-5】 如图 4-21 所示，已知主视图和俯视图，想象出组合体的立体形状，补画出左视图。

解　如前所述，视图中的每一个封闭线框均表示一个面的投影，而视图中的两个相邻封闭线框通常是物体上相交两个面的投影，或者是两个平行面的投影，至于要确定两个平面之间的相对位置，从一个视图本身看不出来，必须通过其他视图按照投影关系来分析确定。如

图4-21所示，主视图中的三个封闭线框 a'、b'、c' 所表示的面，俯视图中没有类似的图形，可以判定这三个面在俯视图中一定积聚成三条线，根据长对正投影关系，在俯视图中可能分别对应 a、b、c 三条线，从而可以判断空间 A、B、C 三个面是互相平行的正平面，又由于在俯视图中投影均为实线，所以判定最低的面在最前面，高的位于最后，即 A 在最前，C 在最后。因此，按照投影关系对照主视图和俯视图可知，这个架体分前、中、后三层；前层切割成一个直径较小的半圆柱槽，中层切割成一个直径较大（等于架体的长度）的半圆柱槽，后层切割成一个直径最小的穿通的半圆柱槽；另外，中层和后层有一个圆柱形通孔。于是就可以想象出架体的整体形状，如图 4-22 所示，然后补画出左视图，具体步骤如图 4-23 所示。

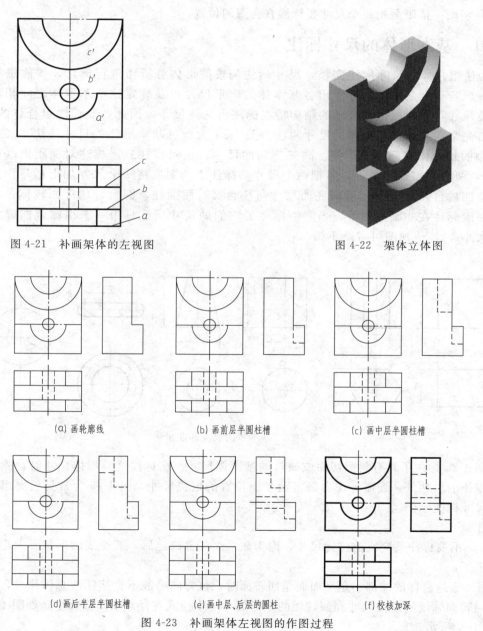

图 4-21　补画架体的左视图　　　　　　　　图 4-22　架体立体图

(a) 画轮廓线　　　　　　(b) 画前层半圆柱槽　　　　　　(c) 画中层半圆柱槽

(d) 画后层半圆柱槽　　　　(e) 画中层、后层的圆柱　　　　(f) 校核加深

图 4-23　补画架体左视图的作图过程

4.4 组合体的尺寸标注

视图只能表示组合体的形状，而组合体各部分的大小与相对位置，则要靠尺寸标注来确定。标注尺寸的基本要求是正确、完整、清晰。本节介绍基本形体和组合体的尺寸标注。

① 正确 正确是指所标注的尺寸应符合国家标准有关尺寸注法的规定，注写的尺寸数字要准确。

② 完整 完整是指标注尺寸不应遗漏，必须完整标注组合体中各基本形体的大小及其相对位置，而且不能重复。

③ 清晰 清晰是指每个尺寸要标注在合适的位置。

4.4.1 基本形体的尺寸标注

为使组合体的尺寸标注完整，尺寸标注仍按照形体分析法进行标注。即假想将组合体分解成若干个基本体，标注出各基本体的定形尺寸以及确定这些基本体之间相对位置的定位尺寸，最后根据组合体的结构特点标注出总体尺寸。因此，要标注组合体的尺寸，必须首先掌握基本几何形体的尺寸注法。图 4-24 为常见基本形体的尺寸注法。其中。图 4-24 中的长方体需标注长、宽、高三方向的尺寸；正六棱柱只需标注对面距离（或对角距离），两者只需标注其一，若把两个尺寸都标注上，则应将一个尺寸加上括号作为参考尺寸；四棱台需标注上、下两底面尺寸与棱台高；而圆柱、圆台、球等回转体，其直径尺寸一般标注在非圆视图上，当完整标注了它们的尺寸后，只用一个视图就能确定其形状和大小，其他视图可省略不画。

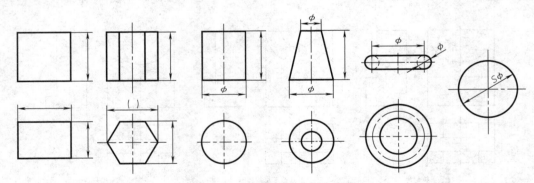

图 4-24 基本体的尺寸标注示例

图 4-25 标注了具有斜截切面或缺口的基本体尺寸。在标注这类形体尺寸时，除了需标注基本体的尺寸外，还需标注出确定截平面位置的定位尺寸。图 4-26 为常见板类组合体形状的尺寸标注示例。

注意：

ⅰ. 不要标注截交线的位置尺寸，因为截平面位置确定后，截交线的形状、大小自然也就确定了；

ⅱ. 当组合体的端部不是平面而是回转面时，该方向一般不直接标注总体尺寸，而是由确定回转面轴线的定位尺寸和回转面的定形尺寸（半径或直径）来间接确定，如图 4-26(a)、(b)、(c) 所示。

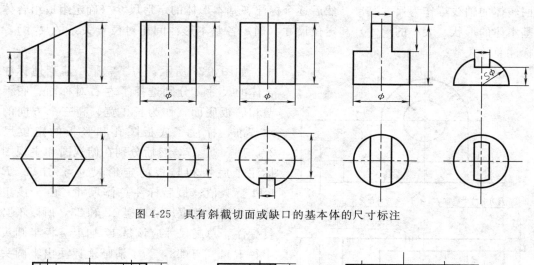

图 4-25　具有斜截切面或缺口的基本体的尺寸标注

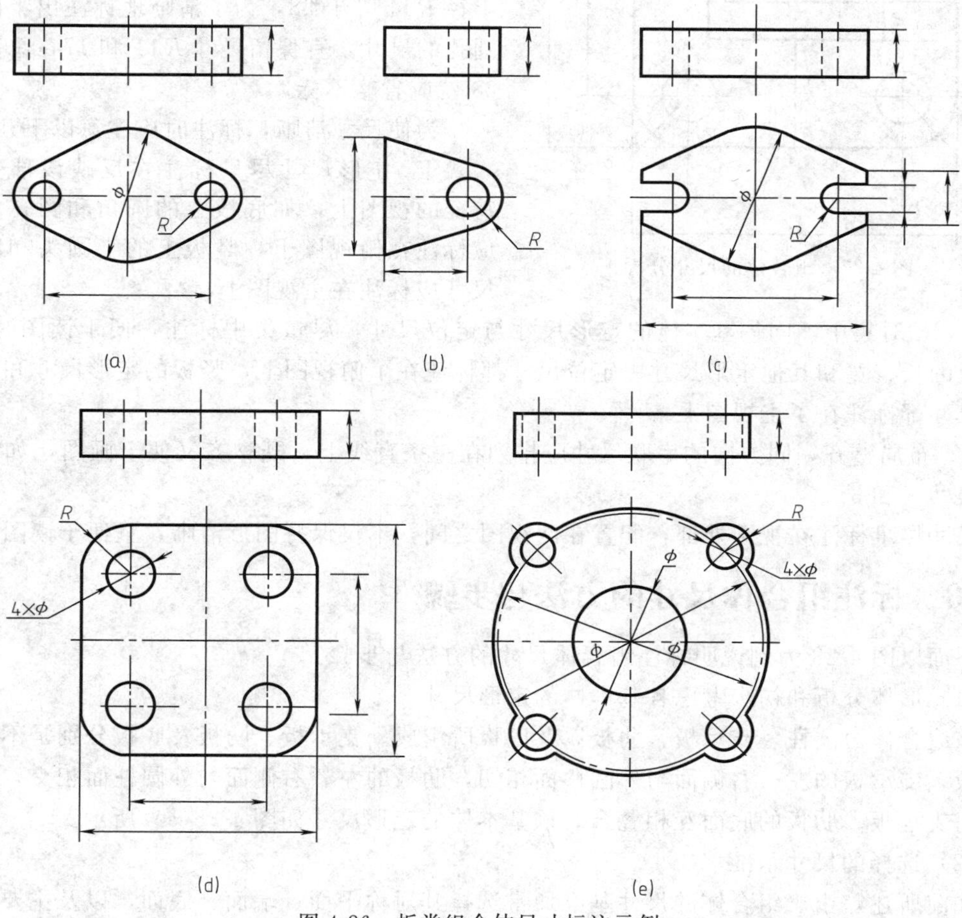

(a)　　　　　　　　　　(b)　　　　　　　　　　(c)

(d)　　　　　　　　　　(e)

图 4-26　板类组合体尺寸标注示例

4.4.2　组合体的尺寸标注

在标注组合体的尺寸时，首先应对组合体进行形体分析、线面分析，在此基础上确定组合体的长、宽、高三个方向的尺寸基准，通常选择组合体的对称平面、端面、底面，以及主要回转体的轴线等作为尺寸基准。然后逐个标注各基本形体的定形尺寸（确定组成组合体的各基本体的形状、大小的尺寸）和定位尺寸（确定各基本形体间相对位置关系的尺寸），最后标注总体尺寸。

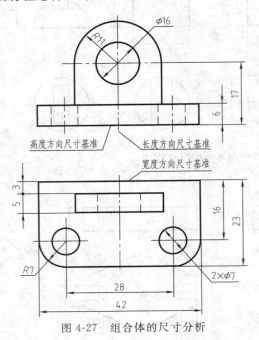

图 4-27　组合体的尺寸分析

如图 4-27 所示，为了完整、清晰地标注组合体的尺寸，分别选择了左右对称面、底板后壁和底板底面，作为长、宽、高三个方向的尺寸基准，标注了底板圆孔和竖板的定位尺寸 28、16、3、17，然后分别在俯视图和主视图上标注了底板和竖板的定形尺寸 42、23、$R7$、$R11$ 等数值。最后标注总体尺寸。由于该组合体的总长、总宽尺寸就是 42 和 23，所以不必重复标注。总高尺寸应该是 17 加上竖板半圆头的半径 $R11$ 等于 28，为了清晰地标注出半圆头和圆孔的尺寸，宜保留尺寸 $R11$ 和 17，总高尺寸 28 就应省略不标。

为使尺寸清晰，标注时应注意以下几点：

ⅰ．定形尺寸尽量标注在反映该部分形状特征的视图上，如底板上的圆角和圆孔的尺寸应标注在俯视图上，竖板上的半圆头和圆孔的尺寸应标注在主视图上；

ⅱ．相对集中，同一基本体的定形尺寸与定位尺寸，尽量集中标注，便于读图时查找。如底板的长、宽和其他定形尺寸、定位尺寸都标注在了俯视图上，竖板的定形尺寸和圆孔的定位尺寸都标注在了主视图上；

ⅲ．布局整齐，同方向的串联尺寸应排列在一条直线上，既整齐又便于画图，如俯视图中的尺寸 5 和 3。

尺寸尽量标注在视图外部，配置在两视图之间，不仅保持图形清晰，且便于读图。

4.4.3　标注组合体尺寸的方法与步骤

下面以图 4-28 为例说明标注组合体尺寸的方法与步骤。

（1）形体分析和初步考虑各基本体的定形尺寸

该组合体由圆柱、支承板、肋板以及底板所组成。支承板、肋板及底板分别是不同形状的平板，支承板的左、右侧面与外圆柱面相切，肋板的左、右侧面与外圆柱面相交，底板的顶面与支承板、肋板的底面互相叠合。该基本体的定形尺寸如图 4-28(a) 所示。

（2）选择的尺寸基准

如前所述，由于组合体的尺寸基准通常选择其对称平面、端面、底面，以及主要回转体的轴线等，所以对组合体所选择的尺寸基准如图 4-28(b) 所示，长度方向基准为左右对称面；宽度方向的基准选择轴承的后端面；高度方向的基准选择底板的底面。

（3）逐个标注各基本形体的定形尺寸和定位尺寸

在逐个标注各基本形体的定形尺寸和定位尺寸时，要先标注主要基本形体尺寸，再标注次要的基本形体尺寸。应与画图的顺序一致。在这个组合体中，主要形体是带有通孔的圆

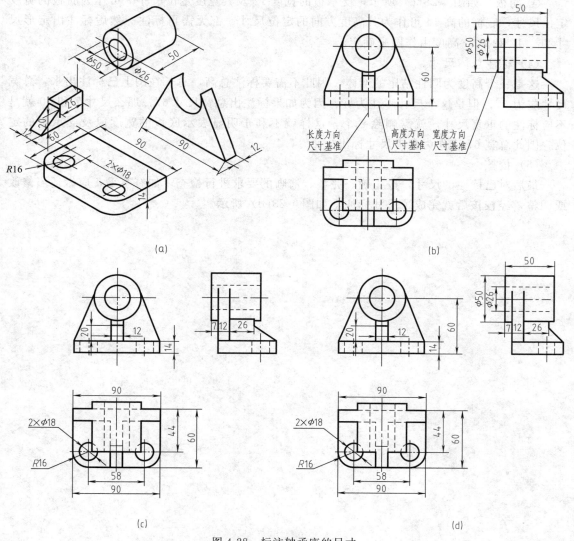

图 4-28　标注轴承座的尺寸

柱，然后再标注与尺寸基准有直接联系的其他基本形体的尺寸，或标注基本体（已标注尺寸）旁边且与它又有联系的基本体尺寸。

① 圆柱　如图 4-28(b) 所示，以作为长度基准的左右对称面与高度基准的底板底面标注出组合体中圆柱轴线的高度方向的定位尺寸 60，由于长度和宽度基准是其本身的要素，所以不需要标注定位尺寸，然后标注出圆柱的定形尺寸。

② 底板　如图 4-28(c) 所示，标注出底板宽度方向的定位尺寸 7 以确定底板厚壁的位置，长度和高度基准是其本身的要素，不需要标注定位尺寸。然后标注其定形尺寸 90、14、60 与圆角的定形尺寸和定位尺寸。

③ 支承板　在图 4-28(c) 中，底板的定位尺寸 7 也是支承板的宽度定位尺寸，底板的高度尺寸 14 是支承板的高度定位尺寸，长度基准是其本身的要素，不需要标注定位尺寸。定形尺寸只需标注出支承板的宽 12，因为其长度与底板的长度 90 相同，高度由作图来确定，不需标注尺寸。

④ 肋板　如图 4-28(c) 所示，支承板的宽度 12 及其宽度定位尺寸 7 可作为肋板的宽度定位尺寸，底板的高 14 可作为其高度方向的定位尺寸，都无需再标注。然后标注出定形尺寸 26、12 和 20，高度由作图来确定。

（4）标注总体尺寸

这是一个高度为圆柱结尾的形体，因此不需要标注总高，总长在图上已标注出来，总宽尺寸应为 67，但是这个尺寸不注为好，因为如果标注出总宽尺寸 67，那么尺寸 7 和 60 就是不应标注的重复尺寸，就需删除一个，这样就不利于明显表示底板的宽度以及支承板的定位。因此总宽 67 应作为参考尺寸标出。

（5）校核

最后对已标注的尺寸，按正确、完整、清晰的要求进行检查，如有不妥，应做适当修改或调整，经校核后就完成了尺寸标注，如图 4-28(d) 所示。

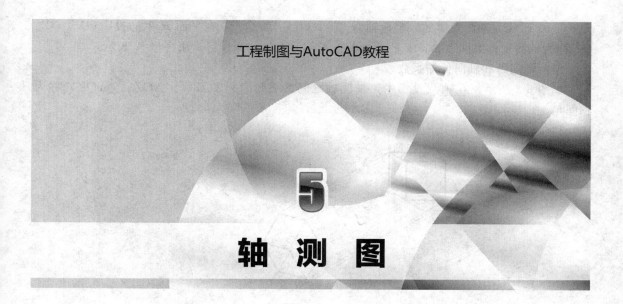

工程制图与AutoCAD教程

5 轴 测 图

如前所述，在工程图上广泛使用多面正投影法来绘制机械图样。它是物体在互相垂直的两个或三个投影面上的多面正投影，它的度量性很好，但其中的每一个视图通常不能同时反映出物体的长、宽、高三个方向的尺寸和形状，所以立体感不强，需要对照几个视图和运用正投影原理来读图，缺乏读图基础的人很难看懂。如采用轴测图来表达同一形体，就易于看懂，如图 5-1 所示。由于它能同时反映出物体长、宽、高三个方向的尺度，尽管物体的表面形状有所改变，但富有立体感。因此，在工程图上一般作为辅助图样，如产品广告、科技书刊插图等。

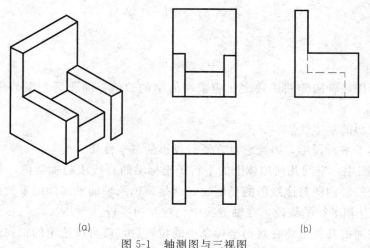

(a)   (b)

图 5-1　轴测图与三视图

5.1 轴测投影的基本知识

轴测投影就是将物体连同其直角坐标系，沿不平行与任意坐标平面的方向，用平行投影法将其投影在单一投影面上所得到的图形，称为轴测投影，简称轴测图，如图 5-2 所示。其中，平面 P 称为轴测投影面；坐标轴 O_1X_1、O_1Y_1 和 O_1Z_1 在平面 P 上的投影 OX、OY、OZ 称为轴测轴；空间点 A_1 在 P 面上的投影称为点的轴测投影，用字母 A 表示。

（1）轴间角和轴向伸缩系数

如图 5-2 所示，在轴测投影中，轴测轴之间的夹角（$\angle XOY$、$\angle XOZ$、$\angle YOZ$）称为轴间角。

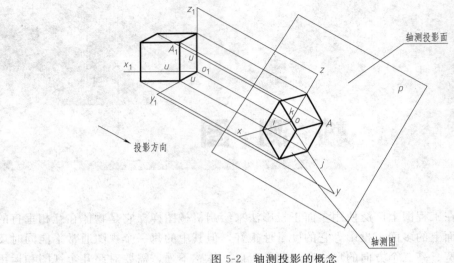

图 5-2　轴测投影的概念

在空间三个坐标轴上各取单位长度 u，投影到轴测坐标面 P 上，在相应轴测轴上得到的长度分别为 i、j、k（见图 5-2），它们与空间坐标轴上的单位长度 u 的比值称为轴向伸缩系数。设 p_1、q_1、r_1 分别为 X、Y、Z 轴的轴向伸缩系数，则

$$p_1 = i/u$$

$$q_1 = j/u$$

$$r_1 = k/u$$

为了便于作图，轴向伸缩系数之比应采用简单的数值，简化后的系数成为简化伸缩系数，分别用 p、q、r 表示。

（2）轴测投影的基本性质

轴测投影属于平行投影，因此它具有平行投影的基本性质。

ⅰ．在轴测图中，空间几何形体上的平行于坐标轴的直线段的轴测图，仍与相应的轴测轴平行且该线段的轴测图与原线段的长度比，就是该轴测轴的轴向伸缩系数或简化系数。

ⅱ．物体上互相平行的线段，在轴测图中仍然互相平行。

当确定了空间的几何形体在直角坐标系中的位置后，就可按选定的轴向伸缩系数或简化系数和轴间角画出它的轴测图。

（3）轴测图的分类

根据投影方向相对投影面的位置不同，轴测投影可分为两大类：当投影方向垂直于轴测投影面时，称为正轴测图，当投射方向倾斜于轴测投影面时，称为斜轴测图。

由此可见，正轴测图是用正投影法得到的，而斜轴测图是用斜投影法得到的。这两类轴测图又根据各轴向伸缩系数的不同，各分为三种。

① 正轴测图 分为以下三种。

ⅰ. 正等轴测图：三个轴向伸缩系数均相等，即 $p_1=q_1=r_1$。

ⅱ. 正二等轴测图：两个轴向伸缩系数相等，即 $p_1=q_1\neq r_1$ 或 $p_1=r_1\neq q_1$ 或 $r_1=q_1\neq p_1$。

ⅲ. 正三等轴测图：三个轴向伸缩系数均不相等，即 $p_1\neq q_1\neq r_1$。

② 斜轴测图 分为以下三种。

ⅰ. 斜等轴测图：三个轴向伸缩系数均相等，即 $p_1=q_1=r_1$。

ⅱ. 斜二等轴测图：简称斜二轴测图，两个轴向伸缩系数相等，即 $p_1=q_1\neq r_1$ 或 $p_1=r_1\neq q_1$ 或 $r_1=q_1\neq p_1$（轴测投影面平行于一个坐标平面，且平行于坐标平面的两个轴的轴向伸缩系数相等的）。

ⅲ. 斜三等轴测图：三个轴向伸缩系数均不相等，即 $p_1\neq q_1\neq r_1$。

由于正等轴测图和斜二等轴测图作图相对简单且立体感强，在工程图中得到广泛应用。因此本章只介绍此两种轴测图的画法。

作物体的轴测图时，应先选择画哪一种轴测图，从而确定各轴向伸缩系数和轴间角。轴测轴可根据已确定的轴间角，按表达清晰和作图方便来确定，通常把 Z 轴画成铅垂位置。为了使画出的图形更明显，通常不画出物体的不可见轮廓线，但在必要时，可用虚线画出物体的不可见轮廓线。

5.2 正等轴测图

5.2.1 轴间角和轴向伸缩系数

如图 5-3 所示，由于正等轴测投影的三条坐标轴与投影面倾斜的角度相同，因此三个轴间角都相等，都是 120°。由计算可知，各轴向伸缩系数都相等，即 $p_1=q_1=r_1=0.82$。为了便于作图通常采用简化伸缩系数 $p=q=r=1$。采用简化系数作图时，沿各轴向的所有尺寸都分别放大了 $1/0.82=1.22$ 倍，但画出的轴测图是相似的图形，所以通常都采用简化伸缩系数来画正等轴测图。

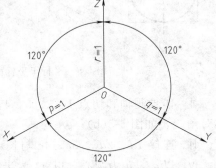

图 5-3 正等轴测图轴间角
和简化伸缩系数

5.2.2 平面立体的正等轴测图的画法

用简化伸缩系数画平面立体的正等轴测图，作图方便。作图过程如下：

ⅰ. 对物体进行形体分析，确定坐标轴；

ⅱ. 画出轴测轴；

ⅲ. 根据轴测投影的基本性质，按物体表面上各点、线的空间坐标，在轴测图上画出它们的轴测投影，然后连接成平面立体的正等轴测图。

这种沿坐标轴测量，按坐标画出各端点的轴测图的方法称为坐标法。

注意：在确定坐标轴和具体作图时，要考虑作图方便，有利于按坐标关系定位和度量，并尽可能减少作图线。

5.2.3 平行于坐标面的圆的画法

正等轴测图中平行于三个坐标面的圆的轴测投影均为椭圆，椭圆的长轴为圆的直径 d；短轴为 $0.48d$；当按简化轴向伸缩系数作图时，椭圆的长轴均放大了 1.22 倍，即长轴等于 $1.22d$；短轴等于 $0.7d$，如图 5-4 所示。

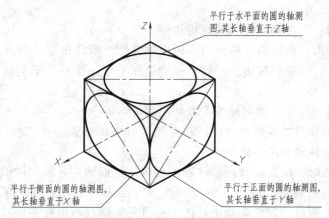

图 5-4 平行于坐标面的圆的正等轴测图

为了简化作图，可采用近似画法。现以平行于 XOY 坐标面的圆的正等轴测图为例，说明其近似画法。

ⅰ. 通过圆心 o_1 作坐标轴和圆的外切正方形，切点为 1_1、2_1、3_1、4_1，如图 5-5(a)；

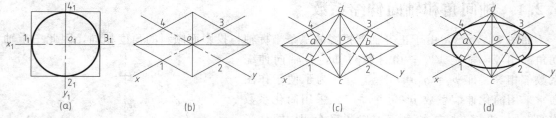

图 5-5 平行于坐标面的圆的正等轴测图——近似椭圆的画法

ⅱ. 作轴测轴和切点 1、2、3、4，通过四个切点做外切正方形的正等轴测图的菱形，并作对角线，如图 5-5(b)；

ⅲ. 连接 $1d$、$2d$、$3c$、$4c$ 与长对角线交与 a、b 两点，如图 5-5(c)；

ⅳ. 以 a、b 为圆心，以 $a1$ 为半径画出两段小圆弧 14 和 23，在以 c、d 为圆心，$1d$ 为半径画出两段长圆弧 12 和 34，即连成近似椭圆，如图 5-5(d)。

5.2.4 画法举例

【例 5-1】 作如图 5-6(a) 所示的正六棱柱的正等轴测图。

ⅰ. 形体分析，确定坐标轴如图 5-6(a)；

在视图上确定出坐标轴和原点，并确定如图中所附加的坐标轴，用坐标法作轴测图如图 5-6(b)；

ⅱ. 画轴测轴，按尺寸定出 1、4、a、b 各点如图 5-6(c)；

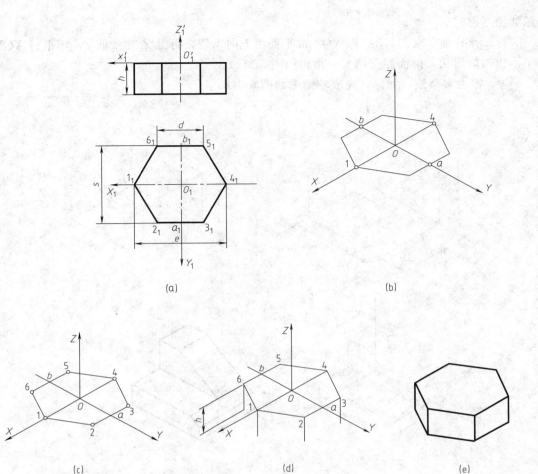

图 5-6 绘制正六棱柱的正等轴测图

ⅲ. 过 a、b 两点作直线平行于 OX，分别以取 a、b 为中点向两边截取 $d/2$ 得到顶面的另外 2、3、5、6 四个点，连接各顶点，得到顶面投影，过各顶点向下作 Z 轴平行线并截取棱线长度 h，得到底面各顶点如图 5-6(d)；

ⅳ. 连接棱上各定点完成底面投影（不可见线省略不画），擦去作图线和符号，整理加深，完成全图如图 5-6(e)。

【例 5-2】 作如图 5-7 所示的物体的正等轴测图。

ⅰ. 形体分析，确定坐标轴。

由图 5-7 所示的三视图，形体分析和线面分析可知是四棱柱通过切割形成的组合体，先被正垂面截切，然后又被正平面和水平面截切而成。所以可先画出完整四棱柱的正等轴测图，然后把四棱柱上需要切割掉的部分逐个切去，完成正等轴测图。

图 5-7 物体三视图

这种先画出完整的结构，再切去部分结构的方法称为切割法。

ⅱ. 画出轴测轴，沿其 X、Y、Z 轴量取 l、s、h 作四棱柱如图 5-8(a)。

ⅲ. 沿 X、Z 轴量取 a、b 画出四棱柱左上角被正垂面切割掉一个三棱柱后的正等轴测图如图 5-8(b)。

ⅳ.沿 Y 轴量取 c，用平行 XOZ 的平面由上向下切，再沿 Z 轴量取 d，用平行 XOY 的平面由前向后切，两面相交切去一角，如图 5-8(c)。

ⅴ.擦去多余线，加深，完成轴测图如图 5-8(d)。

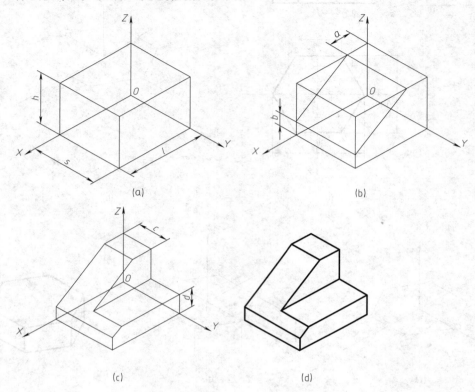

图 5-8　作正等轴测图

【例 5-3】　作如图 5-9(a) 所示带缺口的圆柱体的正等轴测图。

由图 5-9(a) 给出的两个视图可知，该立体是圆柱被一水平面和两个侧平面切割后得到的组合体，因此可用前面讲到的切割法画出该立体的正等轴测图，即先画出完整圆柱的正等轴测图，然后把圆柱上需要切割掉的部分切去，完成正等轴测图。

作图步骤如下。

ⅰ.在视图上确定坐标原点，画出坐标轴，如图 5-9(a) 所示。

ⅱ.画出轴测轴，利用前面讲到的平行于坐标面的圆的轴测投影为椭圆画出顶面的近似椭圆（平行水平面的圆的轴测投影，其长轴垂直于 Z 轴，短轴平行于 Z 轴，或在 Z 轴上）。再把顶面近似椭圆向下平移 H，画出底面近似椭圆的可见部分，然后沿 Z 轴方向作两椭圆的公切线，即画出完整圆柱的轴测图如图 5-9(b) 所示；再根据尺寸 a 画出平行于顶面的椭圆（顶面向下移动距离 a），如图 5-9(b) 所示。

ⅲ.在 OX 轴上截取 b/2 得到 1、2 点，过 1、2 点作直线平行于 OY 轴，与顶面椭圆圆周上交于四个点，过这四点作平行于 Z 轴的平行线与椭圆（距顶面为 a 的椭圆）交于四点，画出两截平面，如图 5-9(c) 所示。

ⅳ.擦去多余线，加深全图，画出圆柱被平面切割后的轴测图，如图 5-9(d) 所示。

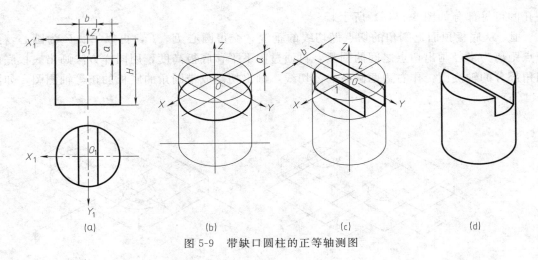

(a)　　　　　　　(b)　　　　　　　(c)　　　　　　　(d)

图 5-9　带缺口圆柱的正等轴测图

【例 5-4】 作如图 5-10 所示组合体的正等轴测图。

由图 5-10 给出的三个视图可知，该组合体是由上、下两块板组成。上面一块竖板的顶部是圆柱面，两侧与圆柱面相切，中间有一圆柱通孔。下面是一块带圆角的长方形底板，底板的左右两边都有圆柱通孔。因此应先画出底板的轴测图，再根据竖板与底板的相对位置画出它的轴测图，完成组合体的轴测图。

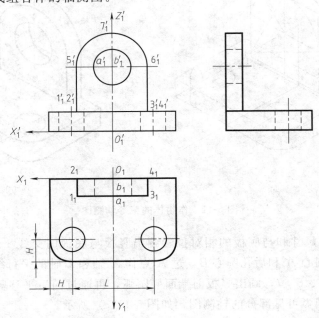

图 5-10　物体的三视图

作图步骤如下。

ⅰ. 确定坐标轴。由于组合体左右对称，所以取底边的中点为原点，确定各方向坐标轴如图 5-11 所示。

ⅱ. 作轴测轴。先画出底板不带圆角的轮廓，然后由 L 和 H 确定底板顶面上两个圆柱孔的圆心，作这两个孔的正等轴测图近似椭圆，再通过向下平移底板高度，画出底板底面圆柱孔的可见部分如图 5-11(a) 所示。

ⅲ. 从底板顶面上圆角的切点做切线的垂线，交得圆心 E、F，再以 E、F 为圆心，到切点距离为半径画出切点之间的圆弧，再通过向下平移底板高度，用同样方法画出底板底面圆角部分的轴测图，作右边两圆弧的公切线，画出切割成带圆角的底板的正等轴测图，如图 5-11(b) 所示。

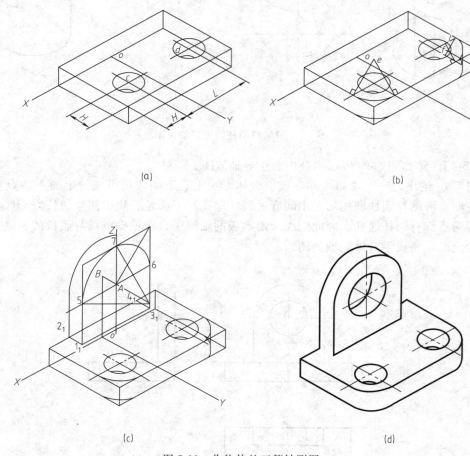

(a)

(b)

(c)

(d)

图 5-11　作物体的正等轴测图

ⅳ. 由竖板厚度尺寸和与底板的相对位置画出竖板与底板的交线 1、2、3、4 点，然后确定竖板前圆孔的圆心 A 和后孔圆心 B，过 A 点作 X 轴和 Z 轴的平行线，在上面截取竖板外圆半径得到切点 5、6、7，画出竖板前端面椭圆弧，再通过向后平移竖板厚度，用同样方法画出竖板后面椭圆弧可见部分的轴测图，如图 5-11(c) 所示。

ⅴ. 擦去多余线，加深图形，完成轴测图，如图 5-11(d) 所示。

5.3　斜二轴测图

5.3.1　轴间角和轴向伸缩系数

如图 5-12 所示，将坐标轴 O_1Z_1 放置成铅垂位置，并使坐标面 $X_1O_1Z_1$ 平行与轴测投影面，当投射方向与三个坐标轴都不平行时，得到的轴测图称为斜轴测图。由于坐标面 $X_1O_1Z_1$ 平行与轴测投影面，所以在 X 和 Z 方向的轴向伸缩系数 $p_1=r_1=1$ 也就是说物体上平行与坐标面 $X_1O_1Z_1$ 的直线、曲线和平面图形在斜轴测图中都反映实长和实形；而轴测轴 Y 的方向和轴向伸缩系数 q_1，可随着投影方向的变化而改变，当 q_1 不等于 1 时，得到的投影图即为斜二轴测图，它也形象生动，富有立体感。

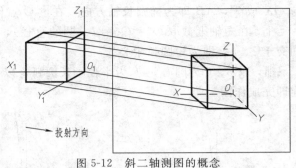

图 5-12　斜二轴测图的概念

　　为了画图方便，一般常将坐标面 $X_1O_1Z_1$ 平行与轴测投影面，将物体放正，O_1Z_1 放置成铅垂位置，轴测轴 OX 和 OZ 都分别与坐标轴重合，$p_1=r_1=1$，且轴间角 $\angle XOZ=90°$，选择投影方向使 OY 与 OX 轴间的夹角为 135°，并使 OY 轴的轴向伸缩系数为 0.5，通常将这种斜二轴测图简称斜二测，它的形成及轴间角如图 5-13 所示。

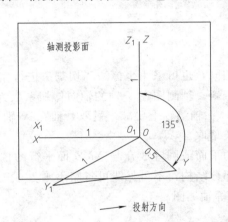
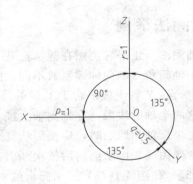

图 5-13　斜二轴测图的形成及轴间角

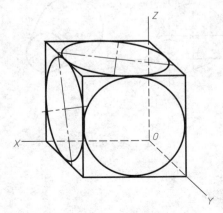

图 5-14　平行于坐标面的圆的
斜二轴测图的画法

5.3.2　平行于坐标面的圆的画法

　　图 5-14 为平行于坐标面的圆的斜二轴测图。平行于 XOY 和 YOZ 面上的圆的斜二轴测投影都是椭圆，且形状相同。平行于 XOY 面椭圆的长轴与 X 轴约成 7°，短轴与其垂直；平行于 YOZ 面椭圆的长轴与 Z 轴约成 7°，短轴与其垂直；平行于 XOZ 面的圆的斜二等轴测图投影还是圆。

　　现以平行于 XOY 面椭圆为例（如图 5-15）说明其作图过程如下。

　　i. 画出轴测轴 OX、OY，在 X 轴上截取 $O1=O2=d/2$，在 Y 轴上截取 $O3=O4=d/4$，过 1、2、3、4 分别作轴的平行线画出圆的外切四边形，作直线

与 OX 成 7°，AB 即为椭圆长轴方向，在过 O 点作该线的垂线，CD 即为短轴方向。

ⅱ. 在短轴上截取 $O5 = O6 = d$（圆的直径），5、6 即为长圆弧的中心，连 16、52 与长轴交于 7、8，即为短圆弧中心。

ⅲ. 以 5、6 为圆心，52 为半径画长圆弧，以 7、8 为圆心 71 为半径画短圆弧与大弧相连即完成作图。

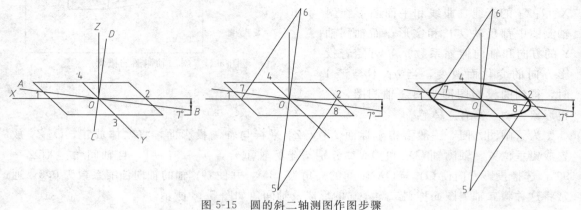

图 5-15　圆的斜二轴测图作图步骤

5.3.3　画法举例

斜二轴测图与正等轴测图在画法上基本相同，也可采用坐标法和切割法进行作图，其主要区别在于轴间角与轴向伸缩系数不同。由于斜二轴测图在 Y 轴的轴向伸缩系数为 0.5，所以在画图时，在 Y 轴上或平行于 Y 轴的线段，在轴测轴上要减半量取，而在 X 轴、Z 轴上或平行于这两个轴的线段，在轴测轴上按实长量取。

在确定坐标轴和原点时，应把形状复杂的平面或圆等放在与 XOZ 面平行的位置上，同时为了减少作图线，应从前向后依次画出各部分结构，不可见线可省略不画。

【例 5-5】　作图 5-16（a）所示圆台的斜二等轴测图。

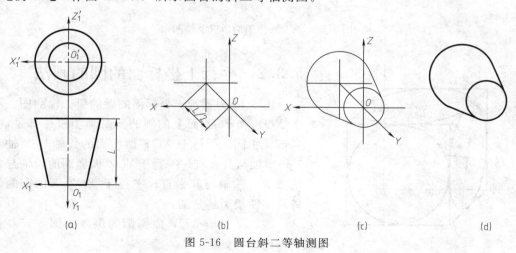

（a）　　　　　　　　（b）　　　　　　　　（c）　　　　　　　　（d）

图 5-16　圆台斜二等轴测图

作图步骤如下：

ⅰ. 确定坐标轴及圆点如图 5-16（a）所示；

ⅱ．画轴测轴，根据尺寸 L，在 Y 轴上截取 $L/2$ 长度，确定圆台后端面得圆心位置如图 5-16(b) 所示；

ⅲ．画出圆台前后端面的圆，并作它们的公切线如图 5-16(c) 所示；

ⅳ．擦去多余线，加深，作图结果如图 5-16(d) 所示。

【例 5-6】 根据图 5-17 所示的组合体的两视图，画出其斜二等轴测图。

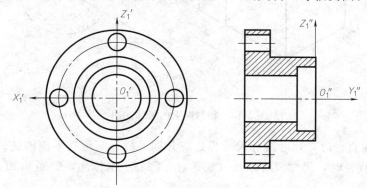

图 5-17 组合体的两视图

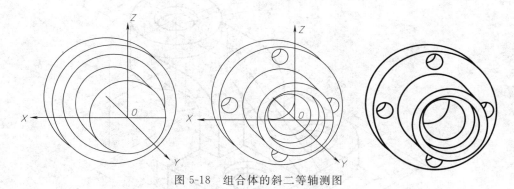

图 5-18 组合体的斜二等轴测图

作图步骤如下：

ⅰ．在视图上确定坐标原点及坐标轴如图 5-17 所示；

ⅱ．画轴测轴，画出两个圆柱实体轴测图；

ⅲ．画出切割圆柱后的物体轴测图；

ⅳ．擦去多余线，加深完成全图（图 5-18）。

5.4 轴测图的尺寸注法

轴测图上的尺寸，应按 GB/T 4448.3—1984 的规定进行标注。标注尺寸时注意做到以下三点。

ⅰ．轴测图上的线性尺寸，一般应沿轴测轴方向标注。尺寸数值为零件的基本尺寸。尺寸数字应按相应的轴测图形标注在尺寸线的上方或左方。尺寸线必须和所标注的线段平行，尺寸界线一般应平行某一轴测轴，如图 5-19(a) 所示。

ⅱ．标注角度时，其尺寸线应画成于该角度所在平面内圆的轴测投影与椭圆相应的椭圆弧，角度数字一般水平书写在尺寸线的中断处，字头向上，如图 5-19(b) 所示。

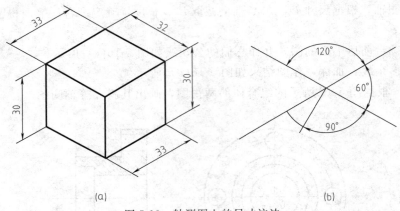

图 5-19　轴测图上的尺寸注法

ⅲ．标注圆的直径时，尺寸线和尺寸界线应分别平行与圆所在平面内的轴测轴；标注圆弧半径或较小的直径时，尺寸线可以从（或通过）圆心引出标注，如图 5-20 所示。

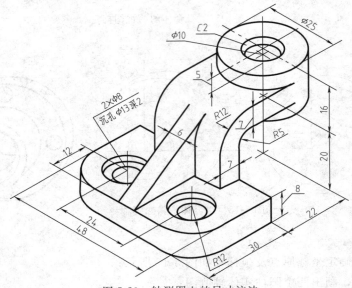

图 5-20　轴测图上的尺寸注法

5.5　轴测剖视图的画法

为了在轴测图上能同时表达物体的内外结构形状，可假想用剖切平面将物体的一部分剖去，这种剖切后的轴测图称为轴测剖视图。

5.5.1　轴测剖视图画法的有关规定

ⅰ．在轴测剖视图中，剖切平面应平行于坐标面，通常用平行于坐标面的两个互相垂直的平面来剖切物体，剖切平面一般应通过物体的主要轴线或对称平面，一般不采用全剖，而只剖切物体的 1/4 或 1/8，避免破坏物体的完整性。

ⅱ．被剖切平面剖开物体时，剖切面与物体的接触部分（截断面）应画出剖面线，剖面线一律画成等距、平行的细实线，其方向如图 5-21 所示。

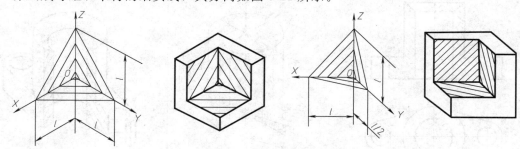

图 5-21　轴测剖视图的剖面线方向

ⅲ. 当剖切平面通过零件的肋或薄壁等结构的纵向对称面时，这些结构都不画剖面符号，可用粗实线将它与邻接部分分开，如图 5-22 所示。

ⅳ. 当零件中间折断或局部断裂时，断裂出的边界线应画成波浪线，并在可见断裂面内加画细点以代替剖面线，如图 5-23 所示。

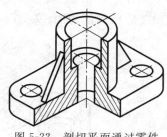

图 5-22　剖切平面通过零件
的肋时剖面线画法

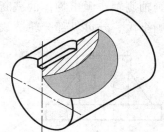

图 5-23　零件中间折断时剖面画法

ⅴ. 在轴测装配图中，当剖切平面通过轴、销、螺栓等实心零件的轴线时，这些零件按未剖切画出。

5.5.2　轴测剖视图的画法

画轴测剖视图的方法通常有两种。

方法一：先把物体完整的轴测外形画出，然后按所选择的剖切位置画出断面轮廓，将被剖去的部分擦掉，在截断面上画出剖面线，描深，完成作图。

【例 5-7】　画出组合体的正等轴测剖视图。

作图步骤如下：

ⅰ. 形体分析，确定坐标轴如图 5-24（a）所示；

ⅱ. 画轴测轴，画出物体完整的轴测图，确定剖切位置，画出剖切后的截断面图形，如图 5-24（b）所示；

ⅲ. 擦去被剖切掉的部分，在截断面上画出剖面线以及其他可见部分，描深可见轮廓线，完成物体的轴测剖视图如图 5-24（c）所示。

方法二：先画出截断面图形的轴测投影，然后画出与截断面有联系的内部、外部可见部分的轴测投影，描深，完成作图。

【例 5-8】　画出组合体的斜二等轴测剖视图。

作图步骤如下：

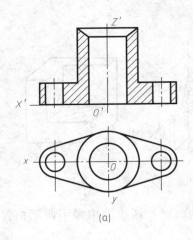
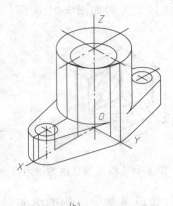
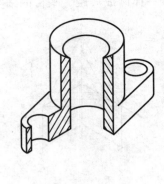

(a) (b) (c)

图 5-24　轴测剖视图的画法

ⅰ．形体分析，确定坐标轴如图 5-25(a) 所示；

ⅱ．画轴测轴，画出物体的截断面图形，如图 5-25(b) 所示；

ⅲ．画全内、外可见部分轮廓线，描深，完成物体的斜二等轴测剖视图 5-25(c) 所示。

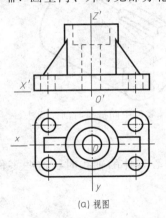
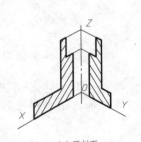

(a) 视图　　　　　　　　(b) 画剖面　　　　　(c) 补全可见轮廓线

图 5-25　轴测剖视图的画法

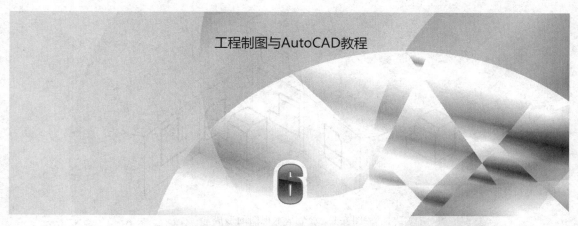

工程制图与AutoCAD教程

机件常用的表达方法

在第 4 章中讨论了用三视图表达物体形状的方法。由于机件在部件或机器中所起的作用不同，因此它的结构形状是多种多样的。当机件的形状和结构比较复杂时，如果仍用前面所讲的两视图或三视图，就难以把它的内外形状准确、完整、清晰地表达出来。为了满足各种机件表达的需求，国家标准《机械制图　图样画法　视图》GB/T 4448.1—2002、《机械制图　图样画法　剖视图和断面图》GB/T 4448.5—2002、《技术制图　图样画法　视图》GB/T 16441—1998、《技术制图　图样画法　剖视图和断面图》GB/T 16442—1998、《技术制图　图样画法　剖视区域的表示法》GB/T 16443—1998 以及《技术制图　简化画法　第一部分：图样画法》GB/T 15564.1—1995 等规定了表达图样的各种画法。

在绘制工程图样时，应首先考虑看图方便，再根据机件的结构特点，选择适当的表达方法，在完整、清晰地表达各部分结构形状的前提下，力求绘图简便，本章着重介绍一些常用的机件表达方法。

6.1 视图

视图（GB/T 16441—1998）主要用来表达机件的外部结构形状。它一般只画机件的可见部分，必要时才画不可见部分，视图包括基本视图、向视图、局部视图、斜视图四种，可按需要选用，现分别介绍如下。

6.1.1 基本视图

基本视图是指机件向基本投影面投射所得的视图。

基本投影面是在原来三个投影面的基础上，再增加三个投影面与前面的三个投影面在空间构成六面体，基本投影面就是正六面体的六个面。如图 6-1 所示，将机件放在六面体中，由前、后、左、右、上、下六个方向分别向六个基本投影面投影，得到六个基本视图，再按规定的方法展开，即正立投影面不动，其余各投影按箭头所指的方向旋转展开，与正立投影面展开成一个平面，投影面边框不画。

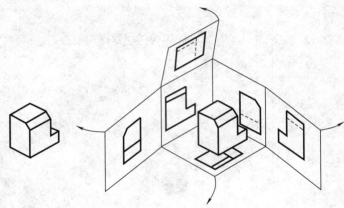

图 6-1　六个基本视图的形成

六个基本视图的名称为：

主视图　由前向后投影所得的视图；

俯视图　由上向下投影所得的视图；

左视图　由左向右投影所得的视图；

右视图　由右向左投影所得的视图；

仰视图　由下向上投影所得的视图；

后视图　由后向前投影所得的视图。

六个基本视图按展开的位置关系配置时如图 6-2 所示，不需任何标注。六个基本视图仍保持与三视图相同的投影规律：长对正、高平齐、宽相等，前后对应。

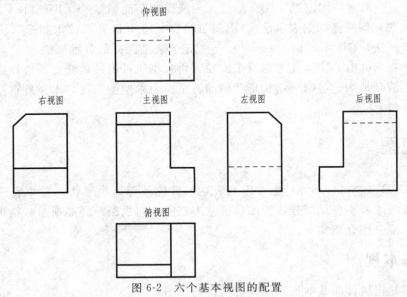

图 6-2　六个基本视图的配置

　　基本视图在实际应用时，主要用来表达机件的外部形状，应根据机件结构形状的特点、复杂程度，选择必要的基本视图。

　　【例 6-1】　图 6-3 所示为一支架立体图，从图中可知其左、右结构不同。而图 6-4 则为支架的表达方法，主视图反映了零件的特征和内、外形状；左视图表达了该零件左端凸缘和

(a)　　　　　　　　　　　　　　(b)

图 6-3　支架立体图

左边孔腔的形状；右视图表达了该零件右端的孔腔结构。可见，采用主、左两个视图，已经将零件的各部分结构形状表达清楚了，所以俯视图是多余的。如果将支架的左、右部分都一起投影到左视图上，其中虚线、实线重叠在一起，很不清晰。所以，对支架增加一个右视图，该零件右端的孔腔结构就可用实线表达了。

　　由上述例题可看出：零件前、后、左、右、上、下六个方向的结构，可以用相应的基本视图来表达，视图数量是以表达清楚为目的。已经表达清楚的结构，在其他视图中虚线一般可以省略不画。

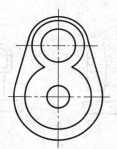
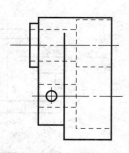
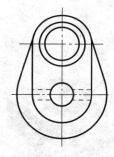

图 6-4　基本视图的选用

6.1.2　向视图

　　向视图是可以自由配置的视图。在实际绘图中，有时为了合理利用图幅，各基本视图就不能按规定的位置关系配置，这时可根据需要，将某个方向的视图配置在图纸的任何位置，但应在视图上方用大写字母（如 A、B、C…）标注出该视图的名称"×"，并在相应视图附近用箭头指明投影方向，注上相同的字母，如图 6-5 所示的右视图 B、仰视图 A 和后视图 C，均没按基本视图配

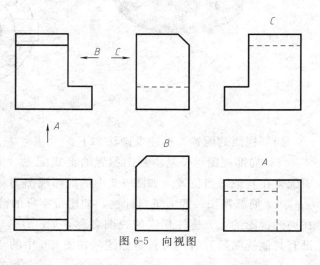

图 6-5　向视图

置，故必须标注。

向视图在实际应用时，要注意以下几点。

ⅰ.六个基本视图中，一般优先选择主、俯、左三个视图。任何机件的表达都必须有主视图。

ⅱ.向视图是基本视图的一种表达形式，其主要区别在于视图的配置方面。由于基本视图除主视图以外的其他视图都围绕主视图确定关系，所以简化了标注；而向视图的配置是随意的，就必须明确标注才不至于产生误解。

ⅲ.向视图的名称"×"为大写字母 A、B、C…无论是在箭头旁的字母，还是视图上方的字母，均应与正常的读图方向相一致，以便于识别。

ⅳ.由于向视图是基本视图的一种表达形式，所以表达投影方向的箭头应尽可能配置在主视图上，以便于视图与基本视图相一致。

6.1.3 局部视图

局部视图是将机件的某一部分向基本投影面投射所得的视图。

当采用一定数量的基本视图后，机件上只有部分结构尚未表达清楚时，而又没有必要再画出完整的基本视图时，可采用局部视图。如图 6-6 所示的机件，用主、俯两个基本视图已清楚地表达了主体形状，但为了表达左、右两个凸缘形状，再增加左视图和右视图，就显得繁琐和重复，此时可采用两个局部视图，只画出所需表达的左、右两个凸缘形状，则表达方案既简练又突出了重点。

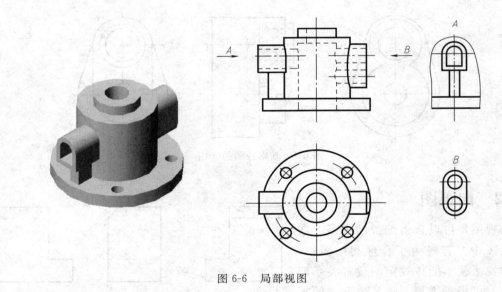

图 6-6　局部视图

局部视图的配置、标注及画法如下。

ⅰ.局部视图可按基本视图配置的形式配置（如图 6-6 中的局部视图 A），也可按向视图配置在其他适当位置（如图 6-6 中的局部视图 B）。

ⅱ.局部视图一般需进行标注，即用带字母的箭头标明所要表达的部位和投射方向，并在局部视图的上方标注相应的视图名称，如"B"。但当局部视图按投影关系配置，中间又没有其他视图隔开时，可省略标注（如图 6-6 中的"A"向箭头和字母均可省略）。

局部视图的断裂边界用波浪线或双折线表示（如图6-6中的局部视图A）。但当所表示的局部结构完整，且其投影的外形轮廓有成封闭时，波浪线可省略不画（如图6-6中的局部视图B）。波浪线不应超出机件实体的投影范围，如图6-7所示。

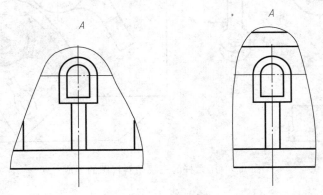

图6-7　波浪线的画法

ⅲ. 为了节省绘图时间和图幅，对称结构零件的视图可只画一半或四分之一，并在对称中心线的两端画出两条与其垂直的平行细实线，如图6-8所示。

图6-8　对称结构的画法

6.1.4　斜视图

斜视图是机件向不平行于任何基本投影面的平面投射所得的视图。

如图6-9所示的压紧杆，其耳板是倾斜的，为了清楚地表达压紧杆倾斜结构，可设置一个与倾斜结构平行且垂直于一个基本投影面的辅助平面，然后将该倾斜结构向辅助投影面投射所得的视图能反映倾斜部分的实形和标注真实尺寸，即斜视图。

斜视图的配置、标注及画法如下。

ⅰ. 斜视图一般按向视图的配置形式配置并标注，即在斜视图的上方用字母标注出视图名称，在相应的视图附近用带相同字母的箭头指明投射方向，如图6-10(a)所示。

ⅱ. 在不引起误解的情况下，从为作图方便考虑，允许将图形旋转配置，这时斜视图应加注旋转符号，如图6-10(b)所示，旋转符号为半圆形，半径等于字体高度，线宽为字体高度的（1/10）～（1/14），如图6-11所示。这里需要注意，表示视图名称的大小写拉丁字母应靠近旋转符号的箭头端，如图6-10(b)所示，也允许将旋转角度标注在字母之后如图6-11所示。

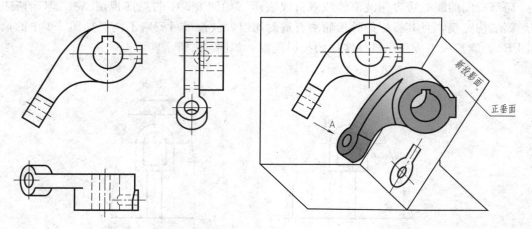

图 6-9 压紧杆的三视图斜视图的形成

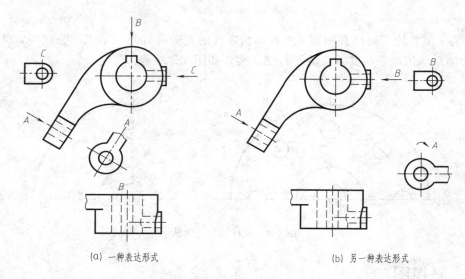

(a) 一种表达形式　　　　　　　　　(b) 另一种表达形式

图 6-10 用主视图和斜视图、局部视图清晰表达的压紧杆

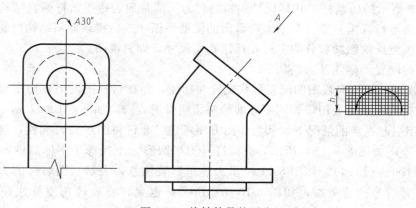

图 6-11 旋转符号的画法

ⅲ. 斜视图只表达倾斜表面的真实形状，其他部分应用波浪线断开。

为了清晰、简便地表达压紧杆的结构形状，其他视图采用了局部视图来表达如图 6-10 所示。

图 6-12 为采用斜视图和局部视图表达机件的实例。

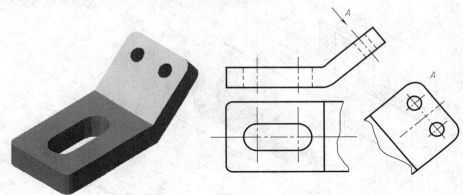

图 6-12　采用斜视图和局部视图表达机件的实例

6.2　剖视图

在用视图表达机件的结构时，机件的内部结构形状，如孔、槽等，因其不可见而用虚线表示，如图 6-13 所示，但当机件的内部形状比较复杂时，图上的虚线较多，有的甚至和外形轮廓线重叠，这既不利于读图，也不便于标注尺寸。为此，国家标准中规定可用剖视图（GB/T 16442—1998）来表达机件的内部结构形状。

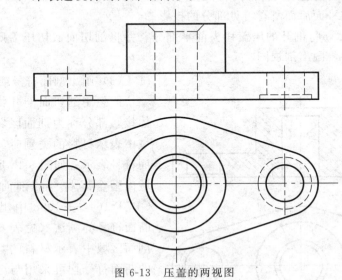

图 6-13　压盖的两视图

6.2.1　剖视图的概念

假想用剖切面剖开机件，将处在观察者和剖切面之间的部分移开，而将剩余部分向投影面投射所得的图形称为剖视图（简称剖视），如图 6-14 所示。

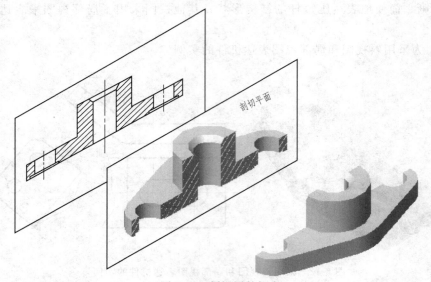

图 6-14　剖视图的概念

6.2.2　剖视图的画法及标注

6.2.2.1　剖视图的画法

（1）确定剖切平面位置

剖切平面一般选择与基本投影面平行，剖切平面一般应通过对称面或回转轴线。如图 6-15，剖切平面的位置通过机件的对称面。

（2）画出剖切平面后面所有可见部分的投影

如图 6-15 所示，将剖开的压盖移去前半部分，并将剖切面截切压盖所得断面以及后半部分向投影面投射，画出剖视图。

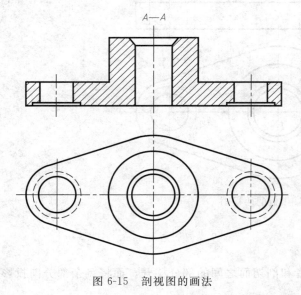

图 6-15　剖视图的画法

（3）画出剖面符号或通用剖面线

假想用剖切面剖开物体，剖切面与物体接触部分称为剖面区域。如需在剖面区域中表示材料的类别时，应采用特定的剖面符号表示。如图 6-15 所示，在压盖的区域内画金属材料的剖面符号。国家标准 GB/T 16443—1998 中规定了各种材料的断面符号的画法（见表 6-1）。当不需要在剖面区域中表示材料的类别时，所有材料的断面符号均可采用与金属材料相同的通用剖面线表示。通用剖面线应画成与水平方向成 45°、间隔均匀的平行细实线，向左、向右倾斜均可。要注意：同一机件的不同剖视图上，其剖面线的间隔相等，倾斜方向应相同。

表 6-1　剖面符号

金属材料（已有规定剖面符号者除外）	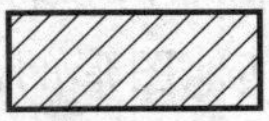	木质胶合板	
线圈绕组元件	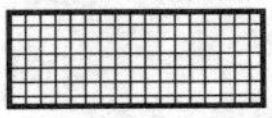	基础周围的泥土	
转子、电枢、变压器和电抗器等的迭钢片	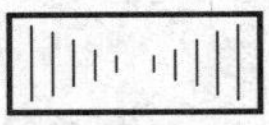	混凝土	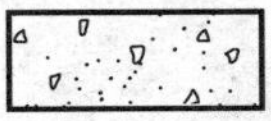
非金属材料（已有规定剖面符号者除外）		钢筋混凝土	
型砂、填砂、粉末冶金、砂轮、陶瓷刀片、硬质合金刀片等	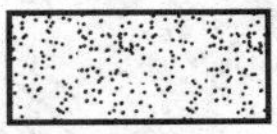	砖	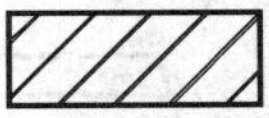
玻璃及供观察用的其他透明材料	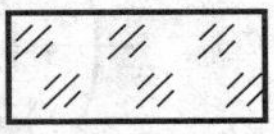	格网（筛网、过滤网等）	
木材 纵剖面		液体	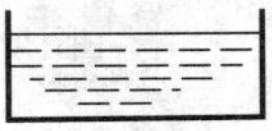
木材 横剖面			

注：1. 剖面符号仅表示材料的类别，材料的名称和代号必须另行标注；
2. 迭钢片的剖面线方向，应与束装中迭钢片的方向一致；
3. 液面用细实线绘制。

6.2.2.2　剖视图的标注与配置

剖视图一般按投影关系配置，如图 6-15 中的主视图。

为了读图时便于找出投影关系，剖视图一般要标注剖切平面的位置、投射方向和剖视图名称，如图 6-16 所示。剖切平面的位置通常用剖切符号标出，剖切符号是带有字母的两段粗实线，它不能与图形轮廓线相交，如图 6-16 所示；投射方向是在剖切符号的外侧用箭头表示，如图 6-16 中的箭头（垂直于剖切符号）；剖视图名称则是在所画剖视图的上方用相同的字母（如 A—A）标注。

在下列情况下可以省略标注：

ⅰ. 当剖视图按投影关系配置时，且中间又没有其他图形隔开时，由于投影方向明确，可省略箭头，如图 6-15 所示；

ⅱ. 当单一剖切平面通过机件的对称面，同时又按投影关系配制时，此时，剖切位置、投射方向以及剖视图都非常明确，所以省略所有标注。

画剖视图应注意的问题：

ⅰ. 剖切平面应通过机件的对称面或通过内部孔等结构的轴心线，以便反映结构的实形。剖切时，要避免出现不完整要素不反映实形的截断面。

ⅱ. 剖切面是假想的，实际上并没有把机件剖开。因此，当机件的某一个视图画成剖视图以后，其他视图仍按完整的机件画出，如图 6-15 中的俯视图。

ⅲ. 在剖视图中，剖切面后面的可见轮廓线应全部画出，不能遗漏；一般情况下虚线

（不可见轮廓线）可省略，只有当不画虚线不足以表达清楚机件的结构时，才画出必要的虚线，如图 6-16 所示。

ⅳ. 当图形的主要轮廓线与水平线成 45°或接近 45°时，则该图形的剖面线应画成与水平线成 60°或 30°的平行线，但倾斜方向和间距仍应与其他图形的剖面线一致，如图 6-17 所示。

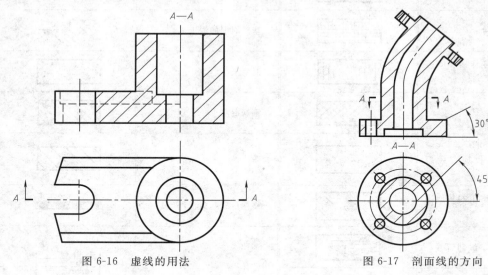

图 6-16　虚线的用法　　　　　　　　　图 6-17　剖面线的方向

6.3　剖视图的种类

剖视图根据剖切范围不同分为全剖视图、半剖视图和局部剖视图三种。

6.3.1　全剖视图

用剖切面完全剖开机件所获得的剖视图，称为全剖视图。前述的各剖视图例均为全剖视图。

又如图 6-18（a）是泵盖的两视图，从图中可以看出它的外形比较简单，内部比较复杂，前后对称。因此该机件的表达重点主要是它的内部结构形状，应将其完全地剖开，也就是如图 6-18（b）所示，假想用一个剖切平面沿泵盖的前后对称面将它完全剖开，移去前半部分，向正面投射，便得到泵盖的全剖视图，如图 6-18（c）所示。在图 6-18（d）所示的泵盖图中清楚地标注了尺寸。为了便于读图，机件的外形和内形尺寸应尽可能分别集中标注在附近的位置；由于标注尺寸后，φ25 的槽和 φ17 孔的倒角都已经表达清楚，所以在图 6-18（c）的俯视图中所画的两个虚线圆，在图 6-18（d）中都省略不画。

由于剖切平面与泵盖的对称平面重合，且视图按投影关系配置，中间又没有其他视图隔开，因此，在图 6-18（c）和图 6-18（d）中可以不标注剖切符号和剖视图的名称。

图 6-19 是表示拨叉的全剖视图，从图中可见，拨叉的左右端用水平板连接，中间还有起加强作用的肋。

国家标准规定：对于机件的肋、轮辐及薄壁等，如按纵向剖切，这些结构通常按不剖绘制，即不画剖面符号，而用粗实线将它与邻接部分分开。在图 6-19 所示的拨叉的全剖视图中的肋，就是按上述规定画出的。

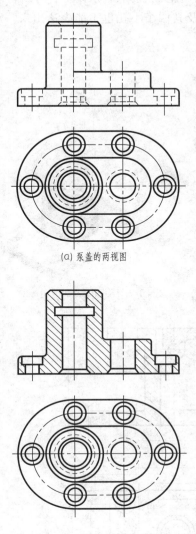

(a) 泵盖的两视图

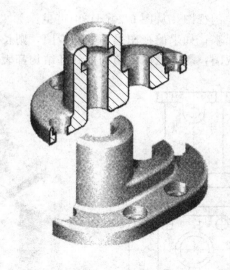

(b) 完全地剖开泵盖

(c) 将泵盖的主视图画成全剖视图

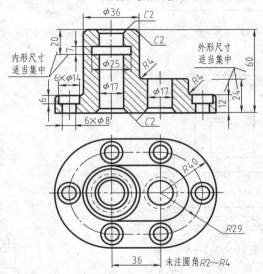

(d) 标注尺寸后的泵盖图

图 6-18　泵盖的全剖视图

6.3.2　半剖视图

当机件具有对称平面时，在垂直于对称平面的投影面上投射所得的图形，应以对称中心线为界，一半画成剖视图，另一半画成视图，这种剖视图称为半剖视图。

如图 6-20(a) 为支架的两视图，从图中可知，该零件的内、外形状都比较复杂，但前后和左右都对称。为了清楚地表达这个机件，可采用图 6-20(b) 和图 6-20(c) 所示的剖切方法，将主视图和俯视图

按纵向剖切，肋板不画剖面符号，用粗实线与邻接部分分开

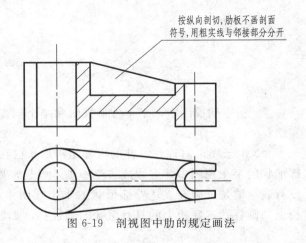

图 6-19　剖视图中肋的规定画法

都画成半剖视图，从图 6-20(d) 中可见：如果主视图采用全剖视图，则顶板下的凸台就不能表达出来；如果俯视图采用全剖视图，则长方形顶板及其四个小孔也不能表达出来，而采用半剖视图，既能把内部结构和外部结构都表示清楚。

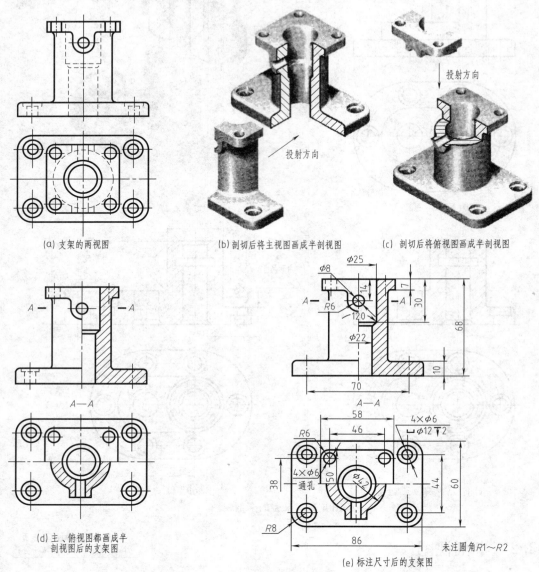

(a) 支架的两视图

(b) 剖切后将主视图画成半剖视图

(c) 剖切后将俯视图画成半剖视图

投射方向

(d) 主、俯视图都画成半剖视图后的支架图

(e) 标注尺寸后的支架图

图 6-20 支架的半剖视图

注意：

ⅰ. 在半剖视图中，半个外形视图和半个剖视图的分界线应画成细点画线，不能画成粗实线；

ⅱ. 由于图形对称，零件的内部结构形状已在半个剖视图中表示清楚了，所以在表达外部形状的半个视图中，虚线应省略不画，但是，如果机件的某些内部结构形状在半剖视图中没有表达清楚，则在表达外部形状的半个视图中，仍然需画出虚线，如图 6-20(d) 中的顶板上的圆柱孔、底板上的具有沉孔的圆柱孔，都需用虚线画出；

ⅲ．半剖视图的标注方法与全剖视图的标注方法相同；

ⅳ．画半剖视图时，不影响其他视图的完整性，所以如图 6-20(b) 中主视图为半剖，俯视图不应缺四分之一；

ⅴ．在半剖视图中标注尺寸时，如果尺寸只能画出一端箭头，这时尺寸线应画到略超出对称中心线。如图 6-20(e) 中半剖视图（主视图）中，由于支架中部的孔在外形视图上省略不画虚线，因此 $\phi24$、$\phi22$、钻孔锥顶角 $120°$ 等的尺寸线，一端画出箭头，指到尺寸界限，而另一端箭头不画，但尺寸线要略超出对称中心线。

当机件的形状接近对称，且不对称部分已另有图形表达清楚时，也可以画成半剖视图，如图 6-21 所示。

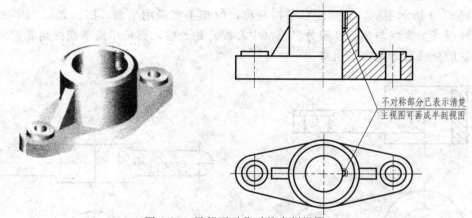

不对称部分已表示清楚主视图可画成半剖视图

图 6-21　局部不对称时的半剖视图

6.3.3　局部剖视图

用剖切面局部地剖开机件所得的剖视图称为局部剖视图，如图 6-22 所示。

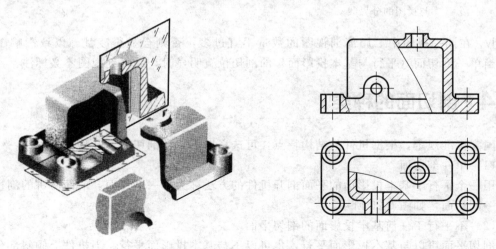

图 6-22　局部剖视图

如图 6-22 所示的箱体，其顶部有一矩形孔，底部是一块具有四个安装孔的底板，左下面有一轴承孔，该箱体上下、左右、前后都不对称。为了使箱体的内部和外部结构都能表达清楚，它的两视图既不宜用全剖视图表达，也不能用半剖视图来表达。而应该局部剖开这个箱体，这样既能把外形结构表示清楚。内部壁厚也表达出来了。图 6-22 就是箱体的局部视图。

局部剖视图中的机件，剖与未剖部分的分界线（断裂线）一般用波浪线（或双折线）表示，波浪线不应和其他图线或图线的延长线重合。当被剖切结构为回转体时，允许将该结构的中心线作为局部剖视图与视图的分界线，如图 6-23 所示。

局部剖视图一般用于下列情况：

ⅰ．机件上有内部结构需要表达，但又不宜采用全剖、半剖视图表示的地方；

ⅱ．实心件（如轴、连杆、螺钉）上的孔、槽等结构；

ⅲ．机件虽对称，但不宜采用半剖（分界线是实线）的地方。

如图 6-24 所示手柄，虽然左右结构对称，但却不宜采用半剖，因为若采用半剖，中间方孔交线投影为实线与半剖视图分界线（中心线）相矛盾，而采用局部视图则能把机件的内壁及外壁的交线清晰地表示出来。

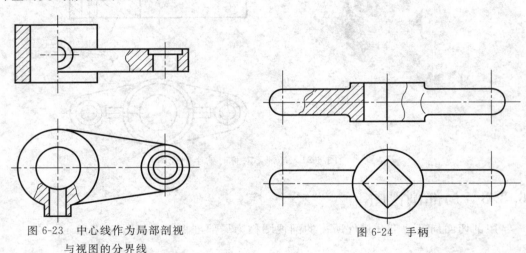

图 6-23　中心线作为局部剖视
与视图的分界线

图 6-24　手柄

ⅳ．在同一视图中，局部剖视图的数量不宜过多，否则会显得凌乱，以致影响图形清晰。当单一剖切面（平行与基本投影面）的剖切位置明显时，局部剖视图不必标注。

6.4　剖切面的种类

国家标准规定，根据机件的结构特点，可选择以下几种剖切面剖开物体。

（1）单一剖切面

用一个平行于基本投影面的平面剖开机件的方法称为单一剖切面。前面所讲的剖视图均为单一剖切面，如图 6-25 所示。

（2）不平行于任何基本投影面的剖切平面

剖切平面可以与基本投影面平行，也可以不与基本投影面平行。当机件上倾斜部分的内部结构形状需要表达时，与斜视图一样，可以先选择一个与该倾斜部分平行的辅助投影面（不平行于任何基本投影面），然后用一个平行于该投影面的平面剖开机件，这种方法可称为斜剖视图，如图 6-25 所示。

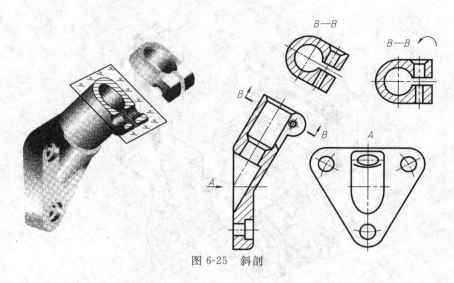

图 6-25　斜剖

（3）几个平行的剖切平面

当机件上具有几种不同结构要素（如孔、槽等），而且它们的中心线排列在几个互相平行的平面上时，因而难以用单一剖切平面剖开的机件，宜采用几个平行的剖切平面剖切，这种剖切方法可称为阶梯剖，如图 6-26 所示的 A—A 剖视图。

用阶梯剖方法画剖视图时必须标注。标注的方法是在剖切平面的起讫和转折处应画出剖切符号，并用与剖视图的名称"×—×"同样的字母标出。在起讫剖切符号外端画箭头（垂直于剖切符号）表示投影方向。

注意：

ⅰ. 在剖视图中不应画出剖切平面转折处的分界线；

ⅱ. 用阶梯剖方法画剖视图时，在图中不应出现不完整的要素，只有当两个要素在图形上具有公共对成中心线或轴线时，可各画一半，此时应以对称中心线和轴线为界，如图 6-27 所示。

剖切平面的转折处的剖切符号不应与视图中的轮廓线重合或相交。当转折处的位置有限且不会引起误解时，允许省略字母。按投影关系配置，而中间又没有其他图形隔开时，可以省略箭头。如图 6-26 所示。

（4）几个相交的剖切面

当机件的内部结构形状用一个剖切平面不能表达完全，且机件具有回转轴时，可用两个相交的剖切平面（交线垂直于某一基本投影面）剖开机件，这种剖切方法称为旋转剖。

采用旋转剖画剖视图时，先假想按剖切位置剖开机件，然后将被剖切面剖开结构及其有关部分旋转到与选定的投影面平行后再进行投射，使剖视图既反映实形又便于画图。

如图 6-28 所示，为了将泵盖的结构和各种孔的形状都表达清楚，就采用了旋转剖的方法：先假想用图中剖切符号所表示的、交线垂直于正面的两个平面剖开泵盖，将处在观察者与剖切平面之间的部分移去，并将被倾斜的剖切平面剖开的结构及有关部分旋转到与选定的基本投影面（侧立投影面）平行，然后再进行投射，便得到图中的 A—A 剖视图。

注意：

ⅰ. 用旋转剖画剖视图时，必须进行标注，如图 6-28 所示，应画出剖切符号，并在起、止及转折处应用相同的字母标注，也可省略标注转折处的字母，如图 6-28 所示；

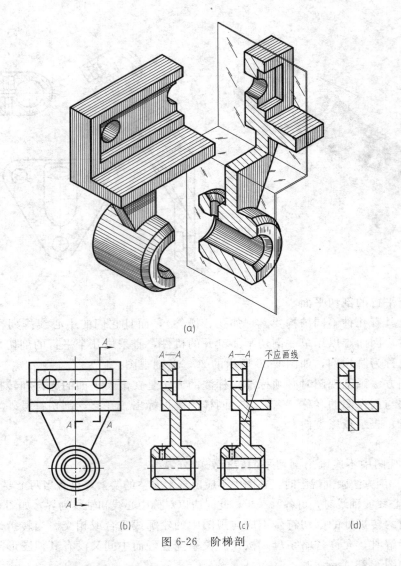

(a)

(b)   (c)   (d)

图 6-26　阶梯剖

ⅱ．凡没有被剖切平面剖到的结构，应按原来的位置投射，如图 6-29 所示摇杆上在剖切平面后的小油孔，其俯视图仍然是按照原来的位置投射画出的。

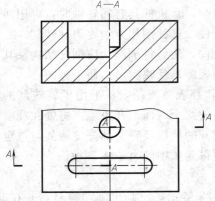

图 6-27　允许出现不完全要素的阶梯剖

（5）组合的剖切平面

当机件的内部结构形状比较复杂，用旋转剖、阶梯剖仍然不能把机件表达清楚时，可以用组合的剖切平面剖开机件，这种剖切方法可称为复合剖。

如图 6-30 所示的机件，为了把它们上面各部分不同形状、大小和位置的孔或槽等结构表达清楚，可以采用组合的剖面进行剖切。这些剖切平面有的与投影面平行，有的与投影面倾斜，但它们都同时垂直于另一投影面。用这种方法画剖视图时，将倾斜的剖切平面旋转到与选定的投影面平行后再进行

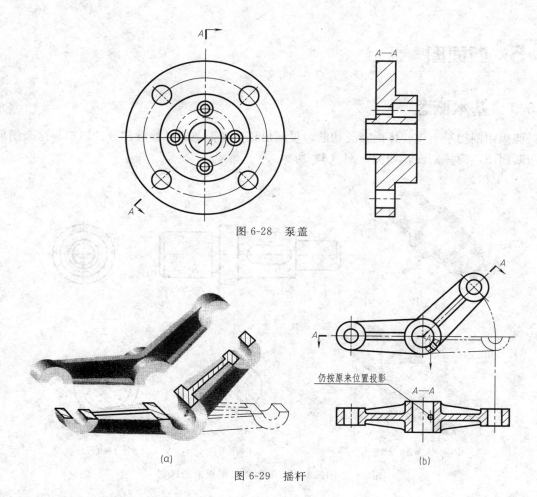

图 6-28 泵盖

(a)

仍按原来位置投影

(b)

图 6-29 摇杆

投射，其标注方法如图 6-30 所示。

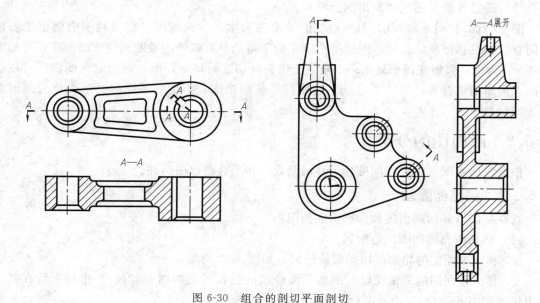

图 6-30 组合的剖切平面剖切

6.5 断面图

6.5.1 基本概念

假想用剖切平面将物体的某处切断，仅画出该剖切面与物体接触部分的图形，这个图形称为断面图，简称断面，如图 6-31 (d) 所示。

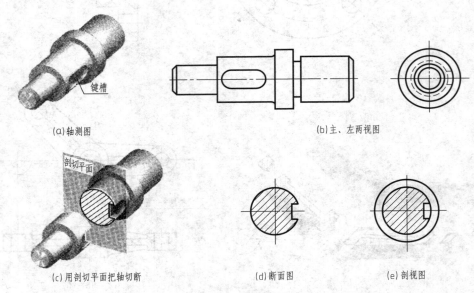

(a)轴测图   (b)主、左两视图

(c)用剖切平面把轴切断   (d)断面图   (e)剖视图

图 6-31　轴的断面、断面图与剖视图的区别

断面图常用来表示机件上某一部分的断面形状，如机件上的肋、轮辐，以及轴上的键槽和孔等，通常在断面图上要画出剖面符号。

图 6-31(a)、图 6-31 (b) 是一根轴的轴测图和主、左两视图。在左视图中画出了各段不同直径轴段和键槽的投影，图形不清晰。为了得到具有键槽的轴断面的清晰形状，可如图 6-31(c) 所示，假想在键槽处用一个垂直于轴的剖切平面将轴切断，画出它的断面图。在断面图上画出剖面符号，如图 6-31(d) 所示。若画剖视图，则剖切平面后的结构也应画出如图 6-31(e) 所示。

6.5.2 断面图的分类

根据断面图配置位置不同可分为移出断面图和重合断面图两种。

6.5.2.1 移出断面图

画在视图以外的断面图称为移出断面图。

（1）移出断面图的画法与配置

ⅰ.移出断面图的轮廓线用粗实线绘制（如图 6-32 所示）。

ⅱ.移出断面图应尽量配置在剖切平面迹线的延长线上如图 6-32(a)，也可配置在其他适当位置如图 6-32(c)、图 6-32(d)、图 6-32(e)、图 6-32(f)。

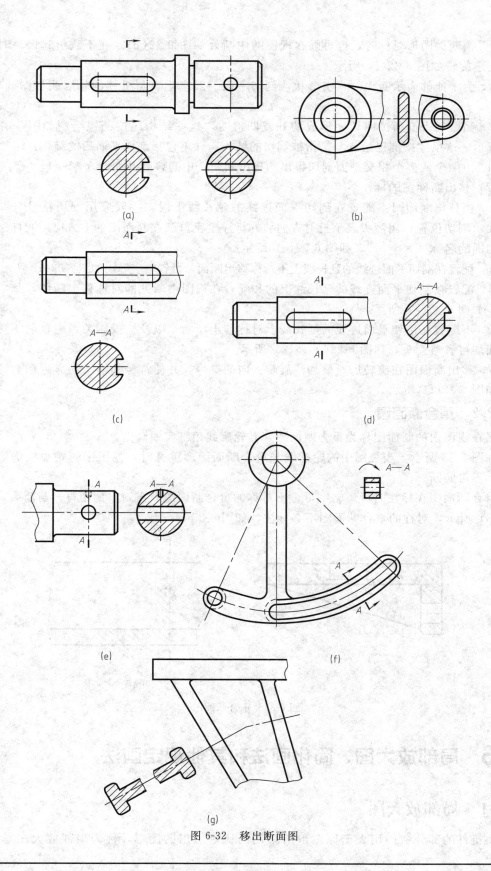

(a)

(b)

(c)

(d)

(e)

(f)

(g)

图 6-32 移出断面图

ⅲ．当断面图形对称时，也可画在视图的中断处如图 6-32(b)。在不致引起误解时，允许将图形旋转如图 6-32(f) 所示。

ⅳ．为了能够表示断面的真实形状，剖切平面一般应垂直与机件的轮廓线如图 6-32(f) 所示。

ⅴ．当剖切平面通过回转面形成的孔或凹坑时，这些结构应按剖视绘制如图 6-32(a)、(e) 所示。这里"按剖视绘制"是指被剖切的结构，并不包括剖切平面后的结构。

ⅵ．由两个或多个相交平面剖切得出的移出断面，中间应断开如图 6-32(g)。

（2）移出断面图的标注

ⅰ．当移出断面图不配置在剖切平面迹线的延长线上时，一般应用剖切符号（如前所述）表示剖切位置，用箭头表示投射方向，并标注上字母。在断面图的上方应用同样字母标注出相同的名称"×－×"，如图 6-32(c) 所示。

ⅱ．配置在剖切平面迹线的延长线上不对称移出断面，可省略字母，如图 6-32(a) 所示。

ⅲ．配置在剖切平面迹线的延长线上的和配置在视图中断处的对称移出断面，都不需要标注，如图 6-32(a) 所示。

ⅳ．不配置在剖切平面迹线的延长线上对称移出断面，以及按投影关系配置的不对称移出断面均可省略箭头，如图 6-32(d)、(e) 所示。

ⅴ．移出断面图在旋转后，要加注旋转方向的符号，并使符号的箭头端靠近图名的拉丁字母如图 6-32(f) 所示。

6.5.2.2　重合断面图

画在视图内的断面图称为重合断面图，其轮廓线用细实线画出。

如图 6-33 所示，当视图中的轮廓线与重合断面图形重叠时，视图中的轮廓线仍应连续画出，不可间断。

重合断面图在标注时可省略字母。不对称的重合断面图只需画出剖切符号与箭头，如图 6-33(b) 所示，对称的重合断面图不必标注，如图 6-33(a) 所示。

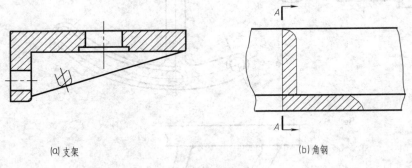

(a)支架　　　　　　　　(b)角钢

图 6-33　重合断面图

6.6　局部放大图、简化画法和其他规定画法

6.6.1　局部放大图

将机件的部分结构用大于原图形所采用的比例画出的图形，称为局部放大图。GB/T

4448.1—2002 规定了局部放大图的画法和标注。局部放大图可以画成视图、剖视图或断面图，它与原图形被放大部分的表示方法无关。

局部放大图应尽量配置在被放大部位的附近。

画机件的局部放大图时，需在原图形被放大位置处画一细实线圆圈（或长圆圈），并在相应的局部放大图上方中间位置处标注出所采用的比例。当机件上仅有一处需要放大部位时，在局部放大图的上方只需注明所采用的比例，如果机件上有多处结构需采用局部放大图时，则还需要将此实线圆圈用罗马数字顺序地编号，并在相应的局部放大图的上方中间位置处标注出相应的罗马数字和所采用的比例。在罗马数字和比例数字之间用细实线画一段水平线，如图6-34所示。局部放大图的投射方向应和被放大部分的投射方向一致，若用剖视图和断面图表达时，其剖面线方向和间隔应与被放大部分相同。

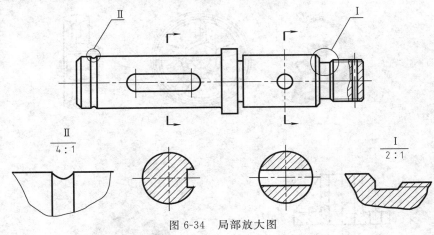

图 6-34　局部放大图

必要时，可用几个图形表达同一个被放大部分的结构，如图 6-35 所示。

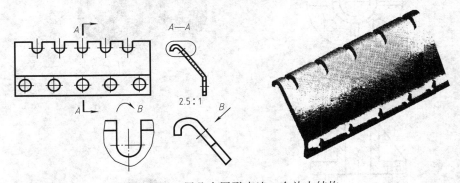

图 6-35　用几个图形表达一个放大结构

注意：局部放大图标注的比例是指图形中机件要素的线性尺寸与实际机件相应要素线性尺寸之比，而不是与原图形所采用的比例之比。

6.6.2　几种简化画法

ⅰ. 零件上的肋、轮辐、紧固件和轴，其纵向剖视图通常按不剖绘制，而用粗实线与邻接部分分开；带有均匀分布的肋、轮辐、孔等结构如果不处于剖切平面上时，可将这些结构绕回转体轴线旋转到剖切平面上按对称画出，且不加任何标注，如图 6-36 所示。

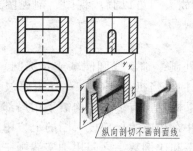
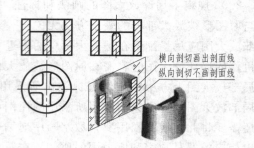

横向剖切画出剖面线
纵向剖切不画剖面线

纵向剖切不画剖面线

(a) 单一肋的画法

(b) 十字肋的画法

(c) 轮辐的画法

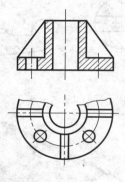

(d)

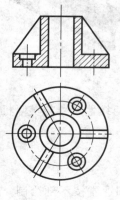

(e)

图 6-36　零件上肋、轮辐、孔的简化画法

工程制图与AutoCAD教程

ⅱ. 当机件上具有若干相同结构（如齿、槽等），并按一定规律分布时，只需画出几个完整的结构，其余的用细实线连接，并注明该结构的数量，如图 6-37（a）所示；当机件上具有若干形状相同且按规律分布的等直径孔，可只画出一个或几个，其余只需用圆中心线表示出其中心位置即可，并注明孔的数量，如图 6-37（b）所示。

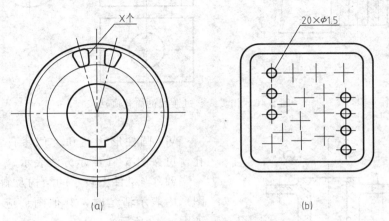

图 6-37　相同结构的简化画法

ⅲ. 当较长的机件（轴、杆、型材、连杆等）沿长度方向的形状一致或按一定规律变化时，可断开后缩短绘制，但标注长度时，应按未缩短时的实际尺寸标注。机件的断裂处，可用波浪线或双折线表示，如图 6-38 所示。

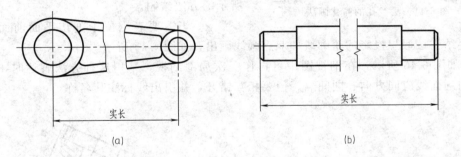

图 6-38　较长结构的画法

ⅳ. 当图形不能充分表达平面时，为了避免增加视图或剖视图，可用平面符号（相交的两条细实线）表示平面，如图 6-39 所示。

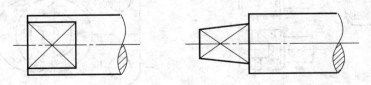

图 6-39　用平面符号表示平面

ⅴ. 图形中的过渡线、相贯线在不至于引起误解时，可用圆弧或直线代替非圆曲线，如图 6-40 所示。

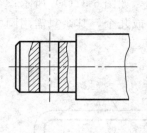

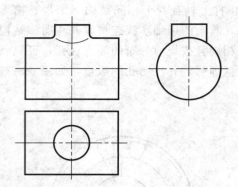

图 6-40　相贯线、过渡线的简化画法

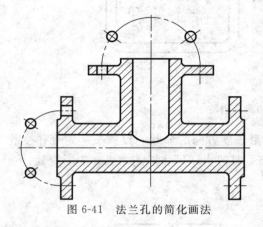

图 6-41　法兰孔的简化画法

ⅵ. 圆柱形法兰和类似零件上均匀分布的孔，可按图 6-41 所示方法表示。

ⅶ. 当机件上较小的结构及斜度等已在一个图形中表示清楚时，其他图形应当简化或省略如图 6-42 所示。

ⅷ. 与投影面倾斜角度小于或等于 30°的圆或圆弧，其投影可用圆或圆弧代替，如图 6-43 所示。

ⅸ. 零件上对称结构的局部视图可按图 6-44 所示的方法绘制。

ⅹ. 当需要表示位于剖切平面前面的结构时，这些结构按假想投影的轮廓线即双点画线画出，如图 6-45 所示。

ⅺ. 如图 6-46 所示，在剖视图中可再作一次局部剖视，采用这种方法表达时，两个剖切区域的剖面线应同方向、同间隔、但要相互错开，并引出线标注其名称。

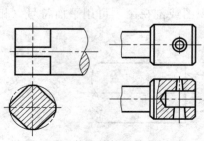

图 6-42　较小结构的简化画法

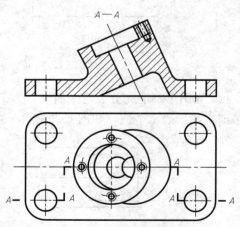

图 6-43　与投影面夹角小于 30°的圆、圆弧画法

ⅻ. 在不致引起误解时，零件图中的小圆角或 45°小倒角允许省略不画，但必须注明尺寸或另加说明，如图 6-47 所示。

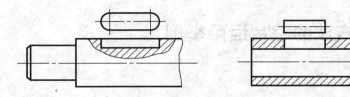

图 6-44　对称结构的简化画法

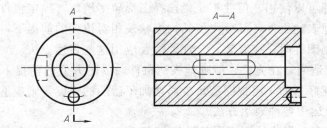

图 6-45　剖切平面前结构的简化画法

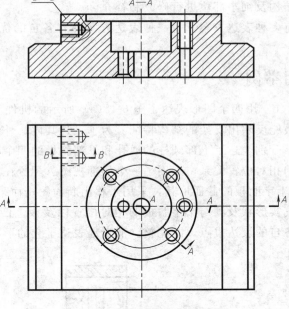

图 6-46　剖视图中的局部剖视

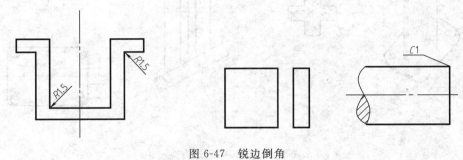

图 6-47　锐边倒角

6.7 机件表达方法的综合运用举例

6.7.1 选用原则

前面介绍了表达机件的各种方法，如视图、剖视图、断面图、简化画法和规定画法等内容，在绘制图样时都可以使用，但并不是说选择图形越多越好，确定机件表达方案的原则应是：在完整、清晰地表达机件各部分内外结构形状及相对位置的前提下，力求读图方便，绘图简单。因此在绘制图样时，应有效、合理地综合应用这些表达方法。

ⅰ. 视图数量应适当。在完整、清晰地表达机件，读图方便的前提下，视图数量尽可能少，但也并非越少越好，如果因视图数量少而增加了读图的难度，则应增加视图数量。

ⅱ. 合理地综合运用各种表达方法。

ⅲ. 比较表达方案、择优选用视图的数量与表达方法有关，因此在确定表达方案时，既要注意使每个视图、剖视图和断面图等具有明确的表达内容，又要注意它们之间的相互联系和分工，以达到表达完整、清晰为目的。在选择表达方案时，应首先考虑主体结构和整体的表达，然后针对次要结构及细小部位进行修改和补充。

同一机件、可以有多种表达方案。每一种表达方案都有各自的优点，要认真分析比较，择优选用。

6.7.2 综合运用举例

【例6-2】 图6-48（b）用四个图形表达了图6-48（a）所示的机件。以图中所选方向作为主视图的投影方向，最能反映出支架的结构特征。为了表达其内、外结构形状，在主视图中两处采用了局部剖视，分别表达了上部圆柱的通孔和下部斜板的四个小通孔。为了表达清楚上部圆柱与十字肋板的相对位置关系，采用了一个局部视图（配置在左视图的位置上，可以省略标注）；为了表达十字肋板的截面形状，采用了移出断面图；而采用 A 向斜视图的目的是为了表达倾斜板的真实形状及其与十字肋板的相对位置以及板上四个小圆孔的分布情况；这样，每个图形都有各自的表达重点，既完整、清晰地表达了它的形状。

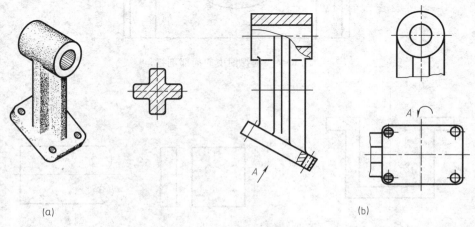

(a)   (b)

图 6-48 支架的表达方案

综合分析该支架的表达方案，不能死板地采用三个基本视图，要根据机件的结构特点，灵活地应用各种表达方法，经选择、对比确定简练、清晰、较好的表达方案。

【例 6-3】 图 6-50 用五个图形表达了图 6-49 的四通管的结构形状。主视图 $B-B$ 是采用了旋转剖的方法得到的全剖视图，主要表达了四通管的内部结构形状；俯视图 $A-A$ 是采用了阶梯剖的方法得到的全剖视图，着重表达四通管左右管道的相对位置及孔与中间相通情况，还表达了下连接板的外形及小孔的位置；用单一剖切面得到的局部剖视图 $C-C$，主要表达了上部突出部分的端面形状；$E-E$ 是用斜剖的方法得到的全剖视图，主要表达了下部突出部分的端面形状及与主体连接部分的断面形状；为了表达上端面形状采用了一个局部视图 "D"，

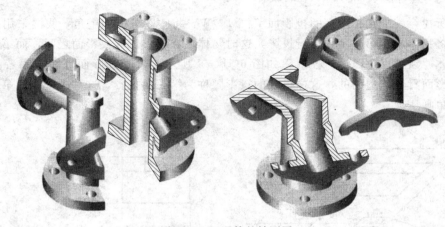

图 6-49 四通管的轴测图

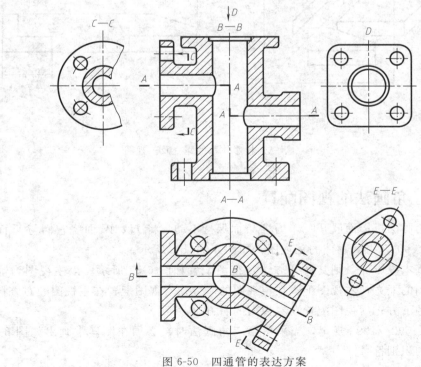

图 6-50 四通管的表达方案

6.8 第三角投影法简介

按 GB/T 16441—1998 规定，机件的视图应采用正投影法，正投影法又分第一角投影法和第三角投影法，我国采用的是第一角投影法，而有些国家（如美国、日本等）则采用第三角投影法。必要时（如按合同规定）使用第三角画法，国际标准 ISO 规定这两种画法具有同等效率。随着当前国际技术交流和国际贸易日益增长，在今后的工作中很可能会遇到要阅读和绘制第三角画法的图样，因而也应该对第三角画法有所了解，现简介如下。

6.8.1 第三角投影体系的建立

如前所述，三个互相垂直的投影面 V、H、W，将空间分成四个角，我国采用的第一角投影法是将物体放在第一角内进行投影，这时物体处在观察者和投影面之间，而第三角投影法是将物体放在第三角内进行投射，如图 6-51（a）所示，这时投影面处在观察者和物体之间，把投影面看成是透明的，这样得到的投影图称为第三角投影，这种画法称为第三角投影法或第三角画法。

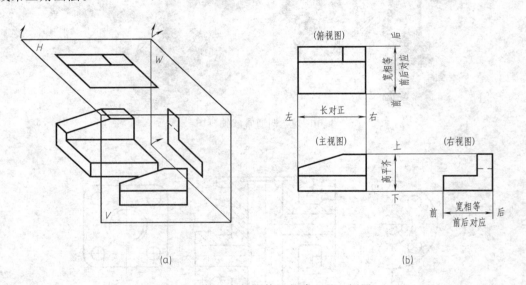

图 6-51　第三角投影体系的建立及三视图

6.8.2 第三角画法的视图配置

采用第三角画法投影面展开时，仍将 V 面保持不动，将 H、W 面绕它们与 V 面的交线向上、向右旋转 90°，得到物体的三视图，如图 6-51（b）所示。

如为六个基本投影面，则其展开方法及视图配置如图 6-52 所示。以主视图为准，俯视图配置在主视图的上方；左视图配置在主视图的左方；右视图配置在主视图的右方；仰视图配置在主视图的下方；后视图配置在右视图的右方。

按 GB/T 14592—1993 规定，当采用第三角画法时，必须在图样中画出如图 6-53 所示的第三角画法的识别符号。

工程制图与AutoCAD教程

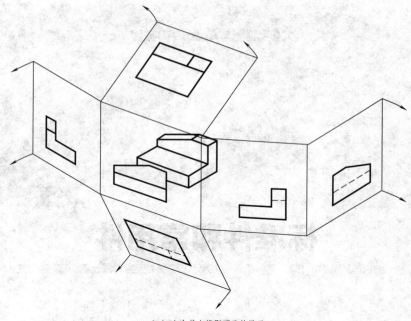

(a) 六个基本投影面及其展开

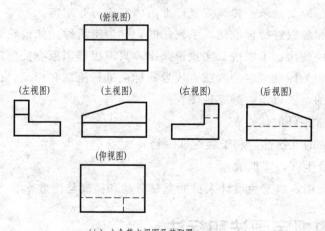

(俯视图)

(左视图)　　(主视图)　　(右视图)　　(后视图)

(仰视图)

(b) 六个基本视图及其配置

图 6-52　采用第三角画法时的六个基本视图

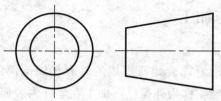

图 6-53　第三角画法的识别符号

标准件和常用件

在结构、尺寸、画法、标记及成品质量均已进行标准化的，称为**标准件**，如螺钉、螺母、垫圈、键、销、滚动轴承、弹簧等。标准由国家或行业制定。

仅将部分结构和参数进行标准化、系列化的，称为**常用件**，如齿轮等。

标准件和常用件画法：不需按真实投影画出，只需根据国家有关部门批准并发布的各种标准件和常用件的相关标准规定的画法、代号或标记进行绘制和标记。由于标准件一般都是根据标记直接采购的，所以不必画零件图。

使用标准件和常用件的优点：

ⅰ. 提高零部件的互换性，利于装配和维修；

ⅱ. 便于大批量生产，降低成本；

ⅲ. 便于设计选用，以避免设计人员的重复劳动和提高绘图效率。

7.1 螺纹的规定画法和标注

7.1.1 螺纹的形成与加工

（1）螺纹的形成

在圆柱或圆锥表面上，沿着螺旋线所形成的具有相同剖面的连续凸起和沟槽，称为螺纹。加工在零件外表面上的螺纹称为外螺纹，加工在零件内表面上的螺纹称为内螺纹。

（2）螺纹的加工

加工螺纹的方法很多，一般采用以下几种方法：

ⅰ. 车床加工；

ⅱ. 专用工具加工，丝锥、板牙；

ⅲ. 碾压螺纹。

7.1.2 螺纹的基本要素

当螺纹的五要素（牙型、直径、线数、螺距和旋向）均相同时，内外螺纹方可以旋合。

（1）牙型

常见螺纹牙型有三角形、梯形、锯齿形和矩形等，如图7-1所示。

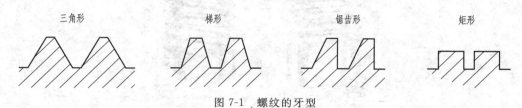

三角形　　　　梯形　　　　锯齿形　　　　矩形

图7-1　螺纹的牙型

（2）直径

螺纹的直径有大径、小径和中径之分，外螺纹分别用符号 d、d_1 和 d_2 表示，而内螺纹则用 D、D_1 和 D_2 表示。

通常用螺纹大径来表示螺纹的规格大小，故螺纹大径又称为公称直径；而用螺纹中径来控制精度，如图7-2所示。

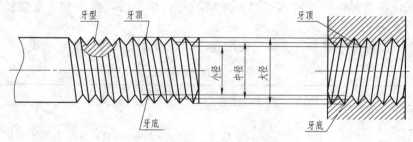

图7-2　螺纹的牙顶、牙底和直径

（3）线数 n

螺纹有单线和多线之分。沿一条螺旋线形成的螺纹为单线螺纹，沿轴向等距分布的两条或两条以上的螺旋线所形成的螺纹为多单线螺纹。

（4）螺距 P 和导程 Ph

相邻两牙在中径上对应两点之间的轴向距离称为螺距，用 P 表示。在同一条螺旋线上的相邻两牙在中径上对应两点之间的轴向距离称为导程，用 Ph 表示，如图7-3所示。

对于单线　　　　　　　　　　　$Ph = P$

对于多线　　　　　　　　　　　$Ph = nP$

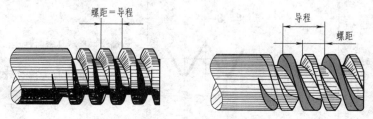

图7-3　螺纹的线数和导程

（5）旋向

分为右旋（RH）和左旋（LH）两种，如图 7-4 所示，顺时针旋转时旋入的螺纹，称为右旋螺纹，逆时针旋转时旋入的螺纹，称左旋螺纹。

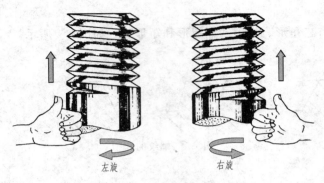

左旋　　　右旋

图 7-4　螺纹的旋向

7.1.3　螺纹的分类

凡三要素（牙型、直径和螺距）符合标准的螺纹，称为标准螺纹。牙型符合标准，而直径或螺距不符合标准的，称为特殊螺纹。牙型不符合标准的，称为非标准螺纹（如方牙螺纹），如表 7-1 所示。

螺纹种类不仅可按牙型分，也可以按用途分为连接螺纹和传动螺纹两类。

表 7-1　常用标准螺纹

种	类	牙型符号	牙 型 图	说 明
普通螺纹	粗牙细牙	M	三角形牙型　60°	最常用的连接螺纹，在相同的大径下，细牙螺纹较粗牙螺纹的螺距小 一般连接多用粗牙，而细牙则适于薄壁连接
连接螺纹	管螺纹	55°密封管螺纹　R_P R_1 R_2 R_C	三角形牙型　55°	包括圆柱内螺纹与圆锥外螺纹、圆锥内螺纹与圆锥外螺纹两种连接形式 适用于管道、管接头、阀门等处的连接。必要时允许在螺纹副内添加密封物，以保证连接的密封性
		55°非密封管螺纹　G	三角形牙型　55°	该螺纹本身不具密封性，若要求具有密封性，可采用其他方法 适用于管道、管接头、旋塞、阀门等处的连接

种　　类	牙型符号	牙　型　图	说　　　明
传动螺纹 梯形螺纹	Tr	梯形牙型 30°	用于传递运动和动力,如机床丝杠、尾架丝杠等
锯齿形螺纹	B	锯齿形牙型 30° 3°	用于传递单向压力,如千斤顶螺杆等

7.1.4　螺纹的规定画法和标记

7.1.4.1　螺纹的规定画法 (GB/T 4459.1—1995)

基本规定：在非圆投影视图上，螺纹的牙顶用粗实线表示，牙底用细实线表示，倒角或倒圆部分均应画出。在圆投影的视图上，表示牙顶的粗实线圆要画完整，而表示牙底的细实线圆只画 3/4 圈，表示轴或孔上的倒角倒圆省略不画。螺纹的终止线用粗实线表示。

（1）外螺纹的画法

外螺纹在图中表现为外粗内细。画图时小径尺寸可以近似地取 $d_1 \approx 0.85d$，如图 7-5 所示。

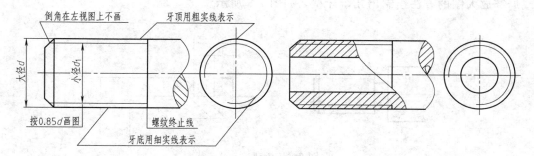

图 7-5　外螺纹的规定画法

（2）内螺纹的画法

内螺纹在图中表现为内粗外细。剖视图中剖面线应画到表示牙顶圆投影的粗实线为止。绘制螺纹盲孔时，应使钻孔深度大于螺纹深度，且孔底顶角为 $120°$，如图 7-6 所示。

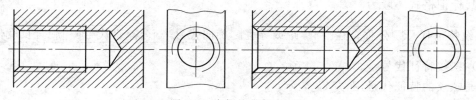

图 7-6　内螺纹的规定画法

（3）内、外螺纹连接的画法

在剖视图中，内、外螺纹旋合的部分应按外螺纹的画法绘制，其余部分仍按各自的画法表示。应注意，表示内、外螺纹大径的细实线和粗实线，以及表示内、外螺纹小径的粗实线和细实线必须分别对齐，如图7-7所示。

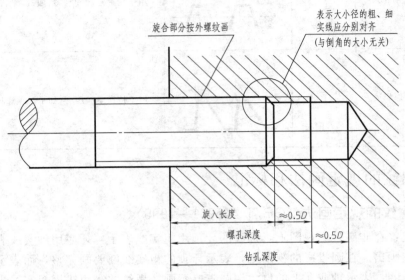

图 7-7　螺纹旋合的画法

（4）螺纹牙型的表示法

标准螺纹的牙型图一般不必绘制，而对于需要表示或表示非标准螺纹时，通常采用局部剖或局部放大图的方法绘制出几个牙型，如图7-8所示。

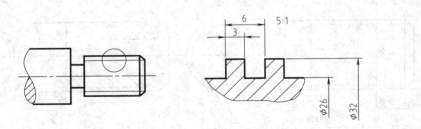

图 7-8　牙型表示法

7.1.4.2　螺纹的规定标记方法

螺纹的规定标注分标准螺纹和非标准螺纹两类，国家标准中均作出了相应的规定。完整的螺纹标记由螺纹特征代号、尺寸代号、公差带代号及其他有必要做进一步说明的个别信息组成，其标记格式一般为

| 螺纹特征代号 | 公称直径 | × | 螺距或导程 | 旋向代号 | — | 公差带代号 | — | 旋合长度代号 |

（1）螺纹特征代号

普通螺纹的特征代号用"M"表示。

梯形螺纹的特征代号用"Tr"表示。

55°密封管螺纹内外螺纹的特征代号不同：R_P 表示圆柱内螺纹，R_1 表示与圆柱内螺纹配合的圆锥外螺纹；R_C 表示圆锥内螺纹，R_2 表示与圆锥内螺纹配合的圆锥外螺纹。

55°非密封管螺纹的特征代号用"G"表示。

锯齿形螺纹的特征代号用"B"表示。

（2）尺寸代号

普通螺纹、梯形螺纹、锯齿形螺纹有单线螺纹和多线螺纹之分：

单线螺纹的尺寸代号为"公称直径×螺距"，对于粗牙普通螺纹一般省略标注螺距。例如，公称直径为8mm、螺距为1mm的单线细牙普通螺纹标记为M8×1；公称直径为8mm、螺距为1.25mm的单线粗牙普通螺纹标记为M8。

多线螺纹的尺寸代号为"公称直径×导程（P 螺距）"。

（3）公差带代号

公差带代号包含中径公差带代号和顶径公差带代号。由表示公差等级的数字和表示公差带位置的字母组成。

外螺纹字母小写，内螺纹字母大写。

管螺纹无此项，55°非密封管螺纹的外螺纹标注公差等级 代号 A 或 B。

（4）螺纹旋合长度

国家标准对普通螺纹的旋合长度规定为长（L）、中（N）、短（S）三种 。一般情况为中等旋合长度，此时省略不标注"N"。

（5）旋向代号

对于右旋螺纹不标注旋向，对于左旋螺纹则应在尺寸规格之后加注 LH，如表 7-2、表 7-3、表 7-4 所示。

表 7-2　普通螺纹的标注示例

螺纹种类	标注的内容和格式	标注示例	标注说明
粗牙普通螺纹	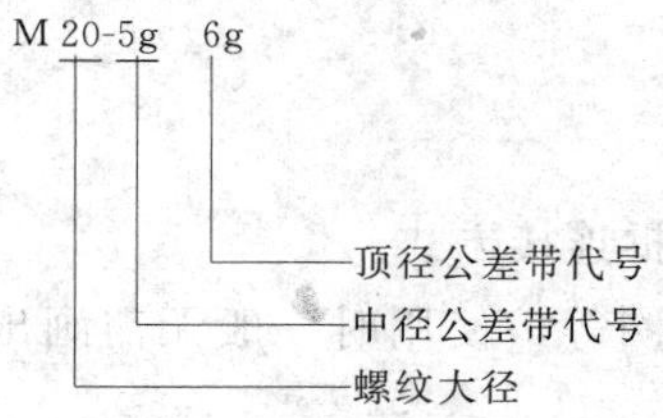 M 20-5g　6g 顶径公差带代号 中径公差带代号 螺纹大径	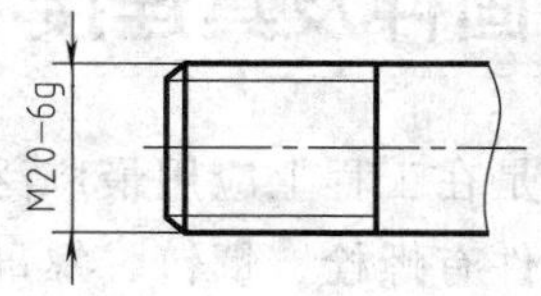	螺纹的标记应注在大径尺寸线上； 粗牙螺纹不标注螺距； 右旋省略标注旋向； 中等旋合长度 N 省略
细牙普通螺纹	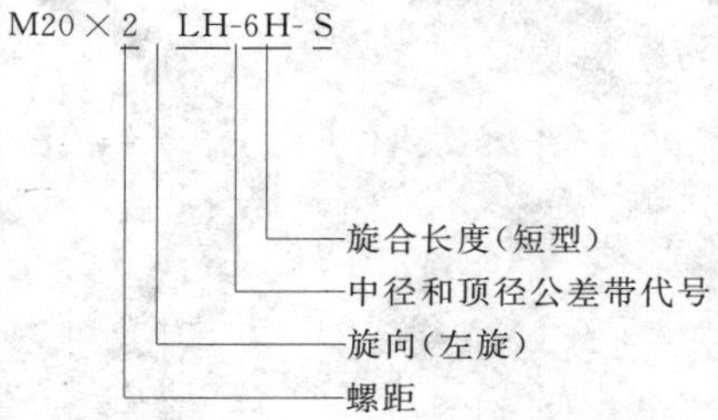 M20×2　LH-6H-S 旋合长度（短型） 中径和顶径公差带代号 旋向（左旋） 螺距	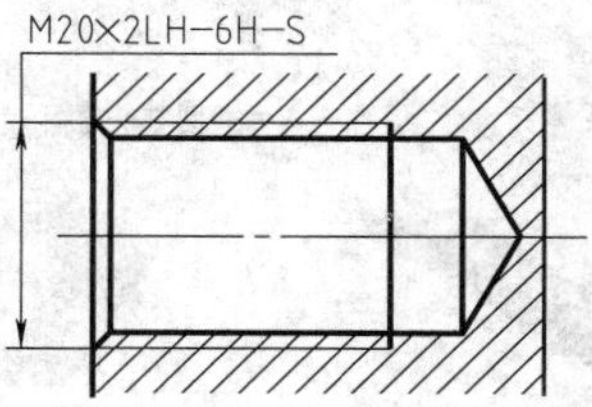	细牙螺纹标注螺距2； 左旋要标注 LH； 中径和顶径公差带代号相同，只标注一个 6H

表 7-3　梯形螺纹的标注示例

螺纹种类	标注的内容和格式	标注示例	标注说明
单线梯形螺纹	Tr 30×6　LH- 7e- L 旋合长度(长型) 中径公差带代号 旋向(左旋) 导程 = 螺距 螺纹大径	Tr30×6LH-7e-L	单线梯形螺纹只注螺距,多线梯形螺纹要注导程和螺距 梯形螺纹只标注中径公差带代号 梯形螺纹旋合长度分正常组(N)和加长组(L),正常组省略不标注 右旋省略标注旋向 左旋要标旋向 LH
多线梯形螺纹	Tr30×12(P6)-7H 螺距 导程	Tr30×12(P6)-7H	

表 7-4　管螺纹的标注示例

螺纹种类	标注的内容和方式	标注示例	说　明
非螺纹密封的管螺纹	G3/4A 外螺纹公差等级分为 A 级(精密级)和 B 级(粗糙级)两种,需要标注 G11/2-LH 内螺纹公差等级只有一种,不标注	G3/4A G11/2-LH	管螺纹标记应注在螺纹大径引出的指引线上,特征代号右边的数字为尺寸代号,即管子内通径,单位为英寸;管螺纹直径需要查标准(附录 2.1.2)确定,尺寸数字采用小一号的数字书写

7.2　螺纹紧固件及其连接

螺纹紧固件连接是在工程上应用最广泛的可拆连接方式。

常用的螺纹紧固件有螺栓、螺钉、螺母、垫圈等,使用时一般无需画出它们的零件图,如图 7-9 所示。

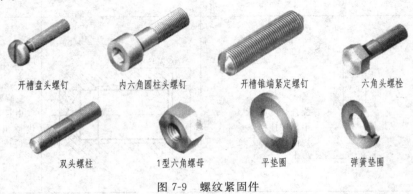

开槽盘头螺钉　　内六角圆柱头螺钉　　开槽锥端紧定螺钉　　六角头螺栓

双头螺柱　　1型六角螺母　　平垫圈　　弹簧垫圈

图 7-9　螺纹紧固件

工程制图与AutoCAD教程

7.2.1 常用螺纹紧固件及其标记（GB/T 1237—2000）

（1）常见螺纹紧固件

① 螺栓 有头（六角头），杆身全螺纹或半螺纹。

② 螺柱 无头，两端均为螺纹。

③ 螺钉 连接螺钉（有头）开槽圆柱头、开槽盘头、开槽沉头、内六角圆柱头；紧定螺钉（无头）锥端、平端、圆柱端。

④ 螺母 六角螺母、圆螺母、方螺母。

⑤ 垫圈 平垫圈、弹簧垫圈。

（2）螺纹紧固件及其标注示例

螺纹紧固件及其标注示例如表 7-5 所示。

表 7-5 螺纹紧固件及其标注示例

种类	结构形式和规格尺寸	标记示例	说明
六角头螺栓		螺栓 GB/T 5782—2000 M12×50	螺纹规格为 M12,$l=50$mm（当螺纹杆上是全螺纹时,应选取标准编号为 GB/T 5783）
双头螺柱		螺柱 GB/T 899—1988 M12×50	双头螺柱双头规格均为 M12,$l=50$mm
开槽圆柱头螺钉		螺钉 GB/T 65—2000 M10×50	螺纹规格为 M10,$l=50$mm（l 值在 40mm 以内为全螺纹）
开槽盘头螺钉		螺钉 GB/T 67—2000 M10×50	螺纹规格为 M10,$l=50$mm（l 值在 40mm 以内为全螺纹）
开槽沉头螺钉		螺钉 GB/T 68—2000 M10×45	螺纹规格为 M10,$l=45$mm（l 值在 45mm 以内为全螺纹）
开槽锥端紧定螺钉		螺钉 GB/T 71—1985 M12×40	螺纹规格为 M12,$l=40$mm
1 型六角螺母		螺母 GB/T 6170—2000 M8	螺纹规格为 M8 的 1 型六角头螺母

种类	结构形式和规格尺寸	标记示例	说　明
平垫圈		垫圈 GB/T 97.1—2002 8-140HV	与螺纹规格 M8 配用的平垫圈，性能等级 140HV
标准型弹簧垫圈		垫圈 GB/T 93—1987　12	与螺纹规格 M12 配用的弹簧垫圈

一般螺纹紧固件的标记格式为：

紧固件名称　标准代号　形式代号　规格代号 —　性能代号

注：当只有一种形式及性能要求时，不标注相应代号，具体的标记格式在标准中均有标注。

7.2.2　常用螺纹紧固件的画法

螺纹紧固件的绘制方法按照其尺寸来源的不同，分为比例画法、查表画法及简化画法。

（1）比例画法

为了提高画图速度，在知道了紧固件的规格（直径 d、D）后，就可以按照一定的比例关系来进行画图，这种方法称为比例画法。采用比例画法时，紧固件的有效长度按被连接件的厚度决定，并且按照实际长度画出。

（2）查表画法

根据紧固件的标记，在标准中（见附录 1）查得各有关尺寸后进行作图。

（3）简化画法

螺栓头和螺母的倒角都省略不画，如图 7-9 所示。

7.2.3　螺纹紧固件的连接画法（GB/T 4459.1—1995）

通常螺纹紧固件的连接形式分为螺栓连接、螺柱连接和螺钉连接三类。

绘图时应遵守下列基本规定：

ⅰ．两零件接触表面只画一条线，不接触表面画出两条线；

ⅱ．两零件邻接时，不同零件的剖面线方向应相反，或者方向一致，间隔不等；

ⅲ．对于紧固件和实心零件，当剖切平面通过它们的轴线时，这些零件都按不剖绘制，仍画外形；需要时，可采用局部剖视。

（1）螺栓连接

螺栓连接一般适用于两个不太厚并允许钻成通孔的零件连接，可承受较大的力，由螺栓、螺母和垫圈配套使用。连接前，先在两个被连接件上钻出通孔，通孔的直径一般取 $1.1d$；将螺栓从一端穿入孔中，然后在另一端加上垫圈、拧紧螺母，如图 7-10 所示。

螺栓的公称长度 l 应查阅垫圈、螺母的表格得出 h、m，再加上被连接零件的厚度 δ_1、δ_2 等经计算后选定。由图 7-10 可知

$$螺栓长度\ l=\delta_1+\delta_2+h+m+a$$

式中，a 是螺栓伸出螺母的深度，一般取 $0.3d$ 左右（d 是螺栓的公称直径）。上式计算得出

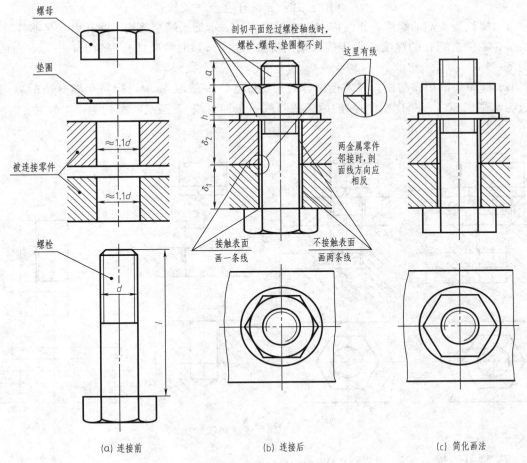

图 7-10 螺栓连接的画法

数值后，再从相应的螺栓标准所规定的长度系列中，选取合适的 l 值。

（2）螺柱连接

螺柱连接一般适用于两个被连接件中，有一个零件较厚或不允许钻成通孔时采用；螺柱连接可承受较大的力，允许频繁拆卸。它由螺柱、螺母和垫圈配套使用。

螺柱的长度 l 应符合：

$$l=\delta+h+m+a$$

式中 δ——薄零件的厚度；

     h——垫圈厚度；

     m——螺母厚度；

     a——螺栓伸出长度，$a=0.3d$。

选择螺栓规格时，先按上式计算出 l 后，从双头螺柱标准中所规定的长度系列里，选取合适的 l 值。

绘制螺柱连接时应注意以下几点。

ⅰ. 螺柱的旋入端 bm 与被连接件的材料有关。

$$bm=1d \text{（用于钢、青铜、硬铝）}$$

$$bm=1.25d \text{ 或 } 1.5d \text{（用于铸铁）}$$

$bm = 2d$ （用于铝合金、有色金属较软材料）

ⅱ. 螺柱旋入端的螺纹终止线应与结合面平齐，表示旋入端全部旋入螺孔内，足够拧紧。

ⅲ. 零件上螺孔的深度应大于旋入端的螺纹长度 bm，通常取螺孔深为 $bm + 0.5d$，钻孔深为 $bm + d$。

ⅳ. 弹簧垫圈用作防松，其外径比普通平垫圈小，一般取 $1.5d$。弹簧垫圈开槽的方向应画成与水平成 $60°$，并向左上倾斜的两条线（或一条加粗线），两线间距约为 $0.1d$，如图 7-11 所示。

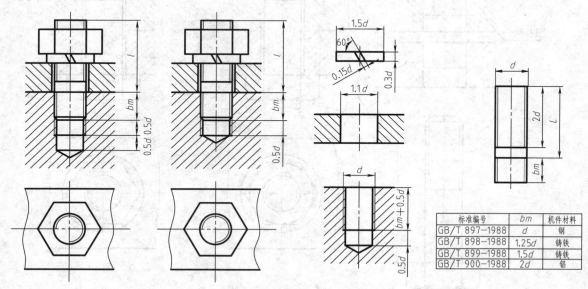

标准编号	bm	机件材料
GB/T 897—1988	d	钢
GB/T 898—1988	$1.25d$	铸铁
GB/T 899—1988	$1.5d$	铸铁
GB/T 900—1988	$2d$	铝

图 7-11 螺柱连接画法

（3）螺钉连接

螺钉按用途分为连接螺钉和紧定螺钉两类。

连接螺钉的种类很多，按照螺钉的头部和扳拧形式来划分。一般用于受力不大而又不需经常拆卸的零件连接中。

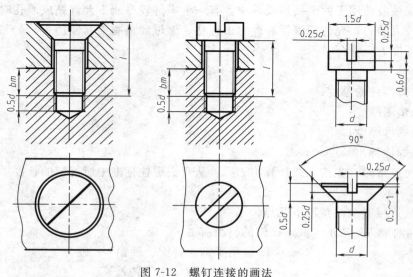

图 7-12 螺钉连接的画法

螺钉的公称长度 l，可先按下列公式计算后，再查标准选取标准值：

$$l = \delta + bm - k'$$

式中　δ——沉孔零件的厚度；

　　　bm——螺纹的拧入深度，可根据零件的材料确定；

　　　k'——沉孔的深度，可在 GB/T 152—1988 中选取，如图 7-12 所示。

7.3　键连接

（1）作用

用于轴与轴上零件（如齿轮、带轮等）间的周向连接，以传递转矩，如图 7-13 所示。

（2）分类

键的种类很多，常用的有普通平键、半圆键和钩头楔键，如图 7-14 所示。

普通平键的应用最广，按照键槽的结构又可分为 A 型（圆头）、B 型（方头）和 C 型（单圆头）三种，如图 7-15 所示。

图 7-13　键连接

(a) 平键　　　　　　　(b) 半圆键　　　　　　　(c) 钩头楔键

图 7-14　键的种类

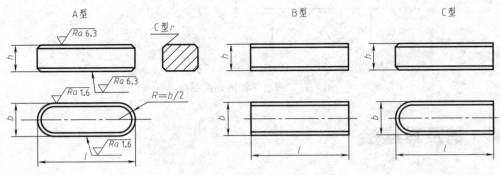

图 7-15　普通平键的型式和尺寸

（3）键及其标记

标记：键　型式代号　键宽×长度　标准代号

如：键 18×100　GB/T 1096—1979 表示 $b=18\text{mm}$，$h=11\text{mm}$，$l=100\text{mm}$ 的 C 型键。

（4）键槽的画法和尺寸标注

键槽的型式和尺寸由相应键的选用而定，也应符合标准规定。

设计或测绘时，键槽的宽度、深度和键的宽度、高度尺寸，可根据被连接的轴径在标准中查出。键及键槽的长度尺寸，应根据轮毂宽度，在标准系列当中选取（键长＜轮毂宽），如图 7-16 所示。

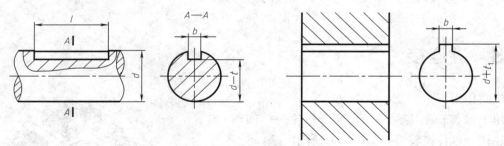

图 7-16　普通平键键槽的尺寸标注

（5）键连接的画法

普通平键和半圆键连接的作用原理相似，均是用键的两个侧面传递转矩。半圆键常用于载荷不大的传动轴上。

钩头楔键的顶面为一个 1：100 的斜面，装配时将键沿轴向打入键槽内，利用键的顶面及底面与键槽之间的挤压力使轴上零件固定。

画键连接图形时，在反映键长方向的剖视图中，轴一般采用局部剖视，键按不剖处理。如图 7-17 所示。

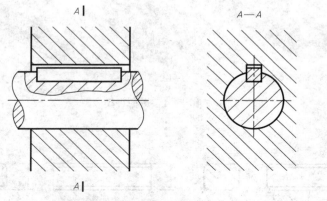

图 7-17　普通平键的装配图画法

7.4　销及其连接

（1）作用

销在机器设备中，主要用于定位、连接和锁定、防松。

（2）类型

① 圆柱销　连接并定位；

② 圆锥销　连接并精确定位；

③ 开口销　锁定、防松。

（3）标记

| 销 | 国标号 | 型式代号 | 公称直径 | × | 长度 |

注：仅有一种型式时不标型式代号；公称直径指小端直径。

例：销　GB/T 119—86　6×20

（4）画法及标注

① 圆柱销　直孔，两端不露出。孔采用一般直径标注

② 圆锥销　锥孔，两端稍露头。锥销孔应采用旁注法标注尺寸

③ 开口销　直孔，孔径（公称直径）大于销实际的直径，如图7-18所示。

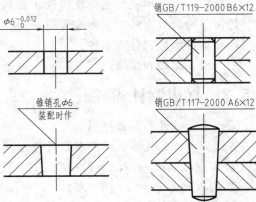

图 7-18　销孔的尺寸注法及圆柱销和圆锥销连接画法

7.5　齿轮

7.5.1　应用

传递动力和运动，可以变换速度和改变运动方向，是机器中应用最广泛的传动零件之一。

7.5.2　分类

（1）按传动分

① 圆柱齿轮传动　用于平行两轴之间的传动。

② 圆锥齿轮传动　用于两相交轴之间的传动。

③ 蜗杆与蜗轮传动　用于两交叉轴之间的传动，如图7-19所示。

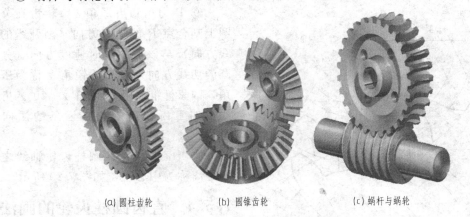

(a) 圆柱齿轮　　　　(b) 圆锥齿轮　　　　(c) 蜗杆与蜗轮

图 7-19　常见的齿轮传动的形式

（2）按轮齿形式分

直齿、斜齿、人字齿。

（3）按轮齿是否符合标准分

具有标准齿的齿轮称为标准齿轮，如渐开线齿轮。

轮齿不符合标准的为非标准齿轮。

（4）按齿廓形状分为三种

渐开线、圆弧和摆线。

7.5.3　直齿圆柱齿轮

圆柱齿轮的外形为圆柱形。

各部分名称、代号及主要参数及计算。

① 齿顶圆　$d_a = m(z+2)$

② 齿根圆　$d_f = m(z-2.5)$

③ 分度圆　$d = mz$

齿轮设计和加工时计算尺寸的基准圆称为分度圆，用 d 表示其直径。

④ 节圆 d'　两齿轮啮合时，连心线 O_1O_2 上的两齿接触点 p（节点）的轨迹。正确安装的标准齿轮的节圆与分度圆重合，即 $d' = d$。

⑤ 齿高　$h = h_a + h_f$

齿顶高：齿顶圆与分度圆之间的径向距离，用 h_a 表示；

齿根高：分度圆与齿根圆之间的径向距离，用 h_f 表示。

⑥ 齿距 P　分度圆上相邻两齿廓对应两点之间的弧长称为齿距。

⑦ 齿数 z　齿轮上轮齿的总数称为齿数，用 z 表示，是齿轮计算的主要参数之一。

⑧ 模数 m　在齿轮上有多少个齿（齿数 z），就会有多少个齿距（P），因此分度圆的周长为

$$\pi d = pz$$
$$d = pz/\pi$$
$$p/\pi = m$$
$$d = mz$$

⑨ 压力角和齿形角 α　轮齿在分度圆上啮合点 P 的受力方向（渐开线的法线方向）与该点的瞬时速度方向（分度圆的切线方向）所夹的锐角 α 称为压力角，国家标准规定压力角 $\alpha = 20°$。齿形角指加工齿轮用的基本齿条的法向压力角。

⑩ 中心距 a　两圆柱齿轮轴线之间的距离称为中心距，如图 7-20 所示。

7.5.4　直齿圆柱齿轮的画法

（1）单个直齿圆柱齿轮的画法

齿轮的轮齿部分应按 GB/T 4459.2—1984 的规定绘制。

ⅰ．齿顶圆和齿顶线用粗实线绘制。

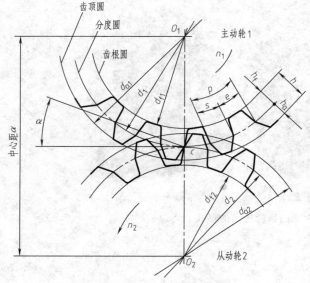

图 7-20　直齿圆柱齿轮各部分名称

ⅱ．分度圆和分度线用细点画线绘制，并且分度线应超出齿轮两端面 2～3mm。

ⅲ．齿根圆和齿根线用细实线绘制或省略不画；在剖视图中，齿根线用粗实线绘制，并且不可省略。

ⅳ．在剖视图中，沿轴线剖切时，轮齿一律按不剖处理。

除轮齿部分外，其余轮体的结构均按真实投影绘制，其结构和尺寸由设计要求确定。

绘制齿轮零件图时，通常用两个视图表达：将非圆的剖视图或半剖视图作为主视图，并将轴线水平放置，再配合一个圆的完整视图或局部视图，如图 7-21 所示。

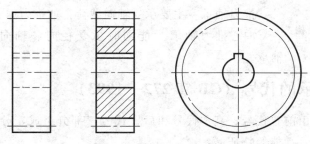

图 7-21　单个圆柱齿轮画法

（2）两直齿圆柱齿轮啮合的画法

两齿轮啮合时，除啮合区外，其余部分均按单个齿轮绘制。啮合区按以下规定绘制。

ⅰ．在剖视图中，将一个齿轮的轮齿用粗实线画出，另一个齿轮的轮齿被遮挡部分用虚线绘制或省略不画；并且一齿轮的齿顶线与另一齿轮的齿根线之间应留有间隙。

ⅱ．在圆投影的视图中，两节圆应相切，两齿轮啮合区的齿顶圆均用粗实线绘制或省略不画。

在外形图中，啮合区的齿顶线不需画出，节线用粗实线绘制，如图 7-22 所示。

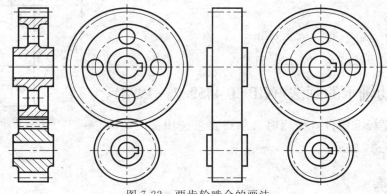

图 7-22　两齿轮啮合的画法

7.6　滚动轴承

7.6.1　滚动轴承的结构和分类（GB/T 271—1997）

（1）结构

外圈　与孔座配合，静止不动

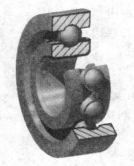

图 7-23　滚动轴承的结构

内圈　与轴配合，随轴转动

滚动体　在内、外圈之间的滚道中，一般做成球、圆柱、圆锥或滚针。

保持架　用来均匀隔开滚动体，如图 7-23 所示。

（2）分类

按照可承受载荷的方向，滚动轴承分为以下三类：

向心轴承　主要承受径向载荷，如深沟球轴承；

推力轴承　主要承受轴向载荷，如推力球轴承；

向心推力轴承　能同时承受径向和轴向载荷，如圆锥滚子轴承。

7.6.2　滚动轴承的代号（GB/T 272—1993）

滚动轴承的代号由前置代号、基本代号和后置代号三部分组成，分别表明轴承的结构、尺寸、公差等级、技术性能等特征。

基本代号　滚动轴承的基本代号由轴承类型代号、尺寸系列代号和内径代号构成。

轴承类型代号　用数字或字母表示。

号　用两位阿拉伯数字表示。

前一位是轴承的宽（高）度系列代号，后一位是直径系列代号。尺寸系尺寸系列代外径不同的列代号的主要作用是区别内径相同而宽度和轴承。

内径代号　滚动轴承的内径代号也用数字表示。

00—10　　　　01—12　　　　02—15　　　　03—17　　　　04 以后——代号乘 5

具体内径用斜线与尺寸系列分开。

举例：6305、62/22、30312、51310。

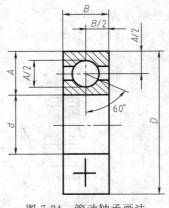

图 7-24　滚动轴承画法

7.6.3　滚动轴承的画法（GB/T 4459.7—1998）

滚动轴承是标准组件，使用时必须按要求选用。滚动轴承的画法如图 7-24 所示。

7.7　弹簧

7.7.1　应用

弹簧是一种储能零件，具有功能转换的特性，可用于减振、夹紧、测力、复位、调节、储存能量等场合。

常用的弹簧根据受力情况又分为拉伸弹簧、压缩弹簧、扭转弹簧等，如图 7-25 所示。

根据结构又有螺旋弹簧、平面涡卷弹簧、板弹簧、碟形弹簧等如图 7-26 所示。

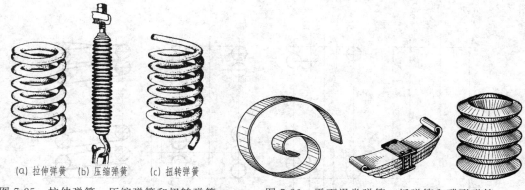

(a) 拉伸弹簧 (b) 压缩弹簧 (c) 扭转弹簧

图 7-25　拉伸弹簧、压缩弹簧和扭转弹簧　　　　图 7-26　平面涡卷弹簧、板弹簧和碟形弹簧

7.7.2　各部分的名称及尺寸计算（GB/T 2089—1994）

（1）弹簧丝直径

弹簧丝直径 d

（2）弹簧直径

弹簧中径 D：$D=(D_1+D_2)/2$

弹簧内径 D_1：$D_1=D_2-2d=D-d$

弹簧外径 D_2：$D_2=D_1+2d=D+d$

（3）节距 t

相邻两有效圈上对应点间的轴向距离。

（4）有效圈数 n

支承圈数（n_2）：有 1.5 圈、2 圈和 2.5 圈三种，多为 2.5 圈。

有效圈数（n）：保持相等节距的圈数。

总圈数（n_1）：支承圈数和有效圈数之和。

（5）自由高度 H_0

指未受载荷时的弹簧高度（或长度）。

$$H_0=nt+(n_2-0.5)d$$

（6）旋向

螺旋弹簧分为右旋和左旋两种。

7.7.3　弹簧的规定画法

ⅰ. 在平行于螺旋弹簧轴线的投影面上的视图中，各圈的轮廓应画成直线。

ⅱ. 有效圈数在 4 圈以上的螺旋弹簧只画出两端的 1～2 圈（支承圈不算在内），中间只需用通过弹簧簧丝断面中心的点画线连接起来，非圆形剖面的锥形弹簧，中间部分用细实线连接起来。

ⅲ. 右旋弹簧在图上一定画成右旋，左旋既可画成左旋也可画成右旋，但必须注明"LH"。如图 7-27 所示。

ⅳ. 在装配图中画螺旋弹簧时，在剖视图中允许只画出簧丝剖面，当 $d<2$ mm 时，剖面全部涂黑或采用示意画法，这时弹簧后面被挡住的零件轮廓不必画出，如图 7-28 所示。

ⅴ. 板弹簧允许只画出外形轮廓。

ⅵ. 片弹簧的厚度小于 2 mm 时，无论是否被剖切，均采用比粗实线略粗的图线画出，如图 7-29 所示。

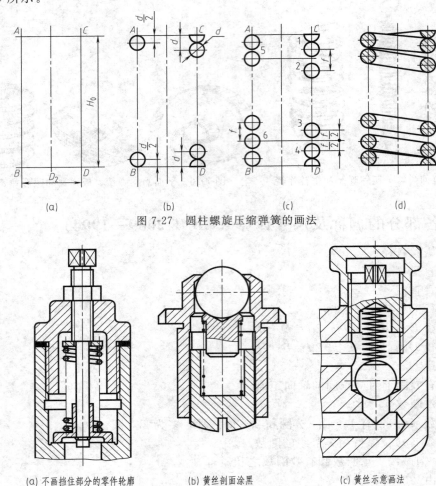

图 7-27　圆柱螺旋压缩弹簧的画法

(a) 不画挡住部分的零件轮廓　(b) 簧丝剖面涂黑　(c) 簧丝示意画法

图 7-28　弹簧在装配图中画法

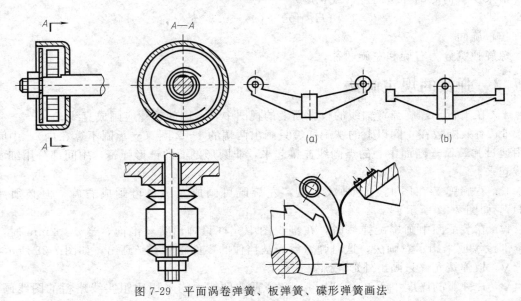

图 7-29　平面涡卷弹簧、板弹簧、碟形弹簧画法

7.7.4 圆柱螺旋压缩弹簧的标记

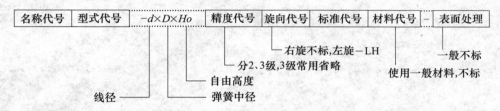

| 名称代号 | 型式代号 | −d×D×Ho | 精度代号 | 旋向代号 | 标准代号 | 材料代号 | − | 表面处理 |

线径
弹簧中径
自由高度
分2、3级,3级常用省略
右旋不标,左旋−LH
使用一般材料,不标
一般不标

国家标准规定圆柱螺旋压缩弹簧的名称代号为 Y，型式代号以两端并紧磨平为 A 型，两端并紧锻平为 B 型。

例如：标记为 YB30×150×300 GB/T 2089—1994

YB 代表弹簧型式：两端并紧锻平的圆柱螺旋压缩弹簧。

30×150×300 弹簧线径：ϕ30mm，中径 ϕ150mm，自由高度 300mm。

制造精度：3 级。

材料：60Si2MnA。

表面涂漆处理，右旋。

再如

标记为 YA1.2×8×40—2 LH GB/T 2089—1994   B级

2级精度   左旋

B级碳素弹簧钢丝

工程制图与AutoCAD教程

零 件 图

零件图主要表达单个零件的结构形状、尺寸大小和技术要求。它主要反映设计者的意图，表达出机器或部件对零件的要求，并同时考虑零件加工的合理性，是制造和检验零件的主要依据。

8.1 零件图的内容

图 8-1 是钳座装配图中的零件——活动钳口零件图。由图可知，零件图主要由以下四部分组成。

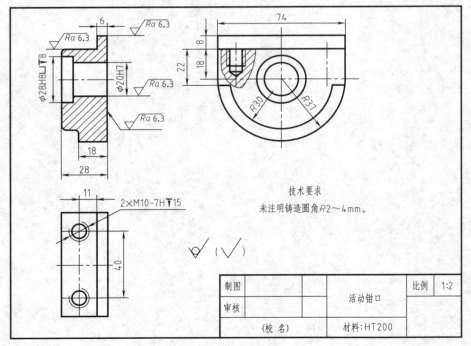

图 8-1　活动钳口

（1）图形

用一组视图正确、完整、清晰地表达零件的内、外结构形状，表达方法可用在第 7 章机件表示法中讲述的视图、剖视图、断面图、局部放大图等。该活动钳口用了三个图形来表达，主视图、左视图、俯视图，其中主视图采用全剖视，左视图采用局部剖图。

（2）尺寸

在第 4 章组合体中，曾讲过标注组合体尺寸的要求是：正确、完整、清晰。由于零件需要加工、制造、检验等，因此标注零件图尺寸的要求还需要合理，即合理地标注零件的结构形状及其相互位置。

（3）技术要求

用一些规定的符号、数字、字母和文字注解，表达出零件在加工和检验时应达到的技术指标。如尺寸公差、表面粗糙度、形位公差等。

（4）标题栏

一般位于零件图的右下角，主要填写单位名称、零件名称、零件质量、比例、图号以及设计者、审核者的签名等内容。

8.2 零件图的视图选择

不同的零件有不同的结构形状，用怎样的一组图形表达该零件，首先要考虑的是便于看图；其次是根据零件的结构特点，选用适当的表达方法，在完整、清晰地表达各部分结构形状的前提下，力求画图简便。一个零件的表达方案一般包含三方面的内容：主视图的选择、视图数量的选择和视图表达方法的选择。

8.2.1 主视图的选择

主视图是一组视图的核心，选择主视图时，要考虑零件的安放位置和投射方向。

（1）安放位置

安放位置即零件的加工位置或工作位置。为便于加工时读图，轴、盘类零件的主视图按零件在车床上加工时的位置摆放，轴线水平；各种箱体、叉架、阀体等零件形状特征比较复杂，加工位置多变，所以主视图主要反映零件在机器或部件中工作时的位置，以便使零件图与装配图安装时直接对照，如图 8-8 所示的钳座。

（2）投射方向

当零件的安放位置确定后，主视图还要尽可能地反映出零件各部分形状特征和它们之间的相对位置。

8.2.2 视图数量的选择

主视图中没有表达清楚的结构形状，要用其他视图来表达。在选用其他视图时，一般要注意：

ⅰ. 表达内容不要与主视图重复；

ⅱ. 尽量减少视图数量；

ⅲ. 尽量减少虚线，虚线过多影响视图的清晰性和尺寸标注。

8.2.3　视图表达方法的选择

在学习第 6 章的基础上，要根据零件的形状特征，适当、灵活地选用其中的表达方法。一个零件，一般有外部形状特征，也可能有内部形状特征，各形状之间的相互位置又有所不同。因此在选择视图时，优先选用基本试图以及在基本视图上所作的适当剖视，在充分表达清楚零件内、外形状特征的前提下，尽量减少视图数量，力求制图和读图简便。

8.3　典型零件的表达方法

零件的结构形状千变万化，多种多样，大致可分为轴类、盘盖类、叉架类、箱体类四种。下面结合典型零件介绍这几类零件。

8.3.1　轴类零件

（1）形状特征分析

轴类零件的主要形状是回转体，一般在车床上加工，如图 8-2 所示。

图 8-2　车床

为了与齿轮、键、销等零件连接，轴上常有键槽、销孔等结构，如图 8-3 所示。

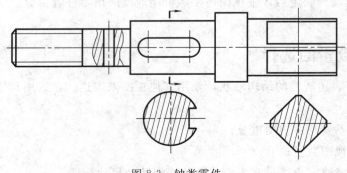

图 8-3　轴类零件

（2）视图及表达方法

由于轴类零件主要在车床上加工，为了加工时看图方便，主视图应将轴线水平放置。轴上的孔、槽等结构常用断面图、局部放大法等表示，如图8-3所示。右端部的结构形状在主视图中没有表达清楚，可在视图的适当位置用移出断面来表示；轴的中间处有键槽，也采用了移出断面来表示。

轴类零件一般是实心零件，不用全剖或半剖来表示，在必要的部位可以采用局部剖视，如图8-3销孔采用局部剖视来表示。

8.3.2 盘盖类零件

（1）形状特征分析

盘盖类零件的主体部分也是回转体，一般是扁平形状，上面通常有均匀分布的孔、肋和凸缘等结构，常接触到的有齿轮、手轮、端盖等零件。

（2）视图及表达方法

盘盖类零件主要在车床上加工，其主体部分也由回转体组成。一般主视图按加工位置将轴线水平放置，如图8-4所示的法兰盘就是一典型的盘盖类零件。

盘盖类零件的结构形状较轴类零件复杂，要表达的内容较多，一般常采用两个以上的视图，如图8-4所示，主视图采用全剖视图表达了法兰盘的外部形状、内部孔和法兰盘上下两个安装孔的结构，左视图表达了法兰盘的外部形状和安装孔的位置。

8.3.3 叉架类零件

（1）形状特征分析

叉架类零件一般是铸件或铸件毛坯，形状比较复杂，呈叉形或杆状。

（2）视图及表达方法

叉架类零件较复杂，需经不同的机械加工方法，而加工位置多变，难以分出主次。在选择主视图时主要考虑零件的工作位置，如图8-5所示，即为支座的工作位置。

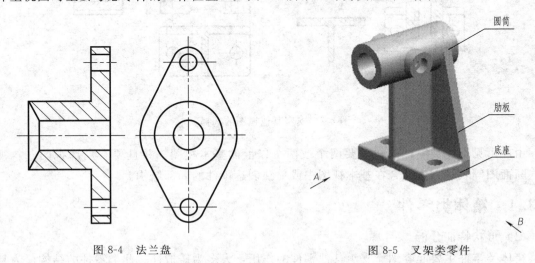

图8-4　法兰盘　　　　　　　　　　图8-5　叉架类零件

以 B 向作为主视图的投射方向，全剖之后能清楚地表达圆柱筒内部的结构，如图8-6（a）所示；以 A 向作为主视图的投射方向，如图8-6(b) 所示，则圆柱筒、底板、肋板等几

---

8 零件图

145

何形状、相对位置以及连接关系表达得很清楚，因而投射方向选 A 向更好。

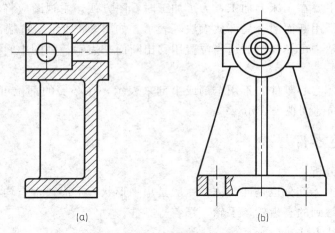

(a)   (b)

图 8-6　支座主视图的选择

　　其他视图的主要任务就是将主视图没有表达清楚的结构，进行表达。如果主视图采用图
8-6(b)，为了清楚表达方形底板的形状，底板孔采用局剖；T 形支承板的关系不明显，可增
加 A—A 断面图，从而形成了表达方案一，如图 8-7(a)。如直接取 A—A 剖视图，将底板
的形状和支承板的断面在一个剖视图上表达，便得到视图表达方案二，如图 8-7(b)。

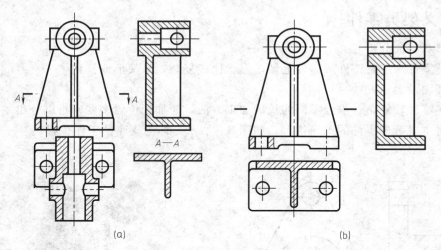

(a)   (b)

图 8-7　支座其他视图的选择

　　由此可见，此类零件往往需要两个或两个以上的基本视图，并且要有局部视图、斜视
图、断面图等表达方法糅合在基本视图中或单独表达零件的局部结构。

8.3.4　箱体类零件

　　(1) 形状特征分析
　　箱体类零件主要起容纳、支承其他零件的作用，大多为铸造件。此类零件的结构最为复
杂，读图也较为困难。图 8-8 是钳座的轴测图。钳座是虎钳装配体中的一个零件，主要用来
支承方块螺母和活动钳口作直线运动，以便夹紧或卸下零件。

（2）视图及表达方法

箱体类零件大多数经过较多工序制造而成，各工序的加工位置不尽相同。因此，在选择主视图时主要由零件的工作位置确定，如图 8-9 所示，即为钳座的工作位置。

其他视图数量及表达方法要具体情况具体分析。如图 8-9 所示，钳座主视图采用全剖视图表达内部结构；俯视图采用全剖视表达了与护口板相连接的内螺纹孔，以及内螺纹孔以下的外部形状，左视图表达了钳座孔的结构和位置。

图 8-8　钳座的轴测图

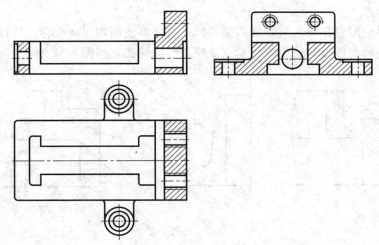

图 8-9　钳座零件图

8.4　零件的工艺结构简介

零件的结构形状，主要是根据它在部件（或机器）中的作用决定的。零件的结构形状不仅要满足设计要求，而且要满足加工工艺对零件的要求。本书主要从零件的铸造工艺和加工工艺进行介绍。

8.4.1　零件的铸造工艺

（1）拔模斜度

铸件在造型时，为便于取出木模，零件的内外壁沿起模方向做出 1∶20 的拔模斜度（约 3°）。拔模斜度在画图时，一般不画出，必要时可在技术要求中注明，如图 8-10 所示。

（2）铸造圆角

为了便于取模和防止浇铸时金属溶液冲坏砂型以及冷却时转角处产生裂纹，铸件表面的相交处应制成过渡的圆弧面，画图时这些相交处应画成圆角，称为铸造圆角，如图 8-11 所示。

两相交的铸造表面，如果有一个表面经切削加工，则应画成尖角，如图 8-11 所示。铸造圆角的半径在 2～5mm 之间，视图中一般不标注，而是集中注写在技术要求里，如"未

注明铸造圆角 $R2 \sim 3$"。

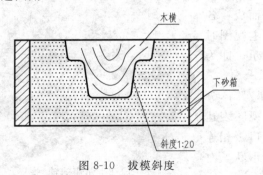

图 8-10　拔模斜度

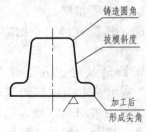

图 8-11　铸造圆角

（3）铸件壁厚

铸件的壁厚应尽量保持一致，如不能一致，应使其逐渐均匀地变化。铸件的壁厚如不能一致，容易在冷却时因冷却速度不同而在壁厚处形成缩孔，如图 8-12 所示。

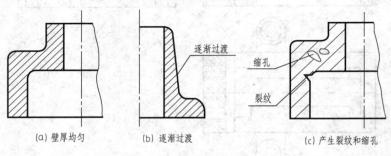

(a) 壁厚均匀　　　　(b) 逐渐过渡　　　　(c) 产生裂纹和缩孔

图 8-12　铸件壁厚

8.4.2　零件的加工工艺

（1）倒角和倒圆

如图 8-13 所示，为了便于装配和操作安全，在零件的端部常加工出 45°倒角。为了避免因应力集中而产生裂纹，在轴肩处通常加工出圆角的过渡形式，就是倒圆。

（2）退刀槽或砂轮越程槽

在切削加工中，特别是在车削螺纹和磨削时，为了便于退出刀具或使砂轮可以稍稍越过加工面，常在零件的待加工面的末端台肩处，先车出螺纹退刀槽或砂轮越程槽，如图 8-14 所示。

（3）凸台和凹坑

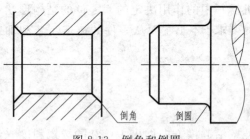

图 8-13　倒角和倒圆

零件上与其他零件接触或配合的表面一般应切削加工。为了减少加工面、保持良好的接触和配合，常在接触面处设计出凸台或凹坑，如图 8-15 所示。同一平面上的凸台应尽量同高，以便于加工，如图 8-15 所示。

（4）钻孔端面

用钻头钻孔时，要求钻头轴线尽量垂直于被钻孔的端面，以保证钻孔准确和避免钻头折

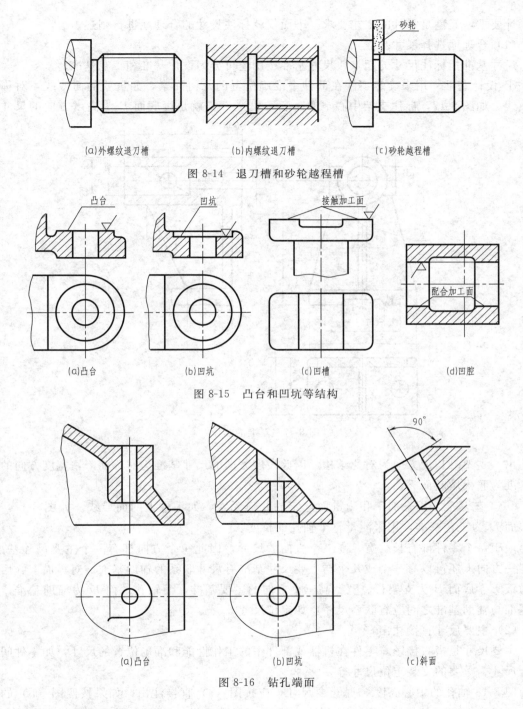

(a)外螺纹退刀槽　　　　　　(b)内螺纹退刀槽　　　　　　(c)砂轮越程槽

图 8-14　退刀槽和砂轮越程槽

(a)凸台　　　　　　(b)凹坑　　　　　　(c)凹槽　　　　　　(d)凹腔

图 8-15　凸台和凹坑等结构

(a)凸台　　　　　　　　(b)凹坑　　　　　　　　(c)斜面

图 8-16　钻孔端面

断，如图 8-16 所示。

8.5　零件图中的尺寸标注

零件图中的尺寸包括公称尺寸和上下极限偏差，除了在第 4 章中曾讲过标注尺寸要正确、完整、清晰三个基本要求外，在本章中还应再添加一个要求：合理。即标注的尺寸能满足设计要求，又满足零件的工艺要求。下面仅就标注尺寸的合理性进行阐述。

（1）合理地选择尺寸基准

尺寸基准指标注尺寸的起点。尺寸基准按用途可分为设计基准和工艺基准。

① 设计基准　用来确定零件在部件中准确位置的几何元素，如重要的面或线，对称的面或线。如图 8-17，标注支架中心空的高度尺寸为 78，就是以底面 B 为高度方向的尺寸基

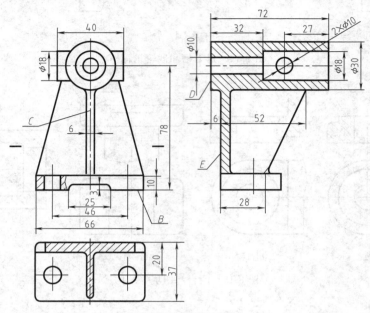

图 8-17　基准的选择

准注出。支架沿长度方向为对称结构，因此长度方向的尺寸基准为对称面 C，宽度方向的尺寸基准为底板后断面 E。

② 工艺基准　用来加工和测量而选定的几何元素，如零件上的面或线。如图 8-17，轴孔端面 D 为工艺基准，用来测量整个轴孔的长度。

由于每个零件都有长、宽、高三个方向的尺寸，因此每个方向都有一个主要尺寸基准。在同一方向上还可以有一个或几个与主要尺寸基准有尺寸联系的辅助基准。对称面 C、后断面肋板 E、底面 B 为支架长、宽、高三个方向的主要基准，而轴孔端面 D 为辅助基准。主要基准与辅助基准之间应有联系尺寸，如定位尺寸 6。

（2）主要尺寸直接注出

主要尺寸是指直接影响零件在机器或部件中的工作性能和准确位置的尺寸，如零件间的配合尺寸、重要的安装定位尺寸等。

图 8-18 轴孔的中心高度 C 是重要尺寸，应按图（a）直接注出，如果按照图（b）的标注，则尺寸 b 和 f 的累积误差，使得中心高度不能满足设计要求。为了满足装配需要，图 8-18(a) 底板孔的定位尺寸 a 也必须直接给出，按照图（b）的间接标注不能满足要求。

（3）不要出现封闭的尺寸链

图 8-18(b) 中的尺寸 b，f，c 形成一个封闭的尺寸链。由于 $c=b+f$，若 c 的误差一定，则 b，f 两个尺寸的误差就要定得很小，这样不利于加工，所以应将一个不重要的尺寸 f 去掉，避免出现封闭的尺寸链。

工程制图与AutoCAD教程

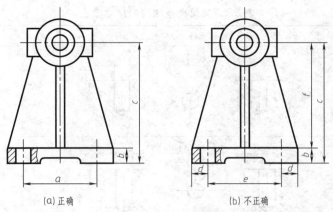

(a) 正确   (b) 不正确

图 8-18　主要尺寸直接注出和不要出现封闭的尺寸链

（4）标注尺寸应便于加工和测量

① 便于加工　图 8-19(a) 所示螺纹轴的加工有以下几个步骤，而如图 8-19(b) 所示的螺纹轴不便于加工。

ⅰ．加工 $\phi20$，长度 40 的轴段，图 8-19(a)。

ⅱ．根据退刀槽尺寸，加工螺纹退刀槽。

ⅲ．车床上加工倒角 $C2$，图 8-19(a)。

ⅳ．加工螺纹。

② 便于测量　图 8-20 为套筒轴向尺寸的标注，图（a）便于测量，图（b）不便于测量。

（5）零件上常见典型结构的尺寸标注，如表 8-1 所示。

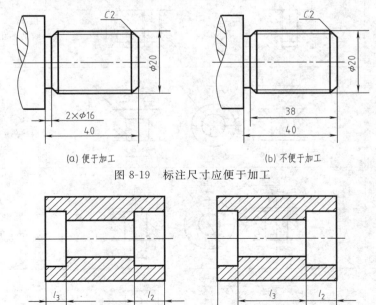

(a) 便于加工   (b) 不便于加工

图 8-19　标注尺寸应便于加工

(a) 便于测量   (b) 不便于测量

图 8-20　标注尺寸应便于测量

表 8-1 常见典型结构的尺寸标注

类 型		标 注 方 法	说 明
光孔	一般孔	4×φ6▽10 4×φ6▽10 4×φ6 10	4 个 φ6 深 10mm 的孔
	精加工孔	4×φ6H7▽10 4×φ6H7▽10 4×φ6H7 孔▽12 孔▽12 10 12	4 个 φ6 钻孔深 12，精加工深 10mm 的孔
	锥销孔	锥销孔φ5 配作 2×锥销孔φ5 配作	φ5 为圆锥销的小头直径
螺孔	通孔	4×M6-6H 4×M6-6H 4×M6-6H	4 个 M6-6H 的螺纹通孔
	盲孔	4×M6-6H▽10 4×M6-6H▽10 4×M6-6H 孔▽12 孔▽12 10 12	4 个 M6-6H 的螺纹盲孔，螺纹孔深 10mm，作螺纹前钻孔深 12mm
沉孔	锥形沉孔	4×φ7 4×φ7 90° ▽φ13×90° φ13×90° φ13 4×φ7	4 个 φ7 带锥形埋头孔，锥孔口直径为 13mm，锥面顶角为 80°的孔
	埋头沉孔	4×φ7 4×φ7 φ16 ⊔φ16 φ16 4×φ7	4 个 φ6 带圆柱形沉头孔，沉孔直径 12mm，深 3.5mm 的孔
	锪平沉孔	4×φ6 4×φ6 φ12 ⊔φ12▽3.5 ⊔φ12▽3.5 3.5 4×φ6	4 个 φ7 带锪平孔，锪平孔直径为 16mm 的孔。锪平孔不需标注深度，一般锪平到不见毛面为止

工程制图与AutoCAD教程

类 型		标 注 方 法	说 明
螺孔	通孔		4 个 M6-6H 的螺纹通孔
	盲孔		4 个 M6-6H 的螺纹盲孔,螺纹孔深 10mm,作螺纹前钻孔深 12mm
退刀槽 越程槽			退刀槽一般可以表示"槽宽×直径"或"槽宽×槽深";砂轮越程槽尺寸从零件手册中查
倒角			当倒角为 45°时,可以在倒角距离前加符号"C",当倒角非 45°时,则分别标注

8.6 技术要求

　　零件图除了前面学习的图形、尺寸标注内容外,还必须有一些说明和标注制造零件时应达到的技术要求。技术要求主要包括表面粗糙度、极限与配合、几何公差、热处理以及其他有关制造的要求。

8.6.1 表面粗糙度

8.6.1.1 表面粗糙度的概念

　　零件经过机械加工后的表面会留有许多高低不平的凸峰和凹谷,零件加工表面上具有的较小间距和峰谷所组成的这种微观几何形状特征,称为表面粗糙度。表面粗糙度与加工方法、所用刀具和工件材料等各种因素都有密切关系。不同的表面粗糙度需采用不同的加工方法,零件的表面粗糙度数值应根据零件表面的作用适当选择,在保证零件正常使用的前提下,尽量选择较大的数值,以降低生产成本。

表面粗糙度是评定零件表面质量的一项重要技术指标，是零件图中必不可少的一项技术要求。评定零件表面粗糙度的参数有轮廓参数、图形参数和支承率曲线参数。其中轮廓参数分为三种：R 轮廓参数（粗糙度参数）、W 轮廓参数（波纹度参数）和 P 轮廓参数（原始轮廓参数）。机械图样中，常用表面粗糙度参数 Ra 和 Rz 作为评定表面结构的参数。

① 轮廓算术平均偏差 Ra　它是在取样长度 lr 内，纵坐标 $Z(x)$（被测轮廓上的各点至基准线 x 的距离）绝对值的算术平均值，如图 7-14 所示。轮廓算术平均偏差（Ra）是目前生产中评定表面粗糙度用得最多的参数，Ra 值越小，表面质量就越高。

可用下式表示：

$$Ra = \frac{1}{lr} \int_0^{lr} |Z(x)| \, \mathrm{d}x$$

② 轮廓最大高度 Rz　它是在一个取样长度内，最大轮廓峰高与最大轮廓谷深之和，如图 8-21 所示。

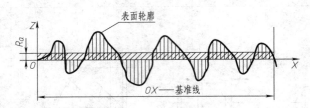

图 8-21　Ra、Rz 参数示意图

不同表面粗糙度的外观情况，加工方法和应用举例见表 8-2，供选用时参考。

表 8-2　表面粗糙度的表面特征、经济加工方法和应用举例

$Ra/\mu m$	表面外观情况	主要加工方法	应 用 举 例
50	明显可见刀痕	粗车、粗铣、粗刨、钻、粗纹锉刀和粗砂轮加工	粗糙度值最大的加工面，一般很少应用
25	可见刀痕		
12.5	微见刀痕	粗车、刨、立铣、平铣、钻	不接触表面，不重要的接触面，如螺钉孔、倒角、机座底面等
6.3	可见加工痕迹	精车、精铣、精刨、铰、镗、精磨等	没有相对运动的零件接触面，如箱、盖、套筒要求紧贴的表面，键和键槽工作表面；相对运动速度不高的接触面，如支架孔、衬套、带轮轴孔的工作面等
3.2	微见加工痕迹		
1.6	看不见加工痕迹		
0.8	可辨加工痕迹方向	精车、精铰、精拉、精镗、精磨等	要求很好密合的接触面，如滚动轴承配合的表面、锥销孔等；相对运动速度较高的接触面，如滑动轴承的配合表面、齿轮轮齿的工作表面等
0.4	微辨加工痕迹方向		
0.2	不可辨加工痕迹方向		
0.10	暗光泽面	研磨、抛光、超级精细研磨等	精密量具的表面、极重要零件的摩擦面，如汽缸的内表面、精密机床的主轴颈、坐标镗床的主轴颈等
0.05	亮光泽面		
0.025	镜状光泽面		
0.012	雾状镜面		
0.006	镜面		

8.6.1.2　表面粗糙度的图形符号

表面粗糙度代（符）号及其在图样上的注法应符合 GB/T 131—2006 的规定。图样上所

标注的表面粗糙度代（符）号，是对该表面完工后的要求。

表面粗糙度的符号见表 8-3。

表 8-3 表面粗糙度符号的画法及含义

符号名称	符号样式	含义及说明
基本图形符号	H_2　H_1　60°　60°	未指定工艺方法的表面；基本图形符号仅用于简化代号标注，当通过一个注释解释时可单独使用，没有补充说明时不能单独使用
扩展图形符号		用去除材料的方法获得表面，如通过车、铣、刨、磨等机械加工的表面；仅当其含义是"被加工表面"时可单独使用
		用不去除材料的方法获得表面，如铸、锻等；也可用于保持上道工序形成的表面，不管这种状况是通过去除材料或不去除材料形成的
完整图形符号		在基本图形符号或扩展图形符号的长边上加一横线，用于标注表面结构特征的补充信息
工件轮廓各表面图形符号		当在某个视图上组成封闭轮廓的各表面有相同的表面结构要求时，应在完整图形符号上加一圆圈，标注在图样中工件的封闭轮廓线上

注：设图样的尺寸数字和字母高度为 h，则高度 H_1 等于比 h 大一号字体的高度，高度 H_2 的最小值应比 $2h$ 稍大一点；当 $h=2.5\text{mm}$ 时，H_2 的最小值为 7.5mm；当 $h=3.5\text{mm}$ 时，H_2 的最小值为 10.5mm；当 h 为更大时，H_2 的最小值查阅 GB/T 131—2006。图形符号的线宽为字母线宽，$d=h/10\text{mm}$。

8.6.1.3 表面粗糙度高度参数值的注写

表面粗糙度高度参数 Ra 标注及意义见表 8-4。Ra 在代号中用数值表示，单位为 μm。参数值前不能省略参数代号 Ra。

表 8-4 表面粗糙度高度参数值的注写

代　　号	意　　义
$Ra\ 3.2$	用任何方法获得的表面粗糙度，Ra 的上限值为 3.2 μm
$Ra\ 3.2$	用去除材料方法获得的表面粗糙度，Ra 的上限值为 3.2 μm
$Ra\ 3.2$	用不去除材料方法获得的表面粗糙度，Ra 的上限值为 3.2 μm
$Ra\ 3.2$ $Ra\ 1.6$	用去除材料方法获得的表面粗糙度，Ra 的上限值为 3.2 μm，Ra 的下限值为 1.6 μm

8.6.1.4 表面粗糙度在图样上的标注

根据国家标准 GB/T 131—2006 规定，表面粗糙度代号一般标注在可见轮廓线、尺寸界限、引出线或是他们的延长线上。符号尖端必须从材料外指向零件加工表面。常见标注示例见表8-5。在同一图样上，每一表面一般只标注一次符号、代号，并尽可能靠近有关的尺寸线。当地位狭小或不便标注时，符号、代号可以引出标注。

表 8-5　表面粗糙度在图样中的标注实例

说　明	实　例
表面结构要求对每一表面一般只标注一次，并尽可能注在相应的尺寸及其公差的同一视图上 表面结构的注写和读取方向与尺寸的注写和读取方向一致	
表面结构要求可标注在轮廓线或其延长线上，其符号应从材料外指向并接触表面。必要时表面结构符号也可用带箭头和黑点的指引线引出标注	
在不致引起误解时，表面结构要求可以标注在给定的尺寸线上	
如果在工件的多数表面有相同的表面结构要求，则其表面结构要求可统一标注在图样的标题栏附近，此时，表面结构要求的代号后面应有以下两种情况：①在圆括号内给出无任何其他标注的基本符号，见图(a)；②在圆括号内给出不同的表面结构要求，见图(b)	
当多个表面有相同的表面结构要求或图纸空间有限时，可以采用简化注法 ①用带字母的完整图形符号，以等式的形式，在图形或标题栏附近，对有相同表面结构要求的表面进行简化标注，见图(a) ②用基本图形符号或扩展图形符号，以等式的形式给出对多个表面共同的表面结构要求，见图(b)	

8.6.2 极限与配合

机器中同种规格的零件，任取其中一个，不经挑选和修配，就能装到机器中去，并满足机器性能的要求。零件的这种性质，称为具有互换性。但零件在制造过程中，由于加工和测量等因素引起的误差，使零件的尺寸不可能绝对准确，为了使零件具有互换性，必须限制零件尺寸的误差范围。零件具有互换性，不仅能组织大规模的专业化生产，而且可以提高质量、降低成本和便于维修。

8.6.2.1 名词术语

① 公称尺寸　通过它应用上、下偏差可算出极限尺寸的尺寸。公称尺寸可以是一个整数值或一个小数值，如图 8-22 所示。

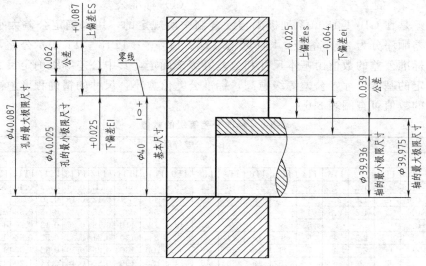

图 8-22　公差的名词术语

② 实际尺寸　通过测量获得的某一孔、轴的尺寸。

③ 极限尺寸　一个孔或轴允许的尺寸的两个极端。实际尺寸应位于其中，也可达到极限尺寸。实际尺寸在两个极限尺寸之间即为合格。

ⅰ. 最大极限尺寸：孔或轴允许的最大尺寸，如图 8-22 所示。

ⅱ. 最小极限尺寸：孔或轴允许的最小尺寸，如图 8-22 所示。

④ 偏差　某一尺寸减其公称尺寸所得的代数差，偏差数值可以是正值、负值和零。

ⅰ. 上偏差：最大极限尺寸减其公称尺寸所得的代数差，孔（轴）的上偏差为 ES（es），如图 8-22 所示。

ⅱ. 下偏差：最小极限尺寸减其公称尺寸所得的代数差，孔（轴）的下偏差为 EI（ei），如图 8-22 所示。

⑤ 公差　最大极限尺寸减最小极限尺寸之差或上偏差减下偏差之差。公差是允许尺寸的变动量，是一个没有符号的绝对值，如图 8-22 所示。

孔的公差：$40.087-40.025=0.062$（mm）

或　$+0.087-(+0.025)=0.062$（mm）

轴的公差：$38.875-38.836=0.038$（mm）

或　$-0.025-(-0.064)=0.038$（mm）

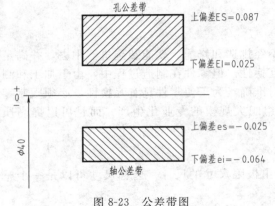

图 8-23　公差带图

⑥ 公差带　在公差带图解中，由代表上偏差和下偏差或最大极限尺寸和最小极限尺寸的两条直线所限定的一个区域，如图 8-23 所示。

在公差带中表示基本尺寸的一条直线为零线，它是确定正、负偏差的基准线。由公差带图可知，公差带有公差带大小和公差带相对于零线的位置确定。公差带大小有标准公差确定，公差带位置有基本偏差确定。

8.6.2.2　标准公差和基本偏差

（1）标准公差

标准公差是在 GB/T 1800 系列极限与配合制中所规定的，用来确定公差大小的任一公差。标准公差顺序分为 20 个等级，即 IT01、IT0、IT1…… IT18；IT 表示公差，数字表示公差等级。标准公差的数值由基本尺寸和公差等级来确定，其中公差等级确定尺寸的精确程度。对于一定的基本尺寸，公差等级愈高，标准公差值愈小，尺寸的精确程度愈高。各级标准公差等级的数值可查阅表 8-6。

表 8-6　标准公差等级的数值

基本尺寸 /mm		标准公差等级																		
		/μm												/mm						
大于	至	IT01	IT0	IT1	IT2	IT3	IT4	IT5	IT6	IT7	IT8	IT9	IT10	IT11	IT12	IT13	IT14	IT15	IT16	IT17	IT18
—	3	0.3	0.5	0.8	1.2	2	3	4	6	10	14	25	40	60	0.1	0.14	0.25	0.40	0.60	1.0	1.4
3	6	0.4	0.6	1	1.5	2.5	4	5	8	12	18	30	48	75	0.12	0.18	0.30	0.48	0.75	1.2	1.8
6	10	0.4	0.6	1	1.5	2.5	4	6	9	15	22	36	58	90	0.15	0.22	0.36	0.58	0.90	1.5	2.2
10	18	0.5	0.8	1.2	2	3	5	8	11	18	27	43	70	110	0.18	0.27	0.43	0.70	1.10	1.8	2.7
18	30	0.6	1	1.5	2.5	4	6	9	13	21	33	52	84	130	0.21	0.33	0.52	0.84	1.30	2.1	3.3
30	50	0.6	1	1.5	2.5	4	7	11	16	25	39	62	100	160	0.25	0.39	0.62	1.00	1.60	2.5	3.9
50	80	0.8	1.2	2	3	5	8	13	19	30	46	74	120	190	0.30	0.46	0.74	1.20	1.90	3.0	4.6
80	120	1	1.5	2.5	4	6	10	15	22	35	54	87	140	220	0.35	0.54	0.87	1.40	2.20	3.5	5.4
120	180	1.2	2	3.5	5	8	12	18	25	40	63	100	160	250	0.40	0.63	1.00	1.60	2.50	4.0	6.3
180	250	2	3	4.5	7	10	14	20	29	46	72	115	185	290	0.46	0.72	1.15	1.85	2.90	4.6	7.2
250	315	2.5	4	6	8	12	16	23	32	52	81	130	210	320	0.52	0.81	1.30	2.10	3.20	5.2	8.1
315	400	3	5	7	9	13	18	25	36	57	89	140	230	360	0.57	0.89	1.40	2.30	3.60	5.7	8.9
400	500	4	6	8	10	15	20	27	40	63	97	155	250	400	0.63	0.97	1.55	2.50	4.00	6.3	9.7

注：基本尺寸小于或等于 1mm 时，无 IT14～IT18。

（2）基本偏差

基本偏差是 GB/T 1800 系列极限与配合制中所列的，用来确定公差带相对零线位置的上偏差或下偏差，一般是指孔和轴的公差带中靠近零线的那个偏差。基本偏差的代号用字母表示，大写的为孔（EI、ES），小写的为轴（ei、es），如图 8-24。

基本偏差代号：孔用大写字母 A，B，C，…，ZC 表示；轴用小写字母 a，b，c，…，zc 表示，各 28 个，构成基本偏差系列，如图 8-25 所示。

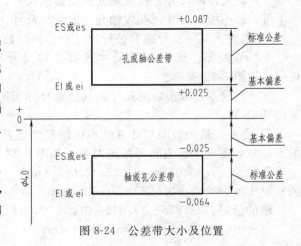

图 8-24　公差带大小及位置

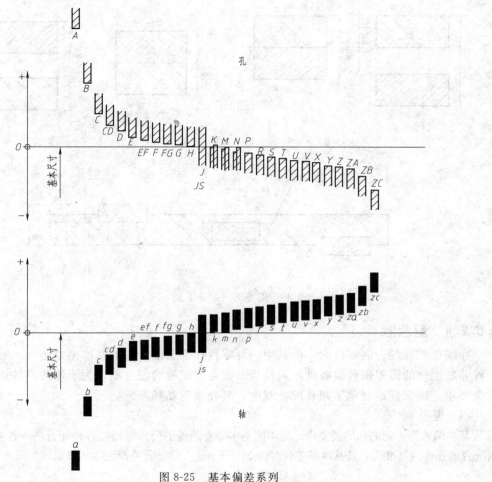

图 8-25　基本偏差系列

（3）公差带代号

公差带代号由基本偏差代号的字母和标准公差等级代号中的数字组成，例如，孔的公差带代号为 H8，轴的公差带代号为 f7 等。

8.6.2.3　配合

在机器装配中，将基本尺寸相同的、相互结合的孔和轴公差带之间的关系，称为配合。

当孔、轴配合时，若孔的尺寸减去与之相配的轴的尺寸为正值时，孔、轴之间存在间隙；若孔的尺寸减去与之相配的轴的尺寸为负值时，孔、轴之间存在过盈。根据实际需要，配合分为三类：间隙配合、过盈配合、过渡配合。

①　间隙配合　孔的实际尺寸总比轴的实际尺寸大，轴孔之间存在间隙。这时，孔的公差带在轴的公差带之上，两个零件之间有相对运动，如图 8-26（a）所示。

②　过盈配合　孔的实际尺寸总比轴的实际尺寸小，装配时需用外力或使带孔零件加热膨胀，才能把轴装入。装配后不能做相对运动。孔的公差带在轴的公差带之下，如图 8-26（b）所示。

③　过渡配合　孔的实际尺寸比轴的实际尺寸有时小，有时大，介于间隙和过盈之间的配合。装配后两零件不允许有相对运动，却又需要拆卸的配合。此种配合孔的公差带和轴的公差带相互重叠，如图 8-26（c）所示。

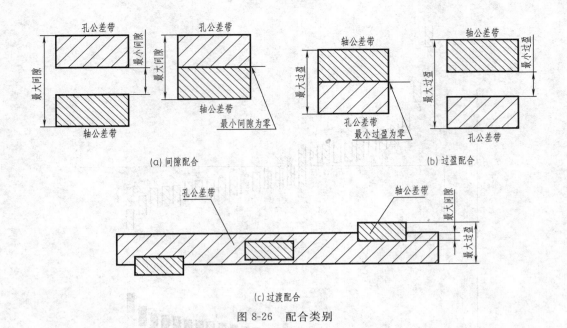

(a) 间隙配合   (b) 过盈配合

(c) 过渡配合

图 8-26　配合类别

8.6.2.4　配合制

在制造相互配合的零件时，使其中一种零件作为基准，它的基本偏差不变，通过改变另一种非基准件的偏差来获得各种不同性质的配合制度称为配合制，为了使两零件达到不同的配合要求，国家标准规定了两种配合制度，基孔制与基轴制。

（1）基孔制

基本偏差为一定的孔的公差带，与不同基本偏差的轴的公差带形成各种配合的一种制度。基孔制配合的孔称为基准孔，其基本偏差代号为 H，下偏差为 0，公差带在零线以上，如图 8-27 所示。

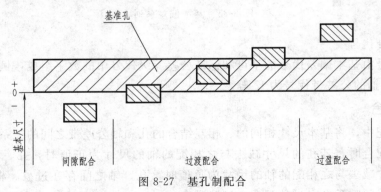

图 8-27　基孔制配合

（2）基轴制

基本偏差为一定的轴的公差带，与不同基本偏差的孔的公差带形成各种配合的一种制度。基轴制配合的轴称为基准轴，其基本偏差代号为 h，上偏差为 0，公差带在零线以下，如图 8-28 所示。

8.6.2.5　优先、常用配合

由于标准公差等级有 20 个，孔、轴的基本偏差各有 28 个，这样可以组成大量的配合。但是公差带及配合的数量太多，既不经济也不便于生产。为此，国家标准规定了一般、常用和优先选用的孔、轴公差带以及相应的常用优先选用的配合见表 8-7 和表 8-8。

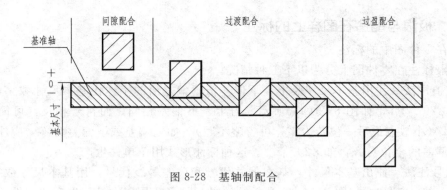

图 8-28　基轴制配合

表 8-7　基孔制常用配合

基孔制	轴																				
	a	b	c	d	e	f	g	h	js	k	m	n	p	r	s	t	u	v	x	y	z
	间隙配合								过渡配合			过盈配合									
H6						$\frac{H6}{f5}$	$\frac{H6}{g5}$	$\frac{H6}{h5}$	$\frac{H6}{js5}$	$\frac{H6}{k5}$	$\frac{H6}{m5}$	$\frac{H6}{n5}$	$\frac{H6}{p5}$	$\frac{H6}{r5}$	$\frac{H6}{s5}$	$\frac{H6}{t5}$					
H7						$\frac{H7}{f6}$	$\frac{H7}{g6}$▲	$\frac{H7}{h6}$▲	$\frac{H7}{js6}$	$\frac{H7}{k6}$▲	$\frac{H7}{m6}$	$\frac{H7}{n6}$▲	$\frac{H7}{p6}$▲	$\frac{H7}{r6}$	$\frac{H7}{s6}$▲	$\frac{H7}{t6}$	$\frac{H7}{u6}$▲	$\frac{H7}{v6}$	$\frac{H7}{x6}$	$\frac{H7}{y6}$	$\frac{H7}{z6}$
H8					$\frac{H8}{e7}$	$\frac{H8}{f7}$▲	$\frac{H8}{g7}$	$\frac{H8}{h7}$▲	$\frac{H8}{js7}$	$\frac{H8}{k7}$	$\frac{H8}{m7}$	$\frac{H8}{n7}$	$\frac{H8}{p7}$	$\frac{H8}{r7}$	$\frac{H8}{s7}$	$\frac{H8}{t7}$	$\frac{H8}{u7}$				
				$\frac{H8}{d8}$	$\frac{H8}{e8}$	$\frac{H8}{f8}$		$\frac{H8}{h8}$													
H9			$\frac{H9}{c9}$	$\frac{H9}{d9}$▲	$\frac{H9}{e9}$	$\frac{H9}{f9}$		$\frac{H9}{h9}$▲													
H10			$\frac{H10}{c10}$	$\frac{H10}{d10}$				$\frac{H10}{h10}$													
H11	$\frac{H11}{a11}$	$\frac{H11}{b11}$	$\frac{H11}{c11}$▲	$\frac{H11}{d11}$				$\frac{H11}{h11}$▲													
H12		$\frac{H12}{b12}$						$\frac{H12}{h12}$													

注：常用配合 59 种，其中包括优先配合 13 种。右上角标注▲的为优先配合。

表 8-8　基轴制常用配合

基孔制	孔																				
	A	B	C	D	E	F	G	H	JS	K	M	N	P	R	S	T	U	V	X	Y	Z
	间隙配合								过渡配合			过盈配合									
h5						$\frac{F6}{h5}$	$\frac{G6}{h5}$	$\frac{H6}{h5}$	$\frac{JS6}{h5}$	$\frac{K6}{h5}$	$\frac{M6}{h5}$	$\frac{N6}{h5}$	$\frac{P6}{h5}$	$\frac{R6}{h5}$	$\frac{S6}{h5}$	$\frac{T6}{h5}$					
h6						$\frac{F7}{h6}$	$\frac{G7}{h6}$▲	$\frac{H7}{h6}$▲	$\frac{JS7}{h6}$	$\frac{K7}{h6}$▲	$\frac{M7}{h6}$	$\frac{N7}{h6}$▲	$\frac{P7}{h6}$▲	$\frac{R7}{h6}$	$\frac{S7}{h6}$▲	$\frac{T7}{h6}$	$\frac{U7}{h6}$▲				
h7					$\frac{E8}{h7}$	$\frac{F8}{h7}$▲		$\frac{H8}{h7}$▲	$\frac{JS8}{h7}$	$\frac{K8}{h7}$	$\frac{M8}{h7}$	$\frac{N8}{h7}$									
h8				$\frac{D8}{h8}$	$\frac{E8}{h8}$	$\frac{F8}{h8}$		$\frac{H8}{h8}$													
h9				$\frac{D9}{h9}$▲	$\frac{E9}{h9}$	$\frac{F9}{h9}$		$\frac{H9}{h9}$▲													
h10				$\frac{D10}{h10}$				$\frac{H10}{h10}$													
h11	$\frac{A11}{h11}$	$\frac{B11}{h11}$	$\frac{C11}{h11}$▲	$\frac{D11}{h11}$				$\frac{H11}{h11}$▲													
h12		$\frac{B12}{h12}$						$\frac{H12}{h12}$													

注：常用配合 47 种，其中包括优先配合 13 种。右上角标注▲的为优先配合。

8.6.2.6 极限与配合在图样上的标注

（1）在零件图中的标注

将极限标注在零件图上分为以下三种情况。

① 数值注法　注出基本尺寸及上、下偏差值，偏差值的字体比基本尺寸数字的字体小一号，如 $\phi 20^{+0.020}_{-0.041}$，如图 8-29（a）所示。若上、下偏差相同，而符号相反，可简化标注，$\phi 20\pm 0.02$（小数点最后一位若为零，可省略不写）。如上偏差或下偏差为零，应注明"0"，且与另一偏差的个位对齐，如 $\phi 20^{+0.020}_{0}$。这种标注形式用于单件生产。

② 代号注法　注出基本尺寸、基本偏差代号和公差等级代号，用基本尺寸数字的同号字体书写，如 $\phi 20H8$，如图 8-29（b）所示，这种标注形式用于大批量生产的零件上。

③ 综合注法　注出基本尺寸、基本偏差代号和公差等级、上下偏差值，如 $\phi 20f7$ $(^{+0.020}_{-0.041})$，如图 8-29（c）所示。这种标注形式用于产量不稳定的零件上。

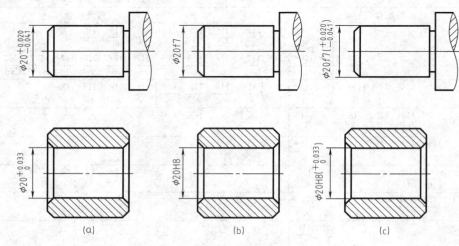

图 8-29　极限与配合在零件图上的标注

（2）在装配图中的标注

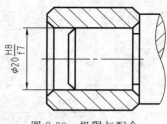

图 8-30　极限与配合
在装配图上的标注

采用组合注法，如图 8-30，在基本尺寸后面用分式表示，分子为孔的公差代号，分母为轴的公差代号，标注形式为：

基本尺寸孔的公差带代号 \ 轴的公差带代号
或基本尺寸孔的公差带代号 \ 轴的公差带代号

通过装配图中的极限标注，可以确定配合制：如分子中的基本偏差代号为 H，则轴、孔的配合一般为基孔制配合；如分母中的基本偏差代号为 h，则轴、孔的配合一般为基轴制配合。

【例 8-1】　查表写出 $\phi 30H8/f7$ 的上下极限偏差数值。

解　对照表 8-7 可知，H8/f7 是基孔制的优先配合，其中 H8 是基准孔的公差带，H 代表孔的基本偏差代号，公差等级是 8 级；f7 是配合轴的公差带，f 代表轴的基本偏差代号，公差等级是 7 级。

（1）$\phi 30H8$ 基准孔的上、下极限差可由附表 30 中查得。在表中的公称尺寸从大于 18 至 30 的行和孔的公差带 H8 的列相交处查得 $^{+33}_{0}$（即为 $^{+0.033}_{0}$ mm），这就是基准孔的上、下

工程制图与AutoCAD教程

极限偏差，所以 $\phi 30H8$ 可以写成 $\phi 30^{+0.033}_{0}$。

(2) $\phi 30f7$ 配合轴的上、下极限差，可由附表 29 中查得。在表中的公称尺寸从大于 18 至 30 的行和轴的公差带 f7 的列相交处查得 $^{-20}_{-41}$（即为 $^{-0.02}_{-0.041}$ mm），这就是配合轴的上、下极限偏差，所以 $\phi 30f7$ 可以写成 $\phi 30^{-0.02}_{-0.041}$。

8.6.3 几何公差简介

众所周知，零件在制造过程中不可能绝对精确，加工过程中，除了会产生尺寸误差，还可能会出现形状和位置误差（图 8-31），这就会造成装配困难，因而对于重要机加面需要提出适当的几何公差要求，以控制其误差的变动量。

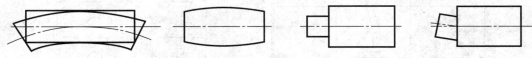

图 8-31　形状和位置误差

形状误差是指构成零件几何特征的点、线、面的实际形状相对理想形状（图 8-32）的变动量。形状误差的最大允许值称为形状公差。位置误差是指零件上，点、线、面的实际方向和位置对其理想方向和位置的变动量。位置误差的最大允许值称为位置公差。几何公差是针对构成零件几何特征的点、线、面的形状和位置误差所规定的公差。

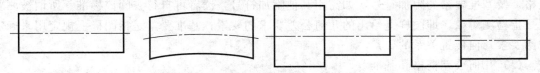

图 8-32　轴的理想形状和实际形状

根据设计要求，对于精度要求较高的零件［图 8-33（a）］，需要在零件图上注出有关的几何公差。为了保证零件的工作性能，除需要注出直径的尺寸公差外，还要注出零件的轴线形状公差，即图中长方形符号所表示的零件实际轴线与理想轴线之间的变动量——直线度，必须保持在 $\phi 0.006$ mm 的圆柱面内。对于位置公差［图 8-33（b）］，图中长方形符号所表示的是被测零件的轴线必须位于直径为公差值 $\phi 0.03$ mm 且与基准轴线 A 同轴线的圆柱面内。

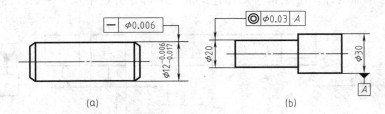

(a)　　　　　　　　　(b)

图 8-33　几何公差示例

国家标准（GB/T 1182—2008）规定了工件几何公差标注的基本要求和方法。几何误差包括形状、方向、位置和跳动误差，为了保证机器的工作质量和精度，要限制零件对几何误差的最大变动量，即几何公差，允许变动量的值为公差值。

几何公差的几何特征和符号见表 8-9。

表 8-9　几何公差的几何特征和符号

公差类型	几何特征	符号	有无基准	公差类型	几何特征	符号	有无基准
形状公差	直线度	——	无	位置公差	位置度	⊕	有或无
	平面度	▱			同心度（用于中心线）	◎	
	圆度	○					
	圆柱度	⌯			同轴度（用于轴线）		
	线轮廓度	⌒			对称度	⩵	
	面轮廓度	⌓			线轮廓度	⌒	有
方向公差	平行度	//	有		曲轮廓度	⌓	
	垂直度	⊥		跳动公差	圆跳动	↗	
	倾斜度	∠			全跳动	↗↗	
	线轮廓度	⌒					
	面轮廓度	⌓					

　　本节仅简要说明 GB/T 1182—2008 中标注被测要素几何公差的附加符号——几何公差框格，及基准要素的附加符号，如需用其他附加符号，读者可自行查阅该标准。所谓被测要素是指检测对象，即图样上给出的几何公差要求的要素；基准要素是指图样上规定用来确定被测要素几何位置关系的要素。

　　（1）几何公差框格和基准

　　用公差框格标注几何公差时，公差要求注写在划分成两格或多格的矩形框格内，框格只能水平放置。各格由左向右顺序标注以下内容：

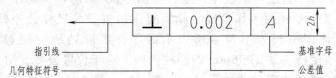

　　被测要素的基准在图样上用英文字母表示，基准符号由带方框的英文大写字母用细实线与实心或空心三角形（即基准三角形）相连组成，字母在方框中水平书写（图 8-34）。

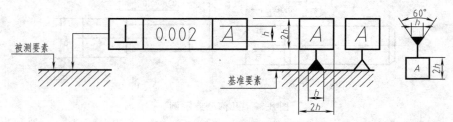

图 8-34　公差框格和基准符号

　　（2）被测要素的标注

　　当被测要素为组成要素时，指引线的箭头应置于该要素的轮廓线上或其延长线上［应与尺寸线明显错开，如图 8-35（a）、（b）所示］，指示箭头的方向与几何公差值的测量方向一致，箭头也可指向被测面引出线的水平线［图 8-35（c）］。所谓组成要素是指构成零件外形，能被看到、触摸到的点、线、面。

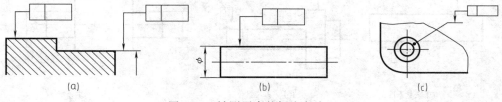

图 8-35　被测要素的标注方法一

当被测要素为导出要素时，指引线的箭头应与该要素所对应尺寸要素（轮廓要素）的尺寸线对齐。所谓导出要素是指依附于组成要素而存在的点、线、面，但这些要素看不见，也摸不到，例如要素的中心线、中心面或中心点（图 8-36）。

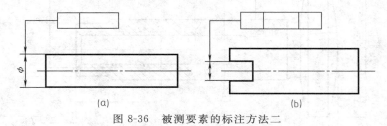

图 8-36　被测要素的标注方法二

（3）相关标注的说明

当多项被测要素有相同几何公差要求时，可绘制一个几何公差框格表示，由一条指引线，分多个箭头指向不同要素，如图 8-37（a）所示。

当同一被测要素有两个或两个以上几何公差要求是，可将多个几何公差框格上下排列在一起，由一条公共指引线指向被测要素，如图 8-37（b）所示。

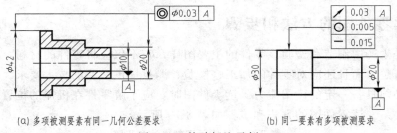

（a）多项被测要素有同一几何公差要求　　　　（b）同一要素有多项被测要求

图 8-37　特殊标注示例

互为基准的标注（任选基准），必须注出基准符号，在框格中注出基准字母，如图 8-38（a）所示。由两个或三个要素组成的基准体系（多基准组合），表示基准的大写字母需按基准的重要程度从左至右分别置于框格中，如图 8-38（b）所示。当两个要素组成公共基准时，需要在几何公差框格中用横线将表示基准的两个大写字母分隔开，如图 8-38（c）所示。

（4）几何公差标注示例

图 8-39 为一气门阀杆，从图中可以看到，当被测要素为线、面时，指引线箭头指在该要素轮廓线或其延长线上；当被测要素是轴线时，指引线箭头与该要素的尺寸线对齐，如图 8-39 中同轴度的注法；当基准要素是轴线时，基准符号与该要素的尺寸线对齐，如图 8-39 中基准 A 的注法。

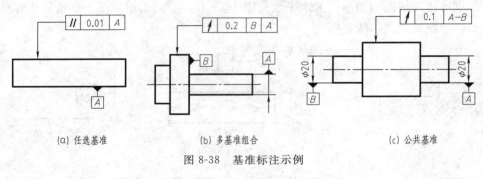

(a) 任选基准   (b) 多基准组合   (c) 公共基准

图 8-38　基准标注示例

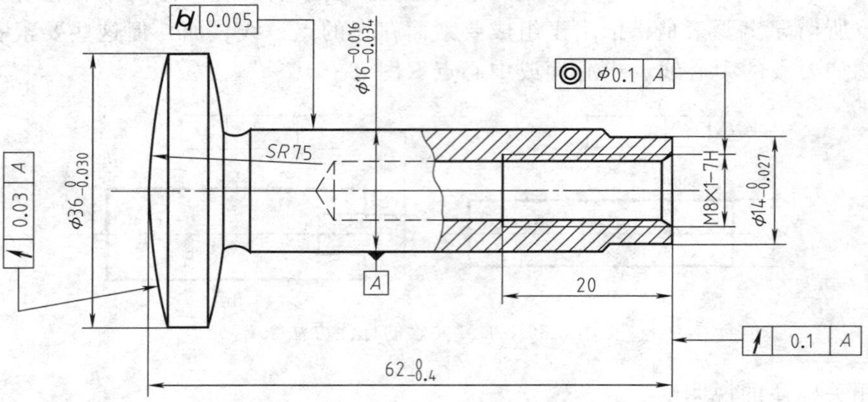

图 8-39　几何公差标注示例

8.7　读零件图

8.7.1　读零件图的方法和步骤

　　零件图是生产中制造和检验该零件的主要图样，它不仅应将零件的材料，内外结构形状和大小表达清楚，而且还应对零件的加工、检验、测量提供必要的技术要求。从事各种专业的技术人员必须具备一定的读图能力。读零件图时，应了解零件在机器的位置、作用以及与其他零件的关系。读零件图的方法和步骤如表 8-10 所示。

表 8-10　读零件图的方法和步骤

方法步骤	1. 概括了解	2. 分析视图，想象形状	3. 分析尺寸，了解技术要求	4. 归纳总结
具体内容	①了解零件的作用。对照机器、部件实物或装配体了解该零件的装配关系，从而对零件有初步了解 ②了解零件的名称、材料、规格。从名称可以判断该零件属于哪类零件，从材料大致可以了解其加工方法，从绘图比例可以估计零件的大小	①分析各视图间的投影关系 ②分析各视图所采用的表达方法 ③分析结构形状，想象形状：一般先看整体，后看局部；先看主要部分，后看次要部分；先看易懂部分，后看难懂部分	①确定长、宽、高三方向的尺寸基准，分析定形、定位、总体尺寸 ②了解各加工面的表面粗糙度要求，结合面的尺寸公差以及有关的形位公差	将看懂的零件结构、形状、尺寸以及技术要求等内容综合起来，想象出零件的全貌

8.7.2 读零件图举例

以图 8-1 为例，介绍读零件图的一般方法和步骤。

（1）概括了解

从标题栏中可知该零件的名称为活动钳口，用在虎钳装配体中与钳座一起夹紧工件，基本属于盘盖类零件。活动钳口采用的材料为 HT200，是铸造零件，部分内外表面需切削加工。

活动钳口采用的绘制比例为 1:2，为缩小的比例，可知实物应比图形大。

（2）分析视图，想象形状

① 分析各视图间的投影关系以及所采用的表达方法　活动钳口用了主、俯、左三个视图，其中主视图采用全剖视图，表达了零件的内部阶梯孔结构；左视图采用局部剖视图，表达了零件上部螺纹孔以及零件的外部结构；俯视图采用基本视图，表达了零件上部螺纹孔的长度方向、宽度方向的位置。

② 分析结构形状，想象形状　从活动钳口的主视图以及左视图可以分析出，该零件上部是一长方体，下部是由不同半径的半圆柱体叠加在一起，然后上部与下部叠加为一体。在叠加后的半圆柱体圆心处加工 $\phi28$、$\phi20$ 阶梯孔。在零件的最上表面、左端开始挖 $22\times74\times8$ 的小长方体，然后在挖去后的表面上加工内螺纹孔，如图 8-40 所示。整个活动钳口呈现前后对称结构。

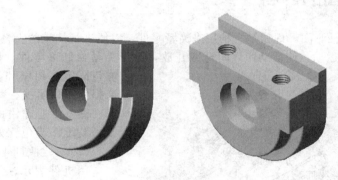

图 8-40　活动钳口立体图

③ 分析尺寸，了解技术要求　分析长、宽、高三方向的主要尺寸基准分别为活动钳口右端垂直面，前后对称面，内部阶梯孔轴线。由这些基准出发，分析定形、定位尺寸。主要的定位尺寸有俯视图中的 40、11；定形尺寸有主视图中的 18、28、$\phi28$、$\phi20$ 等；总体尺寸有长度方向 28，宽度方向 74，高度方向 63（37+18+8）没有直接给出来。

从活动钳口零件图可以看出共有三种表面粗糙度要求，要求最高的是 $\phi20H7$ 孔的表面，因为该孔的标注可以看出带有尺寸公差带代号 H7，可以判断出这是一个结合面，与装配体中的方块螺母相配合，还有一些加工面 Ra 的上限值为 $6.3\mu m$，其余的为不加工的铸造面。

用文字说明的技术要求有一处：未注明铸造圆角 $R2\sim4mm$。

该零件没有形位公差要求。

④ 归纳总结　根据上述分析，将视图、尺寸、技术要求综合起来，即可想象出零件的全貌，如图 8-40 所示。

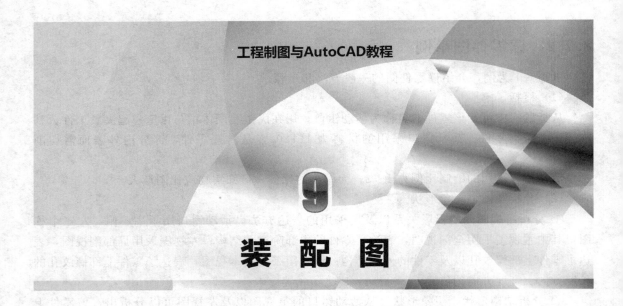

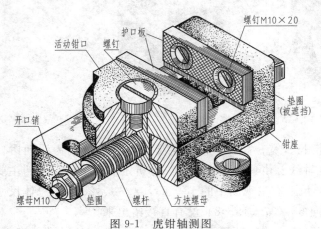

装配图

装配图是表示产品及其组成部分的工作原理、装配关系以及零件的主要结构的图样。它应表明机器或部件的结构形状、装配关系、工作原理、技术要求等内容。

9.1 装配图的内容

图 9-1 是虎钳轴测图，虎钳是一种用来夹紧零件，以便进行加工的夹具。螺杆旋转可以带动活动钳口作直线运动，使活动钳口闭合或开放，便于夹紧或卸下零件。两块护口板用沉头螺钉固定在钳座和活动钳口上，以便磨损后可以更换。

图 9-2 是虎钳的装配图，由图可知，装配图应包含如下内容。

（1）一组图形

用机件表示法、规定画法、装配图的特殊表示方法等完整、清晰地表示出机器或部件的工作原理、各零件之间的装配关系、连接方式以及主要零件的结构形状。

（2）几类尺寸

在装配图中不需要像零件图中那样，标注出所有的尺寸，而是标注出

螺钉M10×20
护口板
活动钳口 螺钉
垫圈（被遮挡）
钳座
开口锁
螺母M10 垫圈 螺杆 方块螺母

图 9-1 虎钳轴测图

装配体的规格、性能尺寸、安装尺寸、装配尺寸、外形尺寸等几类尺寸。

（3）技术要求

用文字或符号说明机器或部件在装配、安装、检验等方面应达到的技术指标。

（4）标题栏、零件序号和明细栏

说明机器或部件的名称，并将零件进行统一编号，标注出零件的序号、名称、材料、标准以及零件数量等内容。

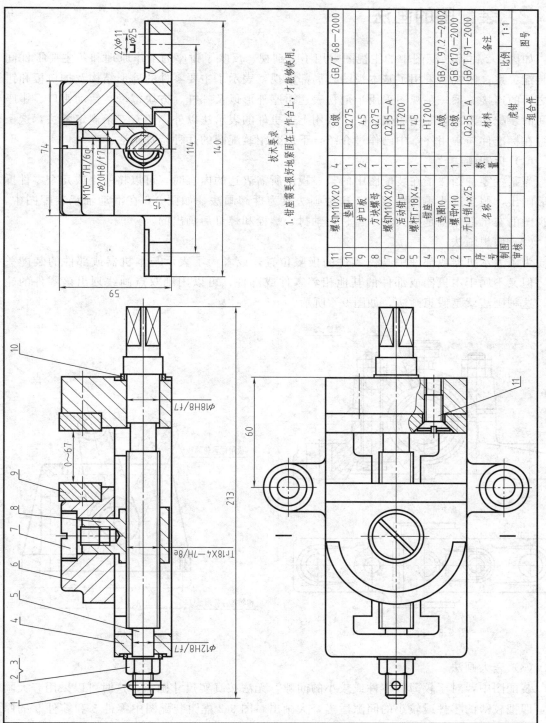

技术要求
1. 钳座需要很好地紧固在工作台上，才能够使用。

11	螺钉M10×20	4	8级	GB/T 68—2000
10	垫圈	1	Q275	
9	护口板	2	45	
8	方块螺母	1	Q275	
7	螺钉M10×20	1	Q235—A	
6	活动钳口	1	HT200	
5	螺杆Tr18×4	1	45	
4	钳座	1	HT200	
3	垫圈10	1	A级	GB/T 97.2—2002
2	螺母M10	1	8级	GB 6170—2000
1	开口销4×25	1	Q235—A	GB/T 91—2000
序号	名称	数量	材料	备注

	虎钳		比例	1:1
	组合件		图号	
制图				
审核				

图 9-2 虎钳装配图

下面就装配图的四个内容分别说明。

9.2 装配图的画法

如图 9-2 钳座装配图中的主视图采用了全剖视，反映了钳座的工作原理和各主要零件间的装配关系；俯视图采用了基本视图和局部剖视，表示了主要零件的外形结构及护口板和钳座之间的连接关系；左视图采用半剖视表达钳座外形以及螺杆、方块螺母、活动钳口、钳座之间的装配关系。装配图的表达除了采用上述机件的表示法以外，还有三条规定画法，这一内容在标准件与常用件章中已作过介绍，下面介绍装配图的几种特殊画法。

（1）拆卸画法

当某些零件挡住了在装配图中的某一视图所需表达的内容时，可以将一个或几个零件拆卸后画出，假想这些零件不存在，这种画法成为拆卸画法。如图 9-3 在滑动轴承装配图中，俯视图的右半部分就是拆去轴承盖、上轴衬、螺栓和螺母后画出的。

（2）假想画法

为了表示机器或部件中某一零件的极限位置，或者为了表示与本机器或部件的装配关系，但又不属于本机器或部件的其他相邻零件或部件，可以用细双点画线划出该零件的轮廓，这种画法就是假想画法，如图 9-4 所示。

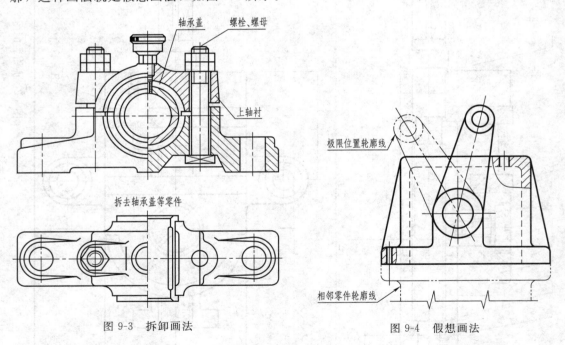

图 9-3　拆卸画法　　　　　　　图 9-4　假想画法

（3）夸大画法

装配图中，对于较薄的零件或较小的间隙，无法按真实尺寸画出，这时可以采用夸大画法，即把较薄的零件或较小的间隙适当夸大画出。图 9-2 虎钳装配图中零件 3 和零件 9 的厚度很薄，但是在装配图中必须将此零件画出，就采用了夸大画法。

（4）简化画法

简化画法分为以下两种情况。

工程制图与AutoCAD教程

ⅰ. 装配图中，螺栓和螺母允许用简化画法。当遇到螺纹紧固件等相同的零件组时，在不会误解的情况下，允许只画出一处，其余可用细点画线表示其中心位置，如图 9-2 俯视图中螺钉连接护口板和钳座只一处采用局部剖表示，另一处只采用细点画线画出。

ⅱ. 装配图中，零件的工艺结构，如倒角、圆角和退刀槽等允许不画，如图 9-2 主视图中螺杆多处倒角没有画出。

9.3 装配图中的尺寸标注

由于装配图与零件图的作用不一样，因此对尺寸标注的要求也不一样。零件图是加工制造零件的主要依据，尺寸必须完整，装配图是表达机器或部件工作原理和装配关系的图样，因此并不需要标注所有零件的尺寸，一般来讲需要标注以下几种尺寸。

（1）规格（性能）尺寸

它是表示机器或部件工作能力的尺寸，也是在设计时就确定下来的尺寸，在选用标准零部件时主要的参考依据。如钳座装配图中 0～69mm 这一尺寸，就表示钳座可以夹紧工件的大小。

（2）装配尺寸

表示零件之间有装配关系的尺寸，一般分为以下两种。

① 配合尺寸 说明组成装配体的各零件之间的配合性质和相对运动的情况。如图 9-2 螺钉 7 与方块螺母 8 的配合尺寸 M9-7H/6g，方块螺母 8 与活动钳口的配合尺寸 $\phi20H8/f7$ 等。

② 相对位置尺寸 本机器或部件内部各零件之间表示相对位置的尺寸，如图 9-2 所示的中心高度 15。

（3）安装尺寸

本机器或部件安装到其他机器或部件所需的尺寸。如图 9-2 所示的长度尺寸 60，宽度尺寸 114，$2\times\phi11$。

（4）外形尺寸

机器或部件的总长、总高、总宽，这些尺寸也是安装、运输等过程中所需要的。如图 9-2 所示总长 213、总高 59、总宽 140。

（5）其他重要尺寸

装配图中，不属于以上几类尺寸中的重要尺寸。如零件的极限尺寸、主要零件的重要尺寸。

上述几类尺寸之间并不是孤立无关的，在一张装配图中也并不是几类尺寸一定要齐全。有时一个尺寸可以起到多种作用，标注时要具体情况具体分析。

9.4 技术要求

有些内容在图样中无法用图形表达，需要用文字说明机器或部件在装配、安装、检验等方面应达到的要求。技术要求一般应注写在装配图的右下方空白处，力求文字简洁，如图 9-2 所示。

9.5 零件序号和明细栏

为了方便看图，便于图样管理，装配图中的所有零件、部件必须编写序号，同一张装配图中的相同零件或部件需编写一个序号，在图样上需指明，在明细栏中需填写。

9.5.1 零件（部件）序号的编写

（1）基本要求

ⅰ．装配图中所有零、部件均应编号。

ⅱ．装配图中一个部件可以只编写一个序号；同一装配图中相同的零、部件用一个序号，一般只标注一次；多处出现的相同的零件、部件，必要时也可重复标注。

ⅲ．装配图中零、部件序号，应与明细栏中的序号一致。为确保零、部件序号顺序排列，应先在图中编写序号，然后再填写明细栏。

ⅳ．序号应按顺时针或逆时针方向排列整齐。

（2）编排方法

ⅰ．零件序号应注写在指引线的水平线上或圆圈内字号比图中的尺寸数字高大一号或两号，如图 9-5 所示。

ⅱ．指引线应从零、部件的可见轮廓线内用细实线引出，端部画一小圆点。若不方便画小圆点时，可用箭头指向其轮廓线，如图 9-6 所示。

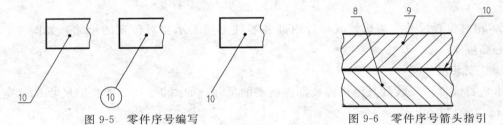

图 9-5　零件序号编写　　　　　　　图 9-6　零件序号箭头指引

ⅲ．指引线不可相互交叉或与图中的剖面线平行，必要时可画成折线，但只可折一次，如图 9-7 所示。

ⅳ．一组紧固件或装配关系清楚的零件组，可采用公共指引线，如图 9-8 所示。

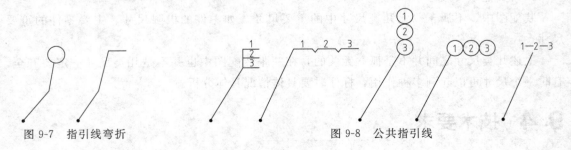

图 9-7　指引线弯折　　　　　　　　图 9-8　公共指引线

9.5.2 明细栏

明细栏是说明零件序号、代号、名称、规格、数量、材料等内容的表格。明细栏格式和尺寸如图9-9所示。

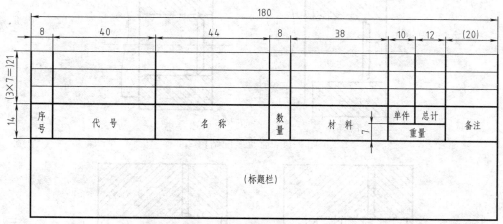

图 9-9　明细栏格式和尺寸

　　明细栏一般画在标题栏的上方，序号应自下而上填写，如图 9-2 所示。当位置不够时，可将其余部分紧靠标题栏的左方继续自下而上填写。

9.6　装配结构的合理性简介

　　在设计和绘制装配图以及零件图的过程中，应该考虑装配的合理性，以使机器或部件发挥性能，满足生产需要。下面举几个常见实例，以供参考。

　　i. 当两个零件接触时，在同一方向时最好接触面只有一个。这样加工制造起来较方便，装配起来也容易，如图 9-10 所示。

　　ii. 两个零件接触面的转角处应作出倒角、倒圆，倒角、倒圆的尺寸应不同，如图 9-11 所示。

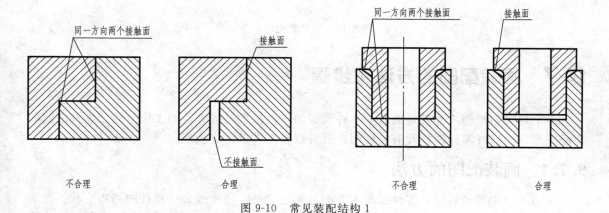

图 9-10　常见装配结构 1

　　iii. 圆柱销或圆锥销通常连接将两个零件定位，为了便于加工和装拆方便，最好将销孔做成通空，如图 9-12 所示。

　　iv. 为了保证两零件接触良好，两零件接触面需经机械加工，作出凸台和沉孔既可以改善接触情况，又可以减少加工费用，如图 9-13 所示。

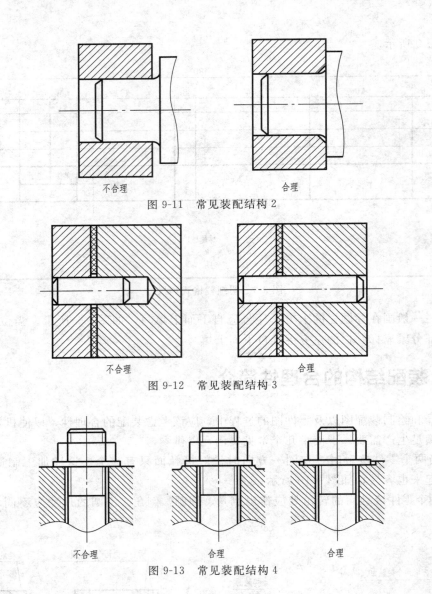

不合理   合理

图 9-11   常见装配结构 2

不合理   合理

图 9-12   常见装配结构 3

不合理   合理   合理

图 9-13   常见装配结构 4

9.7   画装配图的方法和步骤

一个较完整机器或部件是由若干零件组成的，根据机器或部件的工作原理、零件之间的装配关系，读懂各零件图样及有关说明，就可以将零件拼画成装配图。

9.7.1   画装配图的方法

在第 8 章中曾经讲过，零件图最主要的目的是完整、清晰地表达零件的结构形状。而装配图最主要的目的是正确、清楚地表达装配体的工作原理、装配关系及零件的主要结构形状。装配图的表达方案与零件图是一致的，一般包含三方面的内容：主视图的选择、视图数量和视图表达方法。

（1）主视图的选择

主视图是一组图形的核心，选择主视图时，要从两个方面考虑。

① 机器或部件的工作位置　机器或部件的安放位置状态，要以工作位置为依据，这样对于设计和装配都很方便。

② 机器或部件的投射方向　机器或部件的工作位置确定后，下面就是选择主视图的投射方向。选择的投射方向应该能够反映机器或部件的工作原理、主要装配关系以及主要零件的结构形状。

如图 9-2 所示，虎钳正常的工作位置如主视图所示。虎钳夹紧工件就是依靠螺杆的旋转带动其他零件一起工作，为了表示清楚此工作原理以及螺杆与其他零件的装配关系，主视图采用全剖视沿螺杆轴线剖开。

（2）视图数量和视图表达方法

主视图确定之后，还要选用其他的视图数量并兼顾考虑视图的表达方法，将主视图中没用表达清楚的一些工作原理、次要零件的装配关系等内容，采用规定画法、特殊画法、机件的表示法，综合应用起来，形成一个完整的装配图。

在画装配图时，还要注意各视图间仍然要保持投影关系，视图间布置要匀称、美观，预留出标注尺寸、零件序号、标题栏、明细栏以及技术要求的位置。

如图 9-2 所示，主视图采用了全剖视，表达工作原理、主要装配关系以及主要零件的结构形状。左视图采用全剖视和一个局部剖视，进一步补充表达了虎钳的工作原理以及安装孔的形状和位置。俯视在基本视图的基础上采用了局部剖视，突出表达了虎钳的外形及护口板与钳座的装配关系。

9.7.2　画装配图的步骤

明确了画装配图的方法，下面就以虎钳为例说明画装配图的步骤。

（1）三定

① 一定　确定表达方案，根据方案的数量及采取的表达方法。

② 二定　确定绘制比例。

③ 三定　确定标准图幅。

（2）二画

① 一画　画出图框并留出标题栏、明细栏的位置，特别是明细栏的位置要考虑到零件数量的多少。

② 二画　画出各视图位置的作图基准，作图基准一般来讲就是主体零件的轴线、对称线等。在布置作图基准时要留出零件序号标注、尺寸标注的位置。

（3）细线画底稿

从主视图开始，几个视图配合进行。一般以主要零件为起点，本着先里后外或者先外后里的方法，按装配顺序逐步画开，做到层次分明。

不论用哪一种方法，画装配图时应注意以下几点：

ⅰ. 同一零件在装配图中的剖面线一定要方向一致，间隔均匀；

ⅱ. 各视图间要符合投影关系，各零件、各要素也要符合投影关系；

ⅲ. 先画主要零件，检查无误后，再画次要零件；

ⅳ. 随时检查所画零件的装配关系，保证各零件间无干涉、无碰撞。

（4）标注尺寸

按照装配图的几类尺寸进行标注。

（5）编写文件

编写序号、填写标题栏、明细栏、技术要求。

（6）检查、加深、画完全图

9.8 看装配图及拆画装配图

9.8.1 看装配图的基本要求

ⅰ. 了解机器或部件的工作原理、用途。

ⅱ. 了解各零件间的装配关系、拆装顺序。

ⅲ. 了解各零件的主要结构形状和用途。

9.8.2 看装配图的方法和步骤

看装配图的方法和步骤如表 9-1 所示。下面以虎钳为例，说明看装配图的方法和步骤。

（1）概括了解并分析视图

从标题栏可知，该装配体的名称是机用虎钳。视图采用的绘制比例为 1∶1，既没放大，也没缩小。机用虎钳是可以夹紧零件，以便对零件进行加工的一种夹具。从明细栏可知，机用虎钳共有 11 种零件组成，其中 4 种标准件，7 种一般零件。

机用虎钳装配图采用了三个视图。主视图采用了全剖视，表达工作原理、主要装配关系以及主要零件的结构形状。左视图采用全剖视和一个局部剖视，进一步补充表达了虎钳的工作原理以及安装孔的形状和位置。俯视在基本视图的基础上采用了局部剖视，突出表达了虎钳的外形及护口板与钳座的装配关系。

表 9-1　看装配图的方法和步骤

方法步骤	1. 概括了解并分析视图	2. 分析部件的工作原理和装配关系	3. 分析零件，清楚零件的主要结构特征	4. 归纳总结
具体内容	①了解部件的作用和名称 ②了解各零件的名称、数量、规格 ③分析所采用的表达方法、各视图间的投影关系、表达的内容	①工作原理：一般从运动关系入手 ②装配关系：装配干线、连接和固定形式、配合关系、密封装置、装拆顺序	①常见结构、规定画法、尺寸标注、明细栏——标准件、常用件 ②由剖面线的不同——分清零件轮廓范围 ③利用零件结构的对称性、两零件接触面大致相同的特点——想象零件的结构形状 ④从主视图投影关系入手——分出零件 ⑤根据明细栏——找出零件数量、材料、规格	在对装配关系和主要零件的结构进行分析的基础上，还要对技术要求、全部尺寸进行研究，了解设计意图和装配工艺性

（2）分析机器或部件的工作原理以及装配关系

如图 9-2 所示，主视图表达虎钳的运动关系，用带方孔的扳手插入螺杆右端四棱柱，顺时针转动时，螺杆带着方块螺母、活动钳口等零件向右侧移动，可以夹紧工件；加工完毕，逆时针方向转动，螺杆带着方块螺母、活动钳口等零件向左侧移动，可以松开并取下工件。

螺杆 5 及垫圈 9 从钳座 4 右端插入，螺杆与钳座的左右两端的配合分别为 $\phi12H8/f7$、

$\phi18H8/f7$，采用的间隙配合；螺杆中间部分与方块螺母 8 通过螺纹连接；在螺杆左端有一开口销限制螺杆在钳座内做轴向移动，只能在钳座内做轴向转动。

通过左视图可以看出，活动钳口 6 与方块螺母 8 采用间隙配合 $\phi20H8/f7$，方块螺母 8 与螺钉 7 采用螺纹连接，这样三零件成为一体，在钳座上做轴向移动。

通过俯视图可以看出，护口板 9 通过螺钉标准件与钳座、活动钳口 6 相连接。钳座前后各有一安装孔，用来固定虎钳。

（3）分析零件，清楚零件的结构形状

分析零件时，一般先分析主要零件，后分析次要零件；先分析投影较全面的零件，后分析投影不全面的零件。

虎钳的钳座是一个主要零件，属于箱体类零件。从主视图中可以看出，钳座左右两端分别放有垫圈，因此加工出锪平孔，根据剖面线的方向性和间隔均匀性，可以从主视图中将钳座拆画下来。根据投影对应关系可以将钳座从俯视图中将钳座拆画下来，然后不画上被拆卸零件所遮挡的视图。左视图采用半剖视图和局部视图的表达方法，根据投影对应关系和剖面线，将其他零件拆卸下来。根据拆画下来的三个视图，综合想象钳座的整体形状，并补画所缺视图，综合整理各种线型。钳座的轴测图见图 9-1 所示。

（4）归纳总结

在对装配关系和主要零件的结构进行分析的基础上，还要对技术要求、全部尺寸进行研究，了解设计意图和装配工艺性。读装配图不是一蹴而就的，是一个不断深入、综合认识的过程。

9.8.3　拆画装配图

由装配图拆画零件是一次重新设计的过程，使机器生产前的重要准备工作。在读懂装配图的基础上，才能正确地拆画装配图。

（1）步骤

i．读懂装配图：清楚机器或部件的工作原理、装配关系以及主要零件的结构形状。

ii．根据第 9 章对零件图的视图要求，选择正确的零件图视图表达方案。

iii．根据第 9 章对零件图的技术要求、尺寸要求，进行合适的尺寸标注和技术要求填写。

iv．综合考虑，画出零件图。

（2）拆画举例

以拆画虎钳装配图中的活动钳口为例。虎钳工作原理、装配关系以及主要零件的结构形状，在前面均已分析过。在拆画零件图过程中，仍然要从零件图的四个内容方面入手。

i．零件的视图表达方案是根据零件的结构形状确定的，不一定与装配图一致，不要照抄装配图。如活动钳口的视图表达方案可以按图 9-14 和图 9-15 来确定。图 9-14 是在读懂零件的基础上，重新考虑了它的表达方案，活动钳口应属于盘盖类零件，主视图应按加工位置放置，轴线水平。而图 9-15 是按活动钳口在虎钳装配图中的位置表达的。

ii．装配图中，零件上的某些结构没有表达允许省略不画，在拆画零件图时一定要补画出来，如倒角、退刀槽、圆角等，如图 9-16 所示，在拆画虎钳中的旋转螺杆时将装配图中没有表达出来的倒角、退刀槽补画出来。对于标准结构的尺寸，要从有关手册中查取。

iii．装配图中已标注的尺寸，在有关零件图中必须直接标注。

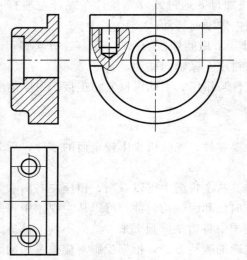

图 9-14　活动钳口的视图表达方案一

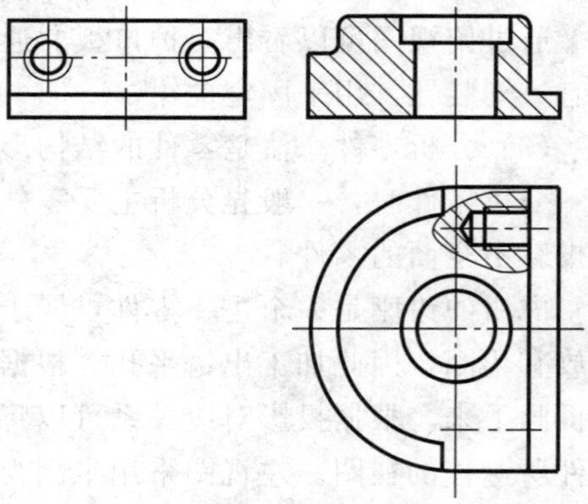

图 9-15　活动钳口的视图表达方案二

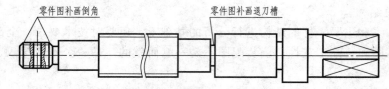

图 9-16　拆画零件时补画倒角、退刀槽

ⅰ.零件之间有配合要求的表面,其基本尺寸必须相同,并注出公差带号和极限偏差。

ⅱ.表示零件间相对位置的尺寸,必须在有关零件图中直接标注。

ⅲ.明细栏中给定的尺寸,必须按给定尺寸注些,如垫片厚度等。

ⅳ.装配图中没有标注的尺寸,按装配图中的比例直接量取,并加以圆整。

ⅴ.根据零件各表面的作用和要求确定表面粗糙度。一般来讲,配合面和接触面表面粗糙度数值较小,自由面(不与其他零件接触的表面)表面粗糙度数值较大。

零件图中的其他技术要求,涉及许多的专业知识,需要在生产实践中不断提高和积累。可参考活动钳口的零件图,见图 8-1 所示。

化工工艺流程图的绘制

化工工艺流程图是用图示的方法把化工生产的工艺流程和所需的设备、管道、管件及仪表控制点表示出来的一种图样。绘制化工工艺流程图是化工制图的一个内容,国家标准《机械制图》在绘制化工工艺流程图中同样生效。

10.1 化工工艺流程图分类

根据工艺设计的不同阶段,化工工艺流程图可分为工艺方案流程图(简称方案流程图)、物料流程图和施工流程图。这几种流程图的内容和表达的重点不同,但他们之间有着密不可分的联系。

三种流程图的主要差别反映在工艺流程图上内容是否详尽。在初步设计阶段,所绘制的流程图称为方案流程图;在工艺计算阶段,所绘制的流程图称为物料流程图;在施工设计阶段,所绘制的流程图称为施工流程图,施工流程图又称为安装流程图或带控制点管路安装流程图。

10.1.1 方案流程图

方案流程图是用来表达物料从原料到成品或半成品的工艺过程,表达整个车间或工厂生产流程以及所使用的设备和机器的图样。图10-1所示为某物料残液蒸馏处理系统的方案流程图。

从图10-1中可知,方案流程图主要包括两方面的内容。

① 设备 用细实线表示生产过程中所使用的机器、设备示意图;用文字、字母、数字标注设备的名称和位号。

② 工艺流程 用粗实线表示物料由原料到成品或半成品的工艺流程路线;用文字注明各管道线路的名称;用箭头注明物料的流向。

方案流程图的图框和标题栏可如图10-1所示省略不画。

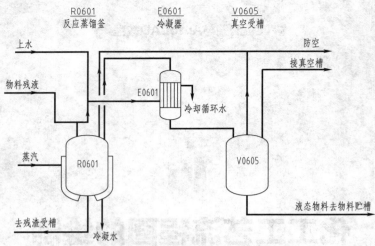

R0601　　　　　E0601　　　　V0605
反应蒸馏釜　　　冷凝器　　　　真空受槽

图 10-1　某物料残液蒸馏处理系统的方案流程图

10.1.2　物料流程图

物料流程图是在方案流程图的基础上，进行物料衡算和热量衡算，用图形与表格相结合的形式反映衡算结果的图样。图 10-2 所示为某物料残液蒸馏处理系统的物料流程图。

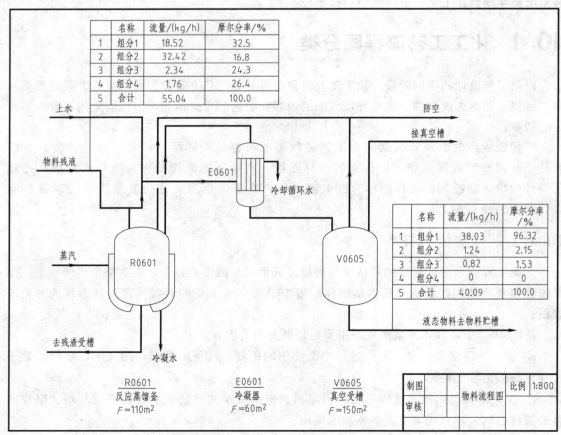

	名称	流量/(kg/h)	摩尔分率/%
1	组分1	18.52	32.5
2	组分2	32.42	16.8
3	组分3	2.34	24.3
4	组分4	1.76	26.4
5	合计	55.04	100.0

	名称	流量/(kg/h)	摩尔分率/%
1	组分1	38.03	96.32
2	组分2	1.24	2.15
3	组分3	0.82	1.53
4	组分4	0	0
5	合计	40.09	100.0

R0601	E0601	V0605	制图		物料流程图	比例	1:800
反应蒸馏釜	冷凝器	真空受槽	审核				
$F=110m^2$	$F=60m^2$	$F=150m^2$					

图 10-2　某物料残液蒸馏处理系统的物料流程图

从图 10-2 中可知，物料流程图中设备的画法、设备位号及名称的标注方法、工艺流程线的画法与方案流程图中基本一致，只是增加了以下内容。

① 设备特性参数标注　在设备位号及名称的下方加注了设备特性数据或参数，如换热器的换热面积，塔设备的直径、高度，贮罐的容积，机器的型号等，格式如图 10-3 所示。

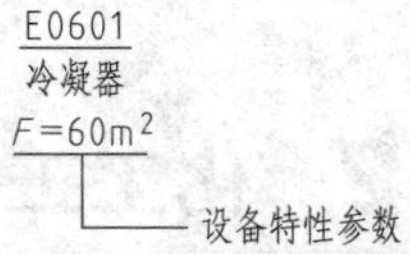

② 物料组成标注　在物料的起始处和使物料发生变化的设备后，用表格形式注明物料变化前后其组分的名称、流量等参数及各项的总和。表格线和指引线都用细实线绘制。

③ 图框、标题栏　按第 1 章所讲的图样幅面格式要求，应画出图框、标题栏并填写内容。

图 10-3　设备特性参数标注

10.1.3　施工流程图

施工流程图又称为安装流程图或带控制点管路安装流程图，一般以工艺装置的主项（工段或工序）为单元绘制，也可以装置（车间）为单元绘制。它是在方案流程图的基础上添加了阀门、管件及仪表控制点表示出来的一种图样。图 10-4 所示为某物料残液蒸馏处理系统的施工流程图。

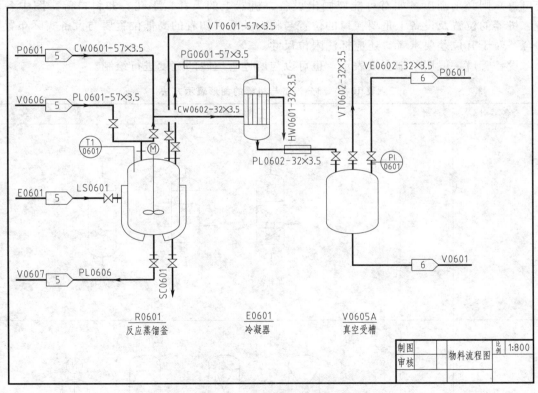

图 10-4　某物料残液蒸馏处理系统的施工流程图

从图 10-3 中可知，施工流程图中设备的画法及标注方法和工艺流程线的画法与方案流程图中基本一致，图框、标题栏与物料流程图一致，除此之外，还需包含下面几项内容。

① 接管口　在各种设备示意图上均标注接管口。

② 阀门、仪表控制点　在管线上应标出阀门等管件，在设备或管线上应标出仪表控制点及仪表图形和功能说明。

③ 管线标注　在所有管线上应标注管道代号，对特殊的管道还应画出相应的图形符号。

10.2　化工工艺流程图的绘制

化工工艺流程图的绘制是一种示意性的展开图。它按照工艺流程的顺序，将设备和工艺流程线自左至右地展开在一个平面上，并加以必要的标注和说明。

10.2.1　设备的表示方法和标注

（1）设备的表示方法

表 10-1 摘录了部分设备与机器的图形表示方法，在工艺流程图中设备与机器的图形用细实线绘制，设备的外形应按一定的比例画出，对于外形过大或过小的设备，可以适当缩小或放大。在同一设计中，同类设备的外形应一致。

设备、机器上与配管和外界有关的管口（如直连阀门的排液口、排气口、防空口及仪表接口等）则必须画出，如有可能应画出设备、机器上的人孔、手孔、卸料口等。图中各设备、机器的位置及设备上重要接口的位置与物料关系密切者的高低位置要与设备实际布置相吻合，对于有位差要求者，还应标注限位尺寸。

设备管口一般用单细实线表示，也可以与所连管道线的宽度进行绘制。

表 10-1　部分设备与机器的图形表示方法

设备类别	分类号	图　　例
塔	T	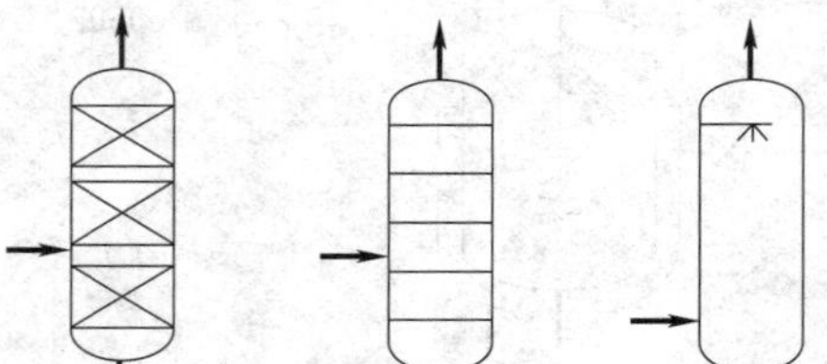 填料塔　　　板式塔　　　喷淋塔
反应器	R	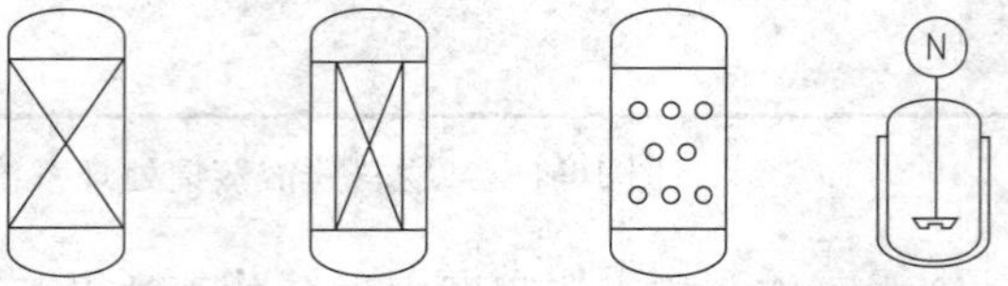 固定床反应器　列管式反应器　液化床反应器　聚合釜

设备类别	分类号	图　例
换热器	E	 换热器　　　　固定管板式 U形管式　　　　浮头式 釜式　　　套管式　　蒸发器 冷却器　　　　　空冷器
鼓风压缩机		 鼓风机　臥式　立式　单级往复压缩机　四级往复压缩机 　　　旋转式压缩机
泵		 离心泵　水环真空泵　齿轮泵　活塞泵　液下泵 　　　纳氏泵　　旋转泵　比例泵
容器		 臥式槽　立式槽　除沫分离器　旋风分离器 静电除尘器　锥顶罐　湿式气柜　球罐

设备类别	分类号	图 例
工业炉		箱式炉　　　　　　　圆筒炉
烟囱火炬		烟囱　　　　　　　火炬
起重运输设备		手动葫芦　斗式提升机　旋转式起重机 皮带输送机　　刮板输送机　　手推车
其他机械		回转过滤机　　离心过滤机

对于需隔热的设备和机器要在其相应部位画出一段隔热层，必要时注出其隔热等级；有伴热者也要在相应部位画出一段伴热管，必要时注出伴热类型和介质代号。

在地下或半地下的设备、机器应标出一段相关的地面。设备、机器的支承或底（裙）座可不画出。

（2）设备的标注

在设备、机器绘制过程中或绘制完成后，应对每个工艺设备、机器进行标注，标注设备位号和设备名称，标注格式见图 10-3 和图 10-5 所示。

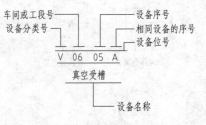

图 10-5　设备标注格式

设备位号由设备分类代号、车间或工段号、设备序号和相同设备序号组成。对于同一个设备，在不同设计阶段必须是同一位号。设备分类代号见表 10-1；车间或工段号用两位数字表示，从 01 开始编号，由工程总负责人给定；设备序号亦用两位数字表示，相同设备的尾号则用大写英文字母 A，B，C…表示以区别同一位号的相同设备。

设备的标注可以在两个位置进行标注：标注在设备的正上方或下方；标注在设备内或其

近旁，如图 10-2 所示。在方案流程图、物料流程图和施工流程图上的设备位号应一致，若要取消某一设备，则被取消的设备位号应留空。若某类设备需要增加，则所增的设备应在该类设备原有的位号后顺序编号。

10.2.2 管道的表示方法和标注

（1）管道的表示方法

在工艺流程图中是用线段来表示管道的，常称为管线。在完成了设备图形的绘制后，就可以绘制工艺流程管线。一般应画出全部工艺管线及与工艺有关的一段辅助管线。工艺管线包括：正常操作所用的物料管线；工艺排放系统管线；开、停车和必要的临时管线。辅助管线一般包括：加热物料所用的蒸汽管线；用于冷却物料的冷却水管线。

在工艺流程图中，起不同作用的管道应用不同规格的图线和线宽表示，如表 10-2 所示。一般用粗实线画出主要物料的工艺管线，$(1/2\sim2/3)$ b 的实线画出其他辅助物料的辅助管线。

表 10-2 管道的图例、线型和线宽

名　　称	图　　例	线宽/mm
主要物料管道	——————	$b=0.8\sim1.2$
主要物料埋地管道	— — — —	$b=0.8\sim1.2$
辅助物料及公用系统管道	——————	$\left(\dfrac{1}{2}\sim\dfrac{2}{3}\right)b$
辅助物料及公用系统埋地管道	— — — —	$\left(\dfrac{1}{2}\sim\dfrac{2}{3}\right)b$
仪表管道	— — — —	$\dfrac{1}{3}b$
原有管道	—— — — ——	b

图 10-6 交叉管线的画法

图 10-7 相交管线的画法

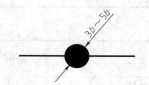

图 10-8 焊接管线的画法

在工艺流程图中，管线的绘制应成正交模式，即管线画成水平线或垂直线，管线相交和转弯均画成直角。在管线交叉时，应将一根管线断开，断开处的间隙应为线宽的 5 倍左右，如图 10-6 所示；在管线相交时的画法，如图 10-7 所示；管线焊接时的画法，如图 10-8 所示。另外应尽量避免管线穿过设备。

（2）管线的标注

管线标注是用一组符号标注管道的性能特征，包括物料代号、工段号、管段序号和管道尺寸等，如图 10-9 所示。其中物料代号见表 10-3，管道材料代号见表 10-4，使用温度见表10-5，隔热隔声代号见表 10-6。

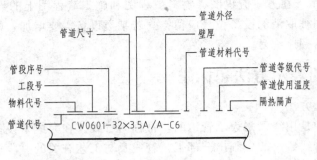

图 10-9 管线标注格式

表 10-3 物料名称及代号

代 号	物 料 名 称	代 号	物 料 名 称	代 号	物 料 名 称
A	空气	FQ	燃料油	PA	工艺空气
AM	氨	FS	熔盐	PG	工艺气体
BD	排污	GO	填料油	PL	工艺液体
BF	锅炉给水	H	氢	PW	工艺水
BR	盐水	HM	载热体	R	冷冻水
CA	压缩空气	HS	高压蒸汽	RO	原料油
CS	化学污水	HW	循环冷却水回水	RW	原水
CW	循环冷却水上水	IA	仪表空气	SC	蒸汽冷凝水
CWR	冷冻盐水回水	IG	惰性气体	SL	泥浆
CWS	冷冻盐水上水	LO	润滑油	SO	密封油
DM	脱盐水	LS	低压蒸汽	SW	软水
DR	排液、排水	MS	中压蒸汽	TS	伴热蒸汽
DW	饮用水	NG	天然气	VE	真空排放气
F	火炬排放气	N	氮	VT	放空气
FG	燃料气	O	氧		

表 10-4 管道材料代号

材料类别	铸铁	碳钢	普通低合金钢	合金钢	不锈钢	有色金属	非金属	衬里及内防腐
代号	A	B	C	D	E	F	G	H

表 10-5 使用温度

代号	温度范围/(°)	管材	代号	温度范围/(°)	管材
A	−100~2	碳钢和铁合金管	G	−100~2	不锈钢管
B	>2~20	碳钢和铁合金管	H	>2~20	不锈钢管
C	21~70	碳钢和铁合金管	J	21~93	不锈钢管
D	71~93	碳钢和铁合金管	K	94~650	不锈钢管
E	94~400	碳钢和铁合金管	L	>650	不锈钢管
F	401~640	碳钢和铁合金管			

表 10-6 隔热隔声代号

类型代号	用途	备注	类型代号	用途	备注
1	热量控制	采用保温材料	6	隔声(低于 21°)	采用保冷材料
2	保温	采用保温材料	7	防止表面冷凝 (低于 15°)	采用保冷材料
3	人身防护	采用保温材料	8	保冷(高于 2°)	采用保冷材料
4	防火	采用保温材料	9	保冷(高于 2°)	采用保冷材料
5	隔声(高于 21°)	采用保温材料			

在绘制管线后，对所有的流程管线应进行如下内容的标注。

① 箭头标注　在每条流程线上都应画出箭头，用箭头表示物料的流向。

② 管线标注　在施工流程图中的每条管线必须进行管线标注。管线标注的格式如图 10-9 所示。一般横向管线标注在管线的上方；竖向管线标注在管线的左侧，也可以标注在管线的右侧，但字头向左，如图 10-4 所示。

③ 空心箭头标注　在每根管线上都要以箭头表示其物料流向。图上的管线与其他图纸有关时，一般应将其端点绘制在图的左方或右方，并在左方和右方的管线上用空心箭头标出物料的流向（入或出），空心箭头内注明其连接图纸的图号或序号，在其附近注明来或去的设备位号或管道号。空心箭头用细实线绘制，其画法如图 10-10 所示。

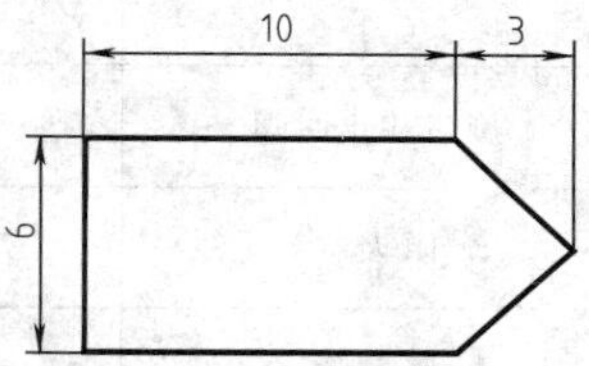

图 10-10　空心箭头的画法

④ 文字标注　在流程线的起始和终了处用文字注明物料的名称、来源和去向。

⑤ 其他标注　对同一管段号只是管径不同时，可以只标注管径；对同一管段号而管道等级不同时，应标注等级分界线；对异径管标注大端工称直径乘小端工称直径。

10.2.3　管件的表示方法和标注

（1）管件的表示方法

管道上的管件有阀门、管接头、异径管接头、弯头、三通、四通、法兰、盲板等，它们的图形符号见表 10-7。其中阀门图形符号一般长为 6mm，宽为 3mm，或长为 8mm，宽为 4mm。在施工流程图中管线上的阀门和其他管件应用细实线在管线相应位置绘制。

表 10-7　管件的图形符号

名　称	图形符号	名　称	图形符号
闸阀		截止阀	
球阀	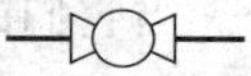	旋塞阀	
隔膜阀		三通截止阀	
三通球阀		三通旋塞阀	
四通截止阀	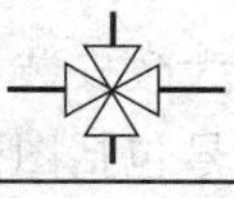	四通球阀	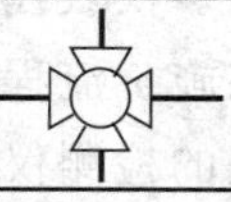

名　称	图形符号	名　称	图形符号
四通旋塞阀		角式截止阀	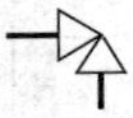
角式球阀	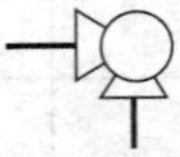	角式弹簧安全阀	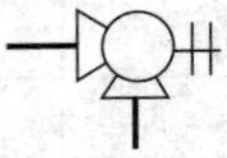
角式重锤安全阀	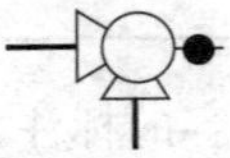	减压阀	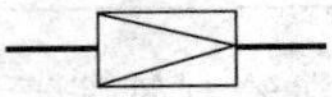
疏水阀		同心异径管	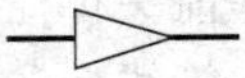
圆形盲板正常开	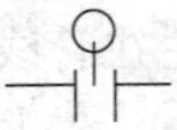	圆形盲板正常关	
8字盲板正常开		8字盲板正常关	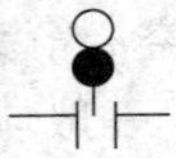
旋启式止回阀	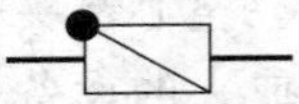	蝶阀	
阻火器		视镜	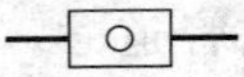
喷射管	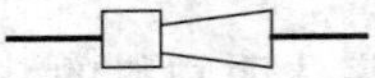	文氏管	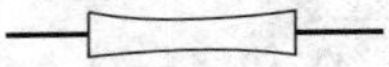
锥形过滤器	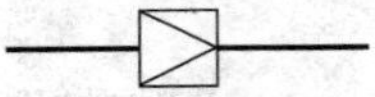	T形过滤器	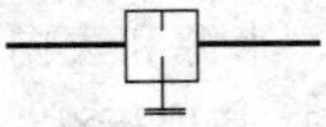
法兰连接	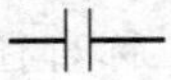	螺纹管帽	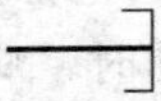
软管连接		管帽	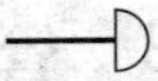
管端盲板		管端法兰	
消声器		安全淋浴器	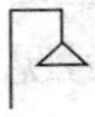
放空管	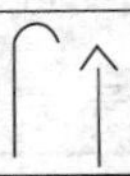	漏斗	

（2）管件的标注

在管线上的阀门、管件应按需要标注其规格代号。当它们的工称直径同所在管道直径不同时，应标注它们的尺寸。

10.2.4　仪表控制点的表示方法和标注

（1）仪表控制点的表示方法

在施工流程图上，要用细实线在相应的管线上的大致安装位置按规定符号画出所有与工艺有关的检测仪表、调节控制系统的图形。该规定符号包括图形符号和字母代号，他们组合起来表达工业仪表所处理的被测变量和功能。

仪表的图形符号为一直径 10mm 的细实线圆圈，圆圈中标注仪表符号。表示仪表安装位置的图形符号见表 10-8 所示。

表 10-8 仪表安装位置的图形符号

安 装 位 置	图 形 符 号	安 装 位 置	图 形 符 号
就地安装仪表	○	就地安装仪表（嵌在管道中）	⊃○⊂
集中仪表盘面安装仪表	⊖	集中仪表盘后面安装仪表	⊖(虚线)
就地仪表盘面安装仪表	⊜		

（2）仪表控制点的标注

仪表控制点的标注方法是把组合字母代号填写在圆圈的上半圆中，数字编号填写在圆圈的下半圆中。组合字母代号的第一字母表示被测变量，后续字母表示仪表的功能；另一部分为工段序号，工段序号由工序号和顺序号组成，一般用 3～5 位阿拉伯数字组成。常用仪表控制点组合字母代号示例，见表 10-9。

表 10-9 常用仪表控制点组合字母代号

	温度	温差	压力或真空	压差	流量	流量比率	分析	密度	位置	速率或频率	黏度
指示	TI	TdI	PI	PdI	FI	FfI	AI	DI	ZI	SI	VI
指示、控制	TIC	TdIC	PIC	PdIC	FIC	FfIC	AIC	DIC	ZIC	SIC	VIC
指示、报警	TIA	TdIA	PIA	PdIA	FIA	FfIA	AIA	DIA	ZIA	SIA	VIA
指示、开关	TIS	TdIS	PIS	PdIS	FIS	FfIS	AIS	DIS	ZIS	SIS	VIS
记录	TR	TdR	PR	PdR	FR	FfR	AR	DR	ZR	SR	VR
记录、控制	TRC	TdRC	PRC	PdRC	FRC	FfRC	ARC	DRC	ZRC	SRC	VRC
记录、报警	TRA	TdRA	PRA	PdRA	FRA	FfRA	ARA	DRA	ZRA	SRA	VRA
记录、开关	TRS	TdRS	PRS	PdRS	FRS	FfRS	ARS	DRS	ZRS	SRS	VRS
控制	TC	TdC	PC	PdC	FC	FfC	AC	DC	ZC	SC	VC
控制、变送	TCT	TdCT	PCT	PdCT	FCT	FfCT	ACT	DCT	ZCT	SCT	VCT
报警	TA	TdA	PA	PdA	FA	FfA	AA	DA	ZA	SA	VA
开关	TS	TdS	PS	PdS	FS	FfS	AS	DS	ZS	SS	VS
指示灯	TL	TdL	PL	PdL	FL	FfL	AL	DL	ZL	SL	VL

工程制图与AutoCAD教程

AutoCAD绘图基础

11.1 AutoCAD 2006 概述

11.1.1 AutoCAD 2006 软件介绍

AutoCAD 是美国 Autodesk 公司研制开发的一种交互式绘图软件。AutoCAD 具有强大的二维和三维绘图、编辑功能。可以根据使用者的操作，迅速而准确地形成图形；还能够很容易地对画好的图形进行编辑；同时具备很多辅助绘图功能可以使图形的绘制和修改变得异常灵活和方便。

AutoCAD 2006 的主要功能如下。

（1）绘图功能

ⅰ . 二维图形的绘制和编辑，如线、圆、弧、多段线等；

ⅱ . 标注尺寸、书写文本、绘制剖面线等；

ⅲ . 三维实体的绘制和编辑，如圆柱、圆锥、布尔运算等。

（2）编辑功能

AutoCAD 2006 具有强大的图形编辑能力，可以通过删除、复制、旋转等编辑命令，提高绘图的准确性和效率。

（3）辅助功能

包括对象捕捉、图层操作、实体捕捉等。

（4）打印输出功能

图形绘制好以后，AutoCAD 2006 可以方便地通过绘图仪、显示器、打印机等输出设备显示出来。

11.1.2 AutoCAD 2006 的工作界面

启动 AutoCAD 2006 后，便进入到工作界面。工作界面主要由标题栏、菜单栏、各种工具栏、绘图区、命令行、状态栏、坐标系图标等组成，如图 11-1 所示。

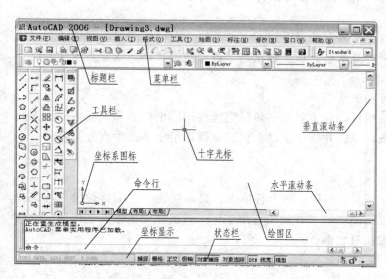

图 11-1　AutoCAD 工作界面

图 11-2　工具栏
选项面板

（1）标题栏

AutoCAD 2006 标题栏在工作界面的最上面，其左端用于显示 AutoCAD 2006 图标、名称、版本级别以及文件名称。右端的各按钮，可用来实现窗口的最小化、最大化、还原和关闭，操作方法与 Windows 界面操作相同。

（2）菜单栏

菜单栏位于标题栏的下方，单击主菜单的某一项，会显示出相应的下拉菜单。下拉菜单有如下特点。

ⅰ. 菜单项后面有【…】省略号时，表示单击该选项后，会打开一个对话框。

ⅱ. 菜单项后面有黑色的小三角时，表示该选项还有子菜单。

ⅲ. 有时菜单项为浅灰色时，表示在当前条件下，这些命令不能使用。

（3）绘图区

绘图区是绘制图形的区域，把鼠标移动到绘图区时，鼠标变成了十字形状，可用鼠标直接在绘图区中定位，在绘图区的左下角有一个用户坐标系的图标，它表明当前坐标系的类型，图标左下角为坐标的原点（0，0，0）。

（4）工具栏

AutoCAD 2006 一共提供了 26 个工具栏，通过这些工具栏可以实现大部分操作。其中常用的默认工具栏为【标准】工具栏、【绘图】工具栏、【修改】工具栏、【图层】工具栏、【对象特性】工具栏、【样式】工具栏等。如果把光标指向某个工具按钮上并停顿一下，屏幕上就会显示出该工具按钮的名称，并在状态栏中给出该按钮的简要说明。

调用工具栏方法：在任意工具栏上右击鼠标，屏幕上将弹出图 11-2 所示的工具栏选项板，单击鼠标左键，可以弹出或关闭相应的工具栏。

（5）命令行

命令行位于绘图窗口的下方，主要用来接受用户输入的命令和显示系统的提示信息。AutoCAD 2006 将命令行设计成了浮动窗口，可以将其拖动到工作界面的任意位置。

（6）状态栏

状态栏位于 AutoCAD 2006 工作界面的最下边，主要反映当前的绘图状态，包括当前光标的坐标、栅格捕捉显示、正交打开状态、极坐标状态、自动捕捉状态、线宽显示状态以及当前的绘图空间状态等。

（7）十字光标、坐标系图标和滚动条

绘图窗口的左下角是坐标系图标，它主要用来显示当前使用的坐标系和坐标方向。滚动条包括水平滚动条和垂直滚动条，单击并拖动滚动条可以使图形沿水平或垂直方向移动。

11.1.3 常用命令输入

AutoCAD 2006 中常用命令输入有四种：命令行输入、菜单栏输入、工具栏输入、快捷键输入。在 AutoCAD 2006 二维绘图中，一般使用直角坐标系或极坐标系输入坐标值。这两种坐标系都可以采用绝对坐标或相对坐标。

（1）命令输入方法

① 命令行输入　命令行输入是 AutoCAD 2006 最基本的输入方式。在命令行【Command：】后输入任何命令并回车，命令行会有提示或指令，可根据提示或指令进行相应的操作。

② 菜单栏输入　通过下拉菜单找到需要的命令即可。同时在命令行也会有提示或指令，可根据提示或指令进行相应的操作。

③ 工具栏输入　默认状态下，AutoCAD 2006 显示 6 个工具栏，当需要执行某个命令时，可以随时调出相应的工具栏，方法详见图 11-2 工具栏。采用工具栏命令按钮的方式绘图，比前两种要迅速快捷。

④ 快捷键输入　在下拉菜单中每一个命令的后面，会有一些 Ctrl＋C，Ctrl＋V 等快捷方式的提示，一些 AutoCAD 的高级用户喜欢用这种方式。

另外，在不执行命令的情况下，单击回车键或在绘图窗口中右击并进行相应选择，都可以重复上一次操作的命令。

（2）直角坐标系

直角坐标系默认的原点位于绘图窗口的左下角，X 轴为水平方向，Y 轴为竖直方向，两轴的交点为坐标原点，即（0，0）。

① 绝对直角坐标系　绝对直角坐标是指相对于坐标原点的坐标。例如坐标（5，6）表示在 X 轴正方向距离原点 5 个单位，在 Y 轴正方向距离原点 6 个单位的一个点。

② 相对直角坐标系　相对直角坐标是指相对于上一个输入点的坐标，使用相对坐标，需在坐标前面添加一个"@"符号。例如坐标"@5，6"表示在 X 轴正方向距离上一指定点 5 个单位，在 Y 轴正方向距离上一指定点 6 个单位的一个点。

（3）极坐标系

极坐标系使用距离和角度确定点。使用极坐标要输入距离和角度，距离和角度的连接符号是"＜"。默认情况下，逆时针方向为正，顺时针方向为负。

① 绝对极坐标系　绝对直角坐标是指相对于坐标原点的坐标。例如坐标"10＜45"，表示从 X 轴正方向逆时针方向旋转 45°，距离原点 10 个单位的一个点。

② 相对极坐标系　相对极坐标是指相对于上一个输入点的坐标，使用相对极坐标，需在极坐标前面添加一个"@"符号。例如坐标"@10＜45"表示在距离上一指定点 10 个单位，从 X 轴正方向逆时针方向旋转 45°的一个点。

③ 坐标的动态输入　动态输入是 AutoCAD 2006 新增内容，以前的版本中数据和选项的输入需要绘图者一会儿看命令，一会儿看鼠标指针，采用动态输入可以解决这一问题。AutoCAD 2006默认状态下就是动态输入，在鼠标指针位置附近显示命令提示，直接输入数值。

动态输入如图 11-3 所示，在此绘制的是 LINE 命令，输入的数值是"@208＜45"。

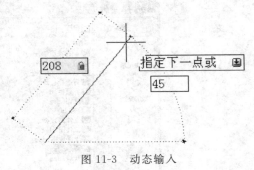

图 11-3　动态输入

11.1.4　图形文件管理

文件的管理包括新建图形文件，打开、保存已有的图形文件，以及退出打开的文件。

11.1.4.1　新建图形文件

（1）输入命令（选用下列方法之一）

菜单栏：选取【文件】菜单→【新建】命令

工具栏：在【标准】工具栏中单击 ▢ 按钮

命令行：键盘输入【NEW】

（2）操作格式

命令：执行上面命令之一，系统弹出【选择样板】对话框，如图 11-4 所示。

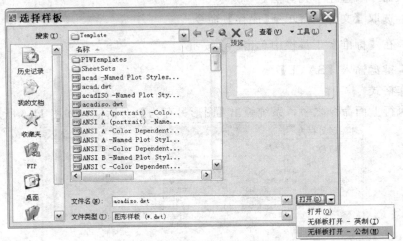

图 11-4　【选择样板】对话框

此时打开公制，选择的绘图单位为毫米；打开英制，选择的绘图单位为英寸。

11.1.4.2　打开已有文件

（1）输入命令（选用下列方法之一）

菜单栏：选取【文件】菜单→【打开】命令

工具栏：在【标准】工具栏中单击  按钮

命令行：键盘输入【OPEN】

（2）操作格式

命令：执行上面命令之一，系统弹出【选择文件】对话框，如图 11-5 所示。

图 11-5 【选择文件】对话框

通过对话框的【搜索（I）】下拉菜单选择需要打开的文件，AutoCAD 的图形文件格式为".dwg"格式，在【文件类型】下拉列表框中显示。可以在对话框的右侧预览图像后，单击【打开】按钮，文件即被打开。

11.1.4.3 保存图形

（1）输入命令（选用下列方法之一）

菜单栏：选取【文件】菜单→【保存】命令

工具栏：在【标准】工具栏中单击  按钮

命令行：键盘输入【SAVE】

（2）操作格式

命令：执行上面命令之一，系统弹出【图形另存为】对话框，如图 11-6 所示。

图 11-6 【图形另存为】对话框

工程制图与AutoCAD教程

ⅰ. 在【保存于】下拉列表框中指定图形文件保存的路径。

ⅱ. 在【文件名】文本框中输入图形文件的名称。

ⅲ. 在【文件类型】下拉列表框中选择图形文件要保存的类型。

ⅳ. 设置完成后，单击【保存】按钮。

11.1.4.4　退出 AutoCAD 2006

退出 AutoCAD 2006 的方法：

ⅰ. 单击工作界面右上角的关闭图标 ，可以退出 AutoCAD 2006；

ⅱ. 使用快捷键【Ctrl＋Q】，可以退出 AutoCAD 2006；

ⅲ. 使用【文件】菜单→【退出】命令，可以退出 AutoCAD 2006；

ⅳ. 在命令行输入【QUIT】，然后回车，可以退出 AutoCAD 2006。

11.2　AutoCAD 2006 的基本设置

11.2.1　界面设置

常见的界面设置有：修改界面各组成部分的背景颜色、十字光标的大小、显示精度、捕捉图标的颜色等内容。

11.2.1.1　输入命令（选用下列方法之一）

菜单栏：选取【工具】菜单→【选项】命令

命令行：键盘输入【OPTIONS】

11.2.1.2　操作格式

命令：执行上面命令之一，系统弹出【选项】对话框，如图 11-7 所示。下面将绘图中常遇到的选项卡设置介绍一下。

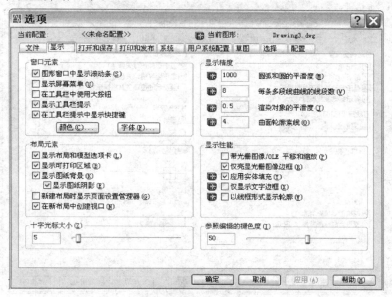

图 11-7　【选项】对话框一

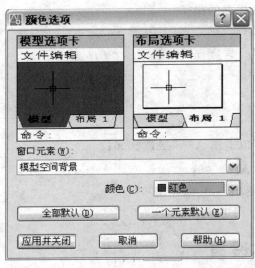

图 11-8 【颜色选项】对话框

（1）【显示】选项卡

① 设置背景颜色　按以下三步进行设置。

ⅰ.单击【窗口元素】区的【颜色】按钮，打开【颜色选项】对话框；

ⅱ.单击【颜色】下拉按钮，在弹出的下拉列表中选择要设置的颜色（如红色），如图11-8所示。单击【应用并关闭】，回到【选项】对话框；

ⅲ.单击【确定】按钮，完成背景颜色的设置。

② 设置十字光标的大小　用鼠标拖动【十字光标大小】区的十字光标滑块，可以改变十字光标的大小。默认的十字光标大小为屏幕宽度的 5％。

③ 设置显示精度　在 AutoCAD 2006 中，圆和圆弧的显示以无数个多边形叠加的方式进行。有时在屏幕上无数个多边形会叠加出棱角。要想在显示上不出现棱角，可以在【显示精度】区的输入框里输入1～20000 的有效数值。

（2）【草图】选项卡

① 设置捕捉图标的颜色　在【自动捕捉设置】区的【自动捕捉标记颜色】下拉按钮，在弹出的下拉列表中选择要设置的颜色（如黄色），如图 11-9 所示。

② 设置自动捕捉标记的大小　用鼠标拖动【自动捕捉标记大小】区的矩形滑块，可以改变自动捕捉标记的大小，如图 11-9 所示。

③ 设置自动捕捉靶框大小　用鼠标拖动【靶框大小】区的矩形滑块，可以改变自动捕捉靶框大小，如图 11-9 所示。

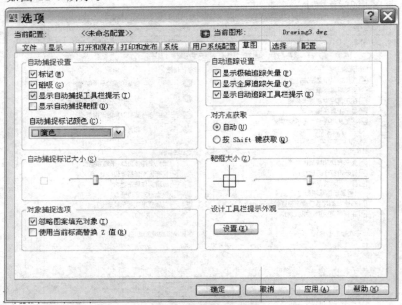

图 11-9 【选项】对话框二

（3）【选择】选项卡

① 设置拾取框大小　在【拾取框大小】区，用鼠标拖动矩形滑块，可以改变拾取框大小，如图 11-10 所示。

② 设置选择模式　在【选择模式】区的 6 个勾选框中一般按图 11-10 所示选择。

③ 设置夹点大小　在【夹点大小】区，用鼠标拖动矩形滑块，可以改变夹点大小，如图 11-10 所示。

④ 设置夹点　在【夹点】区的【未选中夹点颜色】下拉按钮，在弹出的下拉列表中选择要设置的颜色（如蓝色）；【选中夹点颜色】下拉按钮，在弹出的下拉列表中选择要设置的颜色（如红色）；【悬停夹点颜色】下拉按钮，在弹出的下拉列表中选择要设置的颜色（如绿色），如图 11-10 所示。

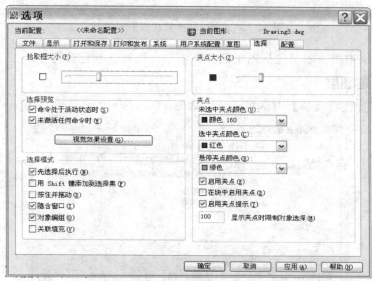

图 11-10　【选项】对话框三

11.2.2　图层设置

可以把图层想象为一张没有厚度的透明纸，各层之间完全对齐，一层上的某一基准点准确地对准其他各层上的同一基准点。用户可以给每一图层指定所用的线型、颜色，并将具有相同线型和颜色的对象放在同一图层，这些图层叠放在一起就构成了一幅完整的图形。图层示意如图 11-11 所示。

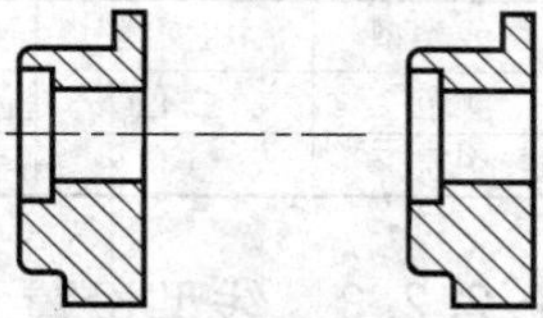

11.2.2.1　打开【图层特性管理器】

（1）输入命令

菜单栏：选取【格式】菜单→【图层】命令

工具栏：工具栏中单击 ▓ 按钮

图 11-11　图层示意图

命令行：键盘输入【Layer】

（2）操作格式

命令：_layer

系统打开对话框。默认状态下提供一个图层，图层名为"0"，颜色为白色，线型为实线，线宽为默认值。通过对话框可以实现对图层设置，如图 11-12 所示。

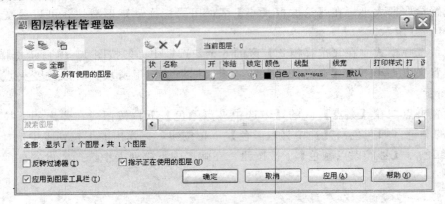

图 11-12　【图层特性管理器】对话框

在 AutoCAD 中每一图层包括图层名称、线型、线宽、颜色等特性。

11.2.2.2　新建图层

打开【图层特性管理器】对话框，步骤如图 11-13 所示。

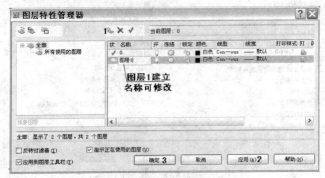

图 11-13　新建图层步骤

默认情况下，新建图层与当前层的状态、颜色、线性及线宽等设置相同。

根据国家标准《CAD 工程制图规则》（GB/T 18229—2000），CAD 工程图的图层建立要符合 CAD 工程图的管理要求，见表 11-1。

表 11-1　常用图线的颜色及其对应的图层

图线类型	粗实线	细实线	波浪线	双折线	虚线	细点画线	双点画线
颜色	白色	绿色			黄色	红色	粉红色
图层	01	02			03	05	07

11.2.2.3　线型设置

（1）线型设置命令

菜单栏：【格式】→【线型】

命令行：LINETYPE

输入命令后，系统打开【线型管理器】对话框，如图 11-14 所示。

【线型管理器】对话框中主要选项的功能如下。

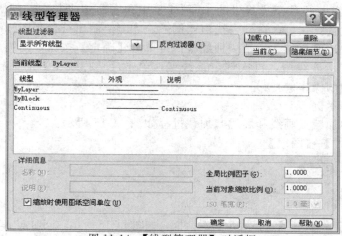

图 11-14　【线型管理器】对话框

①【线型过滤器】　该选项组用于设置过滤条件，以确定在线型列表中显示哪些线型。

②【加载（L）】按钮　用于加载新的线型。

③【当前（C）】按钮　用于指定当前使用的线型。

④【删除】按钮　用于从线型列表中删除没有使用的线型，即当前图形中没有使用到该线型，否则系统拒绝删除此线型。

⑤【显示细节（D）】按钮　用于显示或隐藏【线型管理器】对话框中的【详细信息】。

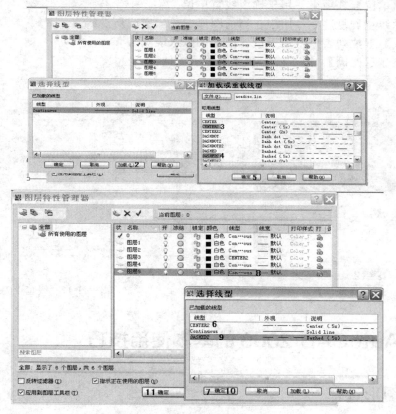

图 11-15　加载点画线和虚线

AutoCAD 2006 标准线型库提供的 45 种线型中包含有多个长短、间隔不同的虚线和点画线，只有适当地选择它们，在同一线型比例下，才能绘制出符合制图标准的图线。

在线型库单击选取要加载的某一种线型，再单击【确定】按钮，则线型被加载并在【选择线型】对话框显示该线型，再次选定该线型，单击【选择线型】对话框中的【确定】按钮，完成改变线型的操作。

（2）线型设置示例

在一幅新图中加载点画线和虚线，加载过程如图 11-15 所示。

菜单栏：【格式】→【图层】

11.2.2.4 颜色设置

菜单栏：【格式】→【颜色】

命令行：COLOR

输入命令后，系统打开【选择颜色】对话框，如图 11-16 所示，同时演示了选择颜色的步骤。

【选择颜色】对话框中，可以使用索引颜色（Index Color）、真彩色（True Color）和配色系统（Color Books）等选项卡来选择颜色。

11.2.2.5 线宽设置

菜单栏：【格式】→【线宽】

命令行：LINEWEIGHT

执行命令后，打开【线宽设置】对话框，如图 11-17 所示，其主要选项功能如下。

① 【线宽】列表框　用于设置当前所绘图形的线宽。

② 【列出单位】选项组　用于确定线宽单位。

③ 【显示线宽】复选框　用于在当前图形中显示实际所设线宽。

④ 【默认】下拉列表框　用于设置图层的默认线宽。

⑤ 【调整显示比例】　用于确定线宽的显示比例。

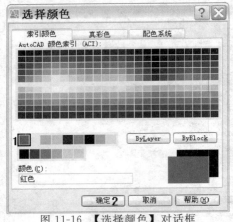

图 11-16　【选择颜色】对话框

图 11-17　线宽设置

11.3 AutoCAD 2006 的基本使用技巧

11.3.1 图形选择

在 AutoCAD 中要编辑对象，必须要对操作对象进行选择。当执行编辑命令或执行其他某些命令时，系统通常提示：选择对象，此时光标改变为一个小方框。当选择了对象之后，AutoCAD用虚像显示它们以示醒目。每次选定对象后，【选择对象:】提示会重复出现，直至按回车键或单击鼠标右键才能结束选择。

在 AutoCAD 中也允许先选择对象，然后输入编辑命令，这时不用【选择对象:】这一步，直接对选择的对象进行相应的编辑操作。这种情况下，被选择对象变为虚线且高亮显示并出现蓝色的夹点，如图 11-18 中的矩形和圆。

为了方便地选择各种对象，AutoCAD 软件提供了多种选择方法。

下面介绍常用的选择方法。

(1) 直接点取方法

这是一种默认选择方式，当提示【选择对象】时，移动光标，当光标压住所选择的对象时，单击鼠标左键，该对象变为虚线时表示被选中，一次选择一个对象，直到要选择的对象全部变为虚线且高亮显示为止。

(2) 全部方式

当提示【选择对象】时，输入【ALL】后按回车键，即选中绘图区中的所有对象。

(3) 窗口方式

当提示【选择对象】时，在默认状态下，用鼠标指定窗口的一个顶点，然后移动鼠标，再单击鼠标左键，确定一个矩形窗口。如果鼠标从左向右移动来确定矩形，则完全处在窗口内的对象被选中，如图 11-19(a) 所示；如果鼠标从右向左移动来确定矩形，则完全处在窗口内的对象和与窗口相交的对象均被选中，如图 11-19(b) 所示。

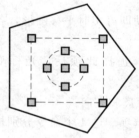

图 11-18　选择对象

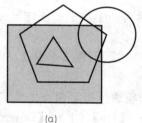

(a)　　　　　　　　　　(b)

图 11-19　窗口方式【选择对象】

(4) 取消

在提示【选择对象】时，输入【U】(Undo) 后按回车键，可以消除最后选择的对象。

11.3.2　图形显示

在绘制图形时，常常需要对图形进行放大或平移，对图形显示的控制主要包括：窗口缩放、平移操作。

11.3.2.1　窗口缩放

窗口缩放是指放大指定矩形窗口中的图形，使其充满绘图区。ZOOM 不改变图形中对象的绝对大小，只改变视图的比例。窗口缩放工具栏如图 11-20 所示。

(1) 输入命令

菜单栏：【视图】→【缩放】

命令行：ZOOM

图 11-20　缩放工具栏

（2）操作格式

ⅰ. 执行上面命令之后，单击鼠标左键确定放大显示的第一个角点，然后拖动鼠标框选取要显示在窗口中的图形，再单击鼠标左键确定对角点，即可将图形放大显示。

ⅱ. 执行【Z】命令后，按回车键，再输入【W】命令，即可按操作格式 i 执行，完成窗口缩放。

ⅲ. 在执行【Z】命令后，输入【A】（全部），则显示当前窗口中的全部图形，这是常用的缩放命令，可以用来观察图形的全貌。

ⅳ. 【指定窗口角点，输入比例因子（nX 或 nXP）或［全部（A）/中心点（C）/动态（D）/范围（E）/上一个（P）/比例（S）/窗口（W）］〈实时〉：】

这时，鼠标显示为放大镜图标，按住鼠标左键往上移动图形显示放大；往下移动图形则缩小显示。

11.3.2.2　平移操作

使用平移命令可以很方便地查看当前视窗以外的图形。执行此命令仅平行移动画面，没有缩放现象发生，因而操作简单、快捷。平移是绘图中常用的一种手段。

（1）输入命令

菜单栏：【视图】→【平移】

工具栏：在【标准】工具栏中单击   按钮

命令行：PAN

（2）操作格式

执行上面的命令之一，光标显示为一个小手，按住鼠标左键拖动即可实时平移图形，各项功能如下。

① 【Real Time】（实时）选项　这就是【平移】命令本身。选择此项后，光标变为【小手】。

② 【Point】（定点）选项　该选项通过指定两点来确定平移的距离和方向。

③ 【Left】（左）、【Right】（右）、【Up】（上）、【Down】（下）选项　这 4 个命令分别指令将视图向左、右、上、下移动一段距离。

其他方向移动的操作与向左移动相同。

11.3.3　对象捕捉的设置

在绘制图形过程中，常常需要通过拾取点来确定某些特殊点，如圆心、切点、端点、中点或垂足等。靠人的眼力来准确地拾取到这些点，是非常困难的，AutoCAD 提供了【对象捕捉】功能，可以迅速、准确地捕捉到这些特殊点，从而提高绘图的速度和精度。

（1）手动捕捉模式

对象捕捉工具栏如图 11-21 所示。

图 11-21　对象捕捉工具栏

【例 11-1】　现在有两条直线，画两条直线的中点连接线。

命令：_line 指定第一点：单击捕捉工具栏【中点】按钮，选择直线（出现直线中点捕捉按钮提示）

指定下一点或〔放弃（U）〕：单击捕捉工具栏【中点】按钮，选择另一直线（出现直线中点捕捉按钮提示）

指定下一点或〔放弃（U）〕：↙

实例中，在指定第一点和第二点时，输入了中点【Midpoint】，表示要捕捉直线中点。

对象捕捉各项含义见表 11-2 所示。

表 11-2　对象捕捉含义

捕捉模式	说　　明	光标标记	工具按钮
端点（END）	捕捉直线段或圆弧等对象的端点	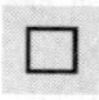 □	 ✐
中点（MID）	捕捉直线段或圆弧等对象的中点	 △	 ✐
交点（INT）	捕捉直线段或圆弧等对象之间的交点	✕	 ✕
外观交点（APPINT）	捕捉在二维图形中看上去是交点，而在三维图形中并不相交的点	⊠	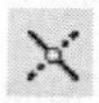 ✕
延长线（EXT）	捕捉对象延长线上的点	— ··	— ·
圆心（CEN）	捕捉圆或圆弧的圆心	○	◎
象限点（QUA）	捕捉圆或圆弧的最近象限点	◇	◈
切点（TAN）	捕捉所绘制的圆或圆弧上的切点	○	○
垂直（PER）	捕捉所绘制的线段与其他线段的正交点	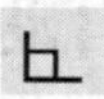 ⊥	⊥
平行线（PAR）	捕捉与某线平行的点	∥	∥
节点（NOD）	捕捉单独绘制的点	⊠	∘
插入点（INS）	捕捉对象上的距光标中心最近的点	⯐	品

（2）自动捕捉

在 AutoCAD 中使用捕捉模式最方便的方法是自动捕捉。自动捕捉就是事先设置好一些捕捉模式，当光标移动到符合捕捉模式的对象时，显示捕捉标记和捕捉提示，进行自动捕捉。

打开和关闭自动捕捉用状态栏中的【对象捕捉（OSNAP）】状态按钮 对象捕捉 ，按钮凹下，打开自动捕捉；按钮凸起，关闭自动捕捉。

菜单栏：选取【工具】菜单→【草图设置】命令→【对象捕捉】选项卡。

自动捕捉点的选择步骤如图 11-22 所示，可以将常用的捕捉点勾选上。

11.3.4　正交模式

（1）输入命令

状态栏：单击【正交】按钮

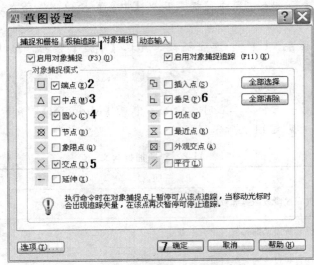
图 11-22　自动捕捉点的选择步骤

命令行：ORTHO

功能键：〈F8〉

（2）操作格式

执行上面命令之后，可以打开正交功能，通过单击【正交】按钮和〈F8〉功能键可以进行正交功能打开与关闭的切换，正交模式不能控制键盘输入点的位置，只能控制鼠标拾取点的方位。

11.3.5　自动追踪模式

使用正交模式可以把点取在水平或垂直方向上。是否可以在任意角度上取点呢？这就是追踪要解决的问题。追踪包括两种：极轴追踪和对象捕捉追踪。

使用自动追踪功能前，需对相关的选项进行设置。

（1）菜单栏

选取【工具】菜单→【选项】命令

弹出【选项】对话框，如图 11-23 所示，在该对话框【草图】选项卡的【自动追踪设置】选项区内可以进行设置。

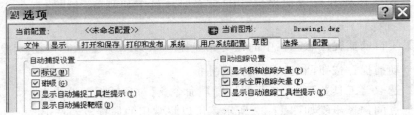
图 11-23　【自动追踪设置】选项区

【自动追踪设置】选项区内的选项含义说明如下。

☑ **显示极轴追踪矢量**(P) 复选框　用于设置是否显示极轴追踪的矢量，追踪矢量是一条无限长的辅助线。

☑ 显示全屏追踪矢量(F) 复选框 用于设置是否显示全屏追踪的矢量。

☑ 显示自动追踪工具栏提示(K) 复选框 用于设置在追踪特征点时是否显示提示文字。

（2）极轴追踪设置

极轴追踪捕捉可通过单击状态栏上【极轴】按钮来打开或关闭，也可用〈F10〉功能键打开或关闭。启用该功能以后，当执行 AutoCAD 的某一操作并根据提示确定了一点（追踪点）同时系统继续提示用户确定另一点位置时，移动光标，使光标接近预先设定的方向，自动将光标指引线吸引到该方向，同时沿该方向显示出极轴追踪矢量，并且浮出一个小标签，标签中说明当前光标位置相对于前一点的极坐标。【极轴追踪】选项卡如图 11-24 所示。

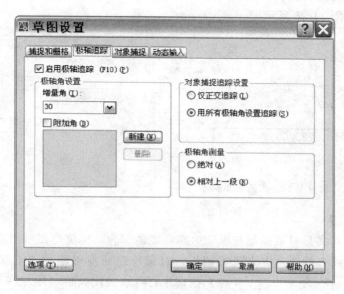

图 11-24 【极轴追踪】选项卡

【极轴追踪设置】选项区内的选项含义说明如下。

☑ 启用极轴追踪(F10)(P)复选框 打开/关闭极轴追踪。

极轴角设置 选项区域 用于设置极轴角度。

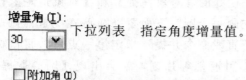
下拉列表 指定角度增量值。

☐ 附加角(D)
新建(N) 复选框 增加新角度。最多可以增加 10 个角度。

☐ 附加角(D)
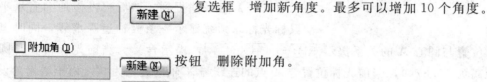
新建(N) 按钮 删除附加角。

（3）对象捕捉追踪设置

对象捕捉追踪设置 选项区域 用于设置对象捕捉追踪选项。

◉ 仅正交追踪(L)单选按钮 可在启用对象捕捉追踪时，只显示获取的对象捕捉点的正交对

象捕捉追踪路径，即 90°、180°、270°、360° 方向的追踪路径。

⊙ 用所有极轴角设置追踪(S)单选按钮 可以将极轴追踪应用到对象捕捉追踪。

【例 11-2】 现在要画一条直线，先将状态栏处的【极轴】按钮按下。执行直线命令并指定了第一点后，当命令行提示输入下一点时，将【皮筋线】移至水平附近，系统便追踪到 0° 位置，并显示一条极轴追踪虚线，同时显示当前光标位置与前一点的关系提示，如图 11-25 所示。

提示含义为当前光标位置与 A 点的距离为 223.0692，当前光标位置与 A 点的连线与 X 轴的夹角为 0°，如图 11-25 所示。由于增量角设置的为 30°，所以继续移动【皮筋线】，系统还可以捕捉到 30° 倍数的位置线，如 30°、60°、90° 等。在极轴追踪虚线上的某一位置单击，便可选择该点，如图 11-26 所示。

图 11-25　当前光标位置与前一点的关系提示

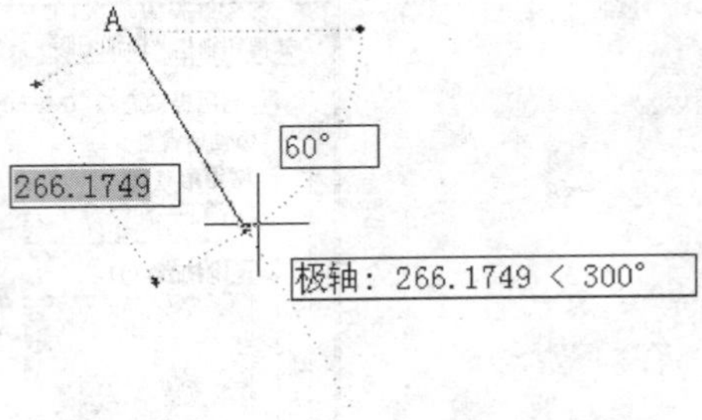

图 11-26　利用极轴追踪线绘图

【对象追踪设置】

对象捕捉追踪其实是对象捕捉与极轴追踪功能的综合，也就是说可以通过指定对象点及指定角度线的延长线上的任意点来进行捕捉。对象追踪捕捉可通过单击状态栏上【对象追踪】按钮来打开或关闭，也可用〈F11〉功能键打开或关闭。

对象追踪设置在【极轴追踪设置】中已作介绍。

【例 11-3】 如图 11-27 所示，以圆心 A 为起点画一条直线。

将状态栏处的【对象捕捉】和【对象追踪】按钮均按下。先画一个圆，下面要以圆心 A 为起点画一条直线。执行直线命令并提示指定第一点后，将鼠标光标移至圆心附近稍等片刻，就会出现【圆心】提示，表示【圆心】已被捕捉到，然后再慢慢地向右水平移动鼠标光标，系统显示一条极轴追踪虚线，同时显示

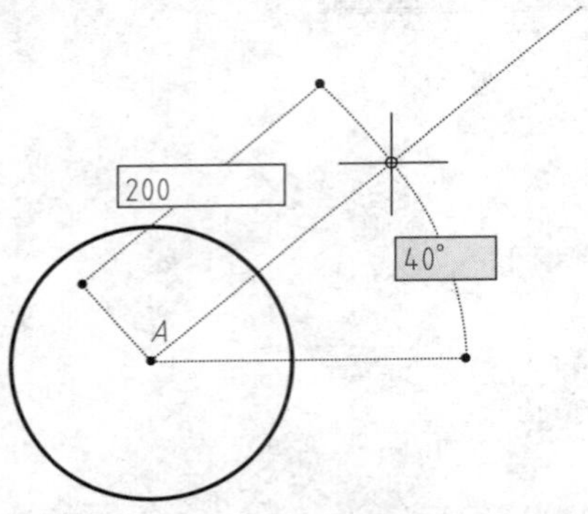

图 11-27　以圆心 A 为起点画一条直线

当前光标位置与圆心 A 的关系提示 极轴: 55.8744 < 0° ，提示含义为当前光标位置与圆心 A 点的距离为 55.8744，当前光标位置与 A 点的连线与 X 轴的夹角为 0°。由于增量角设置的为 20°，并且选中 ⊙ 用所有极轴角设置追踪(S)，系统还可以捕捉到 20° 倍数的位置，如 40°、60°、80° 等。在某一追踪路径移动光标并且在所需位置上单击，便可选择该点，如图 11-27 所示。

11.4 基本绘图命令

11.4.1 绘制直线

绘制直线命令最常用的绘制直线的方式为两点确定一条直线。

（1）输入命令（选用下列方法之一）

菜单栏：选取【绘图】菜单→【直线】命令

工具栏：在【绘图】工具栏中单击 / 按钮

命令行：键盘输入【L】

（2）操作格式

命令：执行上面命令之一，系统提示如下：

指定第一点：50，100↵（输入起始点，单击绘图区域或输入数值）

指定下一点或［放弃（U）］：@200，200↵（输入第2点）

指定下一点或［闭合（C）/放弃（U）］：@200＜270↵（输入第3点）

指定下一点或［闭合（C）/放弃（U）］：C↵（自动封闭多边形并退出命令）

绘制完成后，如图11-28所示。

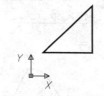

图11-28 绘制直线

图11-29 绘制多段线

11.4.2 绘制多段线

绘制多段线命令绘制连续的等宽或不等宽的直线或圆弧。

（1）输入命令（选用下列方法之一）

菜单栏：选取【绘图】菜单→【多段线】命令

工具栏：在【绘图】工具栏中单击 ⇨ 按钮

命令行：键盘输入【PL】

（2）操作格式

命令：执行上面命令之一，系统提示如下：

指定起点：单击绘图区（指定多段线的起始点）

当前线宽为0（提示当前线宽是【0】）

指定下一点或［圆弧（A）/半宽（H）/长度（L）/放弃（U）/宽度（W）］：@5＜0↵

指定下一点或［圆弧（A）/半宽（H）/长度（L）/放弃（U）/宽度（W）］：W↵（输入线段宽度）

指定起点宽度［0］：0.6↵

指定端点宽度［1］：0↵

指定下一点或［圆弧（A）/半宽（H）/长度（L）/放弃（U）/宽度（W）］: @5<0↵

指定下一点或［圆弧（A）/半宽（H）/长度（L）/放弃（U）/宽度（W）］: ↵（输入完毕）

绘制完成后，如图 11-29 所示。

11.4.3　绘制样条曲线

绘制样条曲线命令可以绘制非均匀的曲线。可以使用该命令绘制机械图样中的波浪线。

（1）输入命令（选用下列方法之一）

菜单栏：选取【绘图】菜单→【样条曲线】命令

工具栏：在【绘图】工具栏中单击 ～ 按钮

命令行：键盘输入【SPLINE】

（2）操作格式

命令：执行上面命令之一，系统提示如下：

指定第一个点或［对象（O）］: 指定第 1 点↵

指定下一个点: 指定第 2 点↵

指定下一个点或［闭合（C）/拟合公差（F）］〈起点切向〉: 指定第 3 点↵

指定下一个点或［闭合（C）/拟合公差（F）］〈起点切向〉: 指定第 4 点↵

指定下一个点或［闭合（C）/拟合公差（F）］〈起点切向〉: 指定第 5 点↵

指定下一个点或［闭合（C）/拟合公差（F）］〈起点切向〉: ↵

指定起点切向: ↵

指定终点切向: ↵

绘制完成后，如图 11-30 所示。

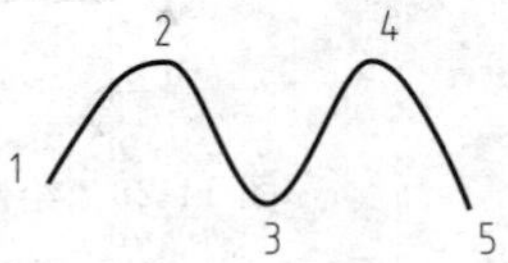

图 11-30　绘制样条曲线

11.4.4　绘制圆

（1）输入命令

菜单栏：选取【绘图】菜单→【圆】命令

工具栏：在【绘图】工具栏中单击 ⊘ 按钮

命令行：输入 C

（2）操作格式

AutoCAD 2006 提供了 5 种绘制圆的方法，下面分别作介绍。

① 菜单栏　选取【绘图】菜单→【圆】命令→选择【圆心、半径】方式。

指定圆的圆心或［三点（3P）/两点（2P）/相切、相切、半径（T）］: 单击绘图区一点（用鼠标或坐标法指定圆心 O）

指定圆的半径［直径（D）］: 20 ↵（输入圆的半径）

② 菜单栏　选取【绘图】菜单→【圆】命令→选择【圆心、直径】方式。

指定圆的圆心或［三点（3P）/两点（2P）/相切、相切、半径（T）］: 单击绘图区一点（用鼠标或坐标法指定圆心 O）

指定圆的半径［直径（D）］: D ↵（输入【D】）

指定圆的半径 [直径 (D)]：10 ⏎ (输入圆的直径数值)

③ 菜单栏　选取【绘图】菜单→【圆】命令→选择【三点】方式。

指定圆的圆心或 [三点 (3P)/两点 (2P)/相切、相切、半径 (T)]：3P ⏎

指定圆的第一点：指定圆上第 1 点

指定圆的第二点：指定圆上第 2 点

指定圆的第三点：指定圆上第 3 点

如图 11-31 所示。

④ 菜单栏　选取【绘图】菜单→【圆】命令→选择【两点】方式。

指定圆的圆心或 [三点 (3P)/两点 (2P)/相切、相切、半径 (T)]：2P ⏎

指定圆直径的第一个端点：指定圆上第 1 点

指定圆直径的第二端点：指定圆上第 2 点

如图 11-32 所示。

⑤ 菜单栏　【绘图】→【圆】→选择【相切、相切、半径】方式。

指定对象与圆的第一个切点：选择第一个圆上一点 (出现【递延切点】提示)

指定对象与圆的第二个切点：选择第二个圆上一点 (出现【递延切点】提示)

指定圆的半径〈当前值〉：10 ⏎ (指定公切圆 R 半径)

绘制过程如图 11-33 所示。

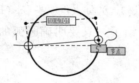

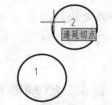

图 11-31 【三点】　　　　图 11-32 【二点】　　　　图 11-33 【相切、相切、
　方式绘制圆　　　　　　　方式绘制圆　　　　　　　半径】方式绘制圆

11.4.5　绘制圆弧

(1) 输入命令 (选用下列方法之一)

菜单栏：选取【绘图】菜单→【圆弧】命令

工具栏：在【绘图】工具栏中单击╭按钮

命令行：键盘输入【ARC】

(2) 操作格式

AutoCAD 2006 提供了 9 种绘制圆弧的方法，下面分别作介绍。

① 菜单栏　【绘图】→【圆弧】→选择【三点】方式。

命令：_ arc 指定圆弧的起点或 [圆心 (C)]：单击绘图区一点 (指定圆弧起点)

指定圆弧的第二个点或 [圆心 (C)/端点 (E)]：单击绘图区另一点 (指定圆弧上第 2 点)

指定圆弧的端点：单击绘图区第三点 (指定圆弧上第 3 点)。

② 菜单栏　【绘图】→【圆弧】→选择【起点、圆心、端点】方式。

命令：_arc 指定圆弧的起点或 [圆心（C）]：单击绘图区一点（指定圆弧起点）

指定圆弧的第二个点或 [圆心（C）/端点（E）]：C（指定圆弧圆心）

指定圆弧的端点或 [角度（A）/弦长（L）]：标单击绘图区另一点（指定圆弧端点）

③ 菜单栏 【绘图】→【圆弧】→选择【起点、圆心、角度】方式。

命令：_arc 指定圆弧的起点或 [圆心（C）]：单击绘图区一点（指定圆弧起点）

指定圆弧的第二个点或 [圆心（C）/端点（E）]：捕捉圆弧圆心

指定圆弧的端点或 [角度（A）/弦长（L）]：A（指定圆弧圆心角度）

④ 菜单栏 【绘图】→【圆弧】→选择【起点、端点、角度】方式。

命令：_arc 指定圆弧的起点或 [圆心（C）]：单击绘图区一点（指定圆弧起点）

指定圆弧的第二个点或 [圆心（C）/端点（E）]：单击绘图区另一点（指定圆弧端点）

指定圆弧的圆心或 [角度（A）/方向（D）/半径（R）]：180 ↵

⑤ 菜单栏 【绘图】→【圆弧】→选择【起点、端点、方向】方式。

命令：_arc 指定圆弧的起点或 [圆心（C）]：单击绘图区一点（指定圆弧起点）

指定圆弧的第二个点或 [圆心（C）/端点（E）]：单击绘图区另一点（指定圆弧端点）

指定圆弧的圆心或 [角度（A）/方向（D）/半径（R）]：30 ↵（指定圆弧起点切线方向）

⑥ 菜单栏：【绘图】→【圆弧】→选择【起点、端点、半径】方式。

命令：_arc 指定圆弧的起点或 [圆心（C）]：单击绘图区一点（指定圆弧起点）

指定圆弧的第二个点或 [圆心（C）/端点（E）]：单击绘图区另一点（指定圆弧端点）

指定圆弧的圆心或 [角度（A）/方向（D）/半径（R）]：400 ↵（输入数值）

其他的几种方式就不一一介绍了，只要明确画弧的已知条件，然后选择绘制圆弧命令就可以。

11.4.6　绘制椭圆

（1）输入命令（选用下列方法之一）

菜单栏：选取【绘图】菜单→【椭圆】命令

工具栏：在【绘图】工具栏中单击 ⬭ 按钮

命令行：键盘输入【ELLIPSE】

（2）操作格式

AutoCAD 2006 提供了 3 种绘制椭圆的方法，下面分别作介绍。

① 菜单栏 【绘图】→【椭圆】→选择【中心点】方式。

指定椭圆的轴端点或 [圆弧（A）/中心点（C）]：C ↵

指定椭圆中心点：单击绘图区一点（指定中心点 O）

指定轴的端点：单击绘图区另一点（指定长轴端点）

指定另一条半轴长度或 [旋转（R）]：110 ↵（输入数值或鼠标单击来指定短轴端点）

② 菜单栏 【绘图】→【椭圆】→选择【轴、端点】方式。

指定椭圆的轴端点或 [圆弧（A）/中心点（C）]：（指定长轴点）

指定轴的另一个端点：单击绘图区另一点（指定长轴另一个端点）

指定另一条半轴长度或〔旋转（R）〕：110 ↵（输入数值或单击来指定短轴端点）

③ 菜单栏　【绘图】→【椭圆】→选择【轴、端点】方式。

指定椭圆的轴端点或〔圆弧（A）/中心点（C）〕：单击绘图区一点（指定长轴点）

指定轴的端点：单击绘图区另一点（指定长轴另一个端点）

指定另一条半轴长度或〔旋转（R）〕：R ↵

指定绕长轴旋转的角度：30 ↵

旋转（R）：是指以所绘制的轴为直径的圆绕该轴旋转的角度，如图 11-34 所示。

11.4.7　绘制矩形

（1）输入命令（选用下列方法之一）

菜单栏：选取【绘图】菜单→【矩形】命令

工具栏：在【绘图】工具栏中单击口按钮

命令行：键盘输入【RECTANG】

（2）操作格式

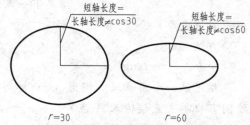

图 11-34　【轴、端点】方式绘制椭圆

执行上面命令之一，系统提示如下。

指定第一个角点〔倒角（C）/标高（E）/圆角（F）/厚度（T）/宽度（W）〕：单击绘图区一点（指定第一个角点）

指定另一个角点：单击绘图区另一点（指定另一个角点）

另外，还可以绘制有倒圆和倒角的矩形，操作如下。

命令：_ rectang

当前矩形模式：倒角＝11.0000×11.0000

指定第一个角点或〔倒角（C）/标高（E）/圆角（F）/厚度（T）/宽度（W）〕：C ↵

指定矩形的第一个倒角距离〈11.0000〉：30 ↵

指定矩形的第二个倒角距离〈11.0000〉：30 ↵

指定第一个角点或〔倒角（C）/标高（E）/圆角（F）/厚度（T）/宽度（W）〕：单击绘图区一点（指定第一个角点）

指定另一个角点或〔面积（A）/尺寸（D）/旋转（R）〕：（指定另一个角点）

绘制完成后，如图 11-35 所示。

命令：_ rectang

指定第一个角点或〔倒角（C）/标高（E）/圆角（F）/厚度（T）/宽度（W）〕：F ↵

指定矩形的圆角半径〈0.0000〉：50 ↵

指定第一个角点或〔倒角（C）/标高（E）/圆角（F）/厚度（T）/宽度（W）〕：单击绘图区另一点（指定第一个角点）

指定另一个角点或〔面积（A）/尺寸（D）/旋转（R）〕：单击绘图区另一点（指定另一个角点）

绘制完成后，如图 11-36 所示。

图 11-35　【倒角】绘制矩形

图 11-36　【圆角】绘制矩形

【例 11-4】 绘制图 11-37 所示的矩形。

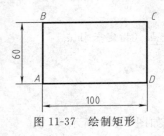

图 11-37 绘制矩形

作图　方法一

命令：_ line

指定第一点：A⏎（在绘图窗口单击直接输入 A 点）

指定下一点或 ［放弃 (U)］：@100<0⏎（B 点）

指定下一点或 ［放弃 (U)］：@60<90⏎（C 点）

指定下一点或 ［闭合 (C)/放弃 (U)］：@100<180⏎（D 点）

指定下一点或 ［闭合 (C)/放弃 (U)］：C⏎（形成封闭矩形并退出直线命令）

方法二

命令：_ rectang

指定第一个角点或 ［倒角 (C)/标高 (E)/圆角 (F)/厚度 (T)/宽度 (W)］：A⏎（在绘图窗口单击直接输入 A 点）

指定另一个角点或 ［面积 (A)/尺寸 (D)/旋转 (R)］：d⏎

指定矩形的长度 〈10〉：100⏎

指定矩形的宽度 〈10〉：60⏎

指定另一个角点或 ［面积 (A)/尺寸 (D)/旋转 (R)］：单击绘图区一点

11.4.8　绘制正多边形

（1）输入命令（选用下列方法之一）

菜单栏：选取【绘图】菜单→【正多边形】命令

工具栏：在【绘图】工具栏中单击 ⬠ 按钮

命令行：键盘输入【POLYGON】

（2）操作格式

执行上面命令之一，系统提示如下。

_ polygon 输入边的数目 〈4〉：（输入边数）

指定多边形的中心点或 ［边 (E)］：（指定多边形的中心点）

输入选项 ［内接于圆 (I)/外切于圆 (C)]〈I〉：(〈I〉为默认值，直接按 ⏎ 键）

指定圆的半径：（指定圆的半径）

结果按内接圆方式绘制多边形。

11.5　基本编辑命令

11.5.1　删除

删除命令可擦去图形中不需要的实体。

（1）输入命令

菜单栏：选取【修改】菜单→【删除】命令

工具栏：在【修改】工具栏中单击 ✐ 按钮

命令行：键盘输入【ERASE】

（2）操作格式

命令：_ erase

选择对象：（选择要删除的对象）

选择对象：（选择要删除的对象或按↵）

11.5.2　恢复

如果使用删除命令误删了某些实体，只要没退出当前图形，也没有存盘，就可以使用UNDO命令恢复被误删的实体。

（1）输入命令

菜单栏：选取【编辑】菜单→【放弃】命令

工具栏：在【标准】工具栏中单击 ↶ 按钮

命令行：键盘输入【UNDO】

（2）操作格式

用户可以重复输入【U】命令或单击【放弃】按钮来取消自从打开当前图形以来的所有命令。当要撤销一个正在执行的命令，可以按〈Esc〉键，有时需要按〈Esc〉键两至三次才可以回到【命令:】提示状态，这是一个常用的操作。

11.5.3　移动

移动命令可以根据需要改变所绘图形在坐标系中的位置。

（1）输入命令

菜单栏：选取【修改】菜单→【移动】命令

工具栏：在【修改】工具栏中单击 ✛ 按钮

命令行：键盘输入【MOVE】

（2）操作格式

命令：_ move

选择对象：（选择要移动的对象）

选择对象：（选择要移动的对象）

选择对象：↵

指定基点或 ［位移（D）］〈位移〉：（输入一点的坐标或在屏幕上取点）

指定第二个点或〈使用第一个点作为位移〉：（指定第二个点或按↵）

移动效果见图 11-38。

11.5.4　旋转

通过旋转使所绘图形绕指定点旋转一定的角度。逆时针旋转为正，顺时针为负。

（1）输入命令

菜单栏：选取【修改】菜单→【旋转】命令

工具栏：在【修改】工具栏中单击 ↻ 按钮

命令行：键盘输入【ROTATE】

（2）操作格式

命令：＿rotate

选择对象：选择三角形实体（选择要旋转的对象）

选择对象：↵

指定基点：捕捉红色端点（指定旋转基点）

指定旋转角度或［参照（R）］：－90（指定旋转角）

旋转效果见图 11-39。

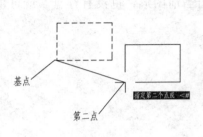

图 11-38　移动对象

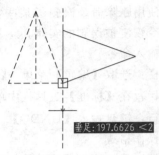

图 11-39　旋转对象

【例 11-5】　如图 11-40 所示，画一等腰三角形，现将三角形右边的腰 AB 旋转为水平方向，三角形的腰与水平线之间的夹角未知。

图 11-40　旋转等腰三角形

命令：＿rotate

选择对象：选择三角形实体

选择对象：↵

指定基点：A↵（捕捉 A 点）

指定旋转角度，或［复制（C）/参照（R）］〈0〉：C↵

指定旋转角度，或［复制（C）/参照（R）］〈0〉：R↵

指定参照角〈119〉：指定第二点：B↵（捕捉 B 点）

指定新角度或［点（P）］〈0〉：C↵（将 AB 直线旋转成水平位置后，单击水平位置任意处）

旋转效果见图 11-40。

11.5.5　复制

通过复制命令可以快速生成新的图形拷贝，因而可以提高绘图速度。

（1）输入命令

菜单栏：选取【修改】菜单→【复制】命令

工具栏：在【修改】工具栏中单击 按钮

命令行：键盘输入【COPY】

（2）操作格式

命令：＿copy

选择对象：选择要复制的对象

选择对象：↵

指定基点或位移，或者［重复（M）］：圆心（指定基点）

指定位移的第二点或〈用第一点作位移〉：单击绘图区任一点（指定位移点）

复制效果见图 11-41。

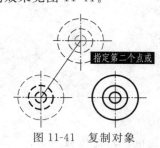

图 11-41　复制对象

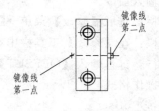

图 11-42　镜像对象

11.5.6　镜像

利用对称线，将图形像照镜子一样完成对称复制或移动。

（1）输入命令

菜单栏：选取【修改】菜单→【镜像】命令

工具栏：在【修改】工具栏中单击 按钮

命令行：键盘输入【MIRROR】

（2）操作格式

命令：_ mirror

选择对象：选择要镜像的对象

选择对象：↵

指定镜像线的第一点：指定对称线上的任意一点（图 11-42）

指定镜像线的第二点：指定对称线上的另一点（图 11-42）

是否删除原对象？［是（Y）/否（N）］〈n〉：↵

镜像效果见图 11-42。

11.5.7　缩放

缩放命令是指不改变对象间的比例，而放大或缩小对象。

（1）输入命令

菜单栏：选取【修改】菜单→【缩放】命令

工具栏：在【修改】工具栏中单击 按钮

命令行：键盘输入【SCALE】

（2）操作格式

命令：_ scale

选择对象：（选择要缩放的对象）

选择对象：（按 ↵ 键或继续选择对象）

确定基点：（指定基点）

指定比例因子或［参照（R）］：（指定比例因子）

11.5.8 偏移

偏移命令是指创建形状与选定对象形状平行的新对象。

（1）输入命令

菜单栏：选取【修改】菜单→【偏移】命令

工具栏：在【修改】工具栏中单击 按钮

命令行：键盘输入【OFFSET】

（2）操作格式

命令：_ offset

指定偏移距离或［通过（T）］〈1.00〉：10 （输入数值，指定偏移距离）

选择要偏移的对象或〈退出〉：选择对象

指定点以确定偏移所在一侧：单击图形外侧（指定偏移方位）

选择要偏移的对象或〈退出〉：10 （也可以继续执行偏移命令）

偏移效果见图 11-43。

图 11-43 偏移对象

11.5.9 阵列

阵列命令是指将对象形成矩形或环形。

（1）输入命令

菜单栏：选取【修改】菜单→【阵列】命令

工具栏：在【修改】工具栏中单击 按钮

命令行：键盘输入【ARRAY】

（2）操作格式

命令：_ array

系统打开【阵列】对话框。

选择【矩形阵列】选项，在对话框中输入矩形阵列的行数、列数、旋转角度。单击【选择对象】按钮，如图 11-44 所示。

选择对象：（选择要阵列的对象）

选择对象：（按 键结束对象选择）

选择对象后，按设置完成阵列。返回【阵列】对话框，单击【确定】按钮。

若要创建环形阵列，可以在【阵列】对话框中选择【环形阵列】选项，确定阵列的中心点、个数和圆心角后完成阵列。

11.5.10 修剪

修剪命令是指使对象精确的中止于由其他对象定义的边界。

（1）输入命令

菜单栏：选取【修改】菜单→【修剪】命令

工具栏：在【修改】工具栏中单击 按钮

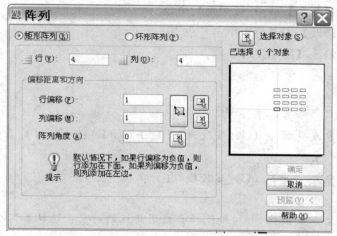

图 11-44　阵列对象

命令行：键盘输入【TRIM】

（2）操作格式

命令：_ trim

选择对象：（选择边界对象）

选择对象：（按 ⌐ 键或继续选择对象）

选择要修剪的对象，按住〈Shift〉键选择要延伸的对象，或 ［投影（P）/边（E）/放弃（U）］：（选择要修剪对象直线）

11.5.11　延伸

延伸命令是指使对象精确地延伸至由其他对象定义的边界。

（1）输入命令

菜单栏：选取【修改】菜单→【延伸】命令

工具栏：在【修改】工具栏中单击 ⫟ 按钮

命令行：键盘输入【EXTENT】

（2）操作格式

命令：_ extent

选择对象：（选择边界对象）

选择对象：（按 ⌐ 键或继续选择对象）

选择要延伸的对象，按住〈Shift〉键选择要修剪的对象或 ［投影（P）/边（E）/放弃（U）］：（选择要延伸对象）

延伸和修剪命令，在操作中可以按下〈Shift〉键相互转换。延伸和修剪效果见图 11-45。

11.5.12　圆角

圆角命令是指通过一个指定半径的圆弧来光滑地连接两个对象。

（1）输入命令

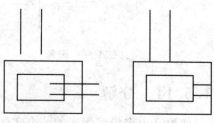

图 11-45　延伸和修剪对象

菜单栏：选取【修改】菜单→【圆角】命令

工具栏：在【修改】工具栏中单击 ┌ 按钮

命令行：键盘输入【FILLIT】

（2）操作格式

命令：_ fillet

当前设置：模式＝修剪，半径＝3.0

选择第一个对象或［放弃（U）/多段线（P）/半径（R）/修剪（T）/多个（M）］：R ↵

指定圆角半径〈3.0〉：10 ↵

选择第一个对象或［放弃（U）/多段线（P）/半径（R）/修剪（T）/多个（M）］：选择第一个对象

选择第二个对象，或按住 Shift 键选择要应用角点的对象：选择第二个对象

效果如图 11-46 所示。

11.5.13　倒角

倒角命令通过一条制定的直线连接两条非平行线。

（1）输入命令

菜单栏：选取【修改】菜单→【倒角】命令

工具栏：在【修改】工具栏中单击 ┌ 按钮

命令行：键盘输入【CHAMFER】

（2）操作格式

命令：_ chamfer

选择第一条直线或［多段线（P）/距离（D）/角度（A）/修剪（T）/方法（M）］：D ↵ （输入 D，执行该选项），系统提示：

指定第一个倒角距离〈10.00〉：20 ↵ （指定第一个倒角距离）

指定第二个倒角距离〈10.00〉：30 ↵ （指定第二个倒角距离）

选择第一条直线或［多段线（P）/距离（D）/角度（A）/修剪（T）/方法（M）］：选择1条直线

选择第二条直线：选择第 2 条直线

效果见图 11-47。

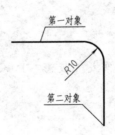

图 11-46　圆角

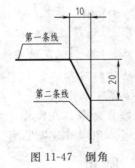

图 11-47　倒角

11.5.14　分解

使原来由多段线组成的一个实体分解为若干个独立的实体，图形无变化。如原来为一个

实体的矩形，分解后，其四条边变成了四个独立的实体，但外形无变化。

（1）输入命令

菜单栏：选取【修改】菜单→【分解】命令

工具栏：在【修改】工具栏中单击 按钮

命令行：键盘输入【EXPLODE】

（2）操作格式

命令：_ explode

选择对象：（选择要分解的对象）

选择对象：（按 ⏎ 键或继续选择对象）

分解前后的效果见图 11-48。

(a) 原对象   (b) 对象未分解被选择   (c) 对象已分解被选择

图 11-48 分解效果

11. 6 常用高级编辑命令

11. 6. 1 夹点编辑

可以快速完成对实体的伸缩、移动、旋转、缩放、镜像等操作。要使用夹点编辑，必须启用夹点。

（1）启用夹点

启用夹点步骤如下：选取【工具】菜单→【选项】命令→【选择】选项卡→【夹点】项，设置夹点的状态→【确定】

启用夹点后，当选择对象时，被选中的对象显示出蓝色（默认设置），如图 11-49 所示。按〈Esc〉键或改变试图显示，如缩放、平移等，可取消夹点选择。

选择了夹点，就可以完成对实体的拉伸、移动、旋转、缩放、镜像等操作。

（2）夹点操作

ⅰ. 选择要修改的对象，显示出夹点。

ⅱ. 选择其中一个夹点，此点变红。

ⅲ. 命令行提示如下。

＊＊拉伸＊＊

指定拉伸点或［基点（B）/复制（C）/放弃（U）/退出（X）］：

其中各项含义如下。

基点（B）：如不再指定基点，则所选点作为基点。

复制（C）：制作对象的副本。

放弃（U）：放弃命令。

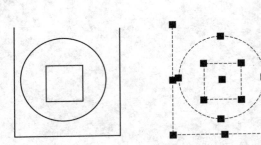
图 11-49　夹点选择对象

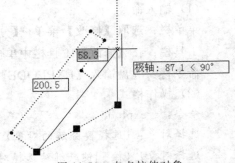
图 11-50　夹点拉伸对象

退出（X）：退出夹点编辑。

利用夹点拉伸方法修改对象很方便，如要修改一直线的端点位置，只要以直线端点为基点，输入坐标或直接拖动即可，如图 11-50 所示。

ⅳ. 要对对象进行其他操作，保持夹点被选中，修改方式依次循环为移动、旋转、缩放、镜像、拉伸……

利用夹点移动、旋转、缩放、镜像效果如图 11-51 所示。

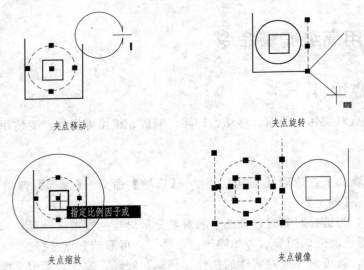

夹点移动　　　　　　　　　　　　　　夹点旋转

夹点缩放　　　　　　　　　　　　　　夹点镜像

图 11-51　夹点编辑

11.6.2　特性编辑

特性编辑是快速编辑的另一种手段。在 AutoCAD 中多数对象都具有一定的属性，如颜色、线型、坐标位置等基本特性；有些特性是某个对象所特有的。

在编辑对象时，一般先选中一个或一类对象。

（1）输入命令

菜单栏：选取【修改】菜单→【特性】命令

工具栏：在【标准】工具栏中单击 按钮

命令行：键盘输入【PROPERTIES】

（2）操作格式

命令：_ properties

弹出【特性编辑器】选项板，如图 11-52 所示。

如果之前选择了对象，特性选项板中将显示该对象几乎全部的特性。图 11-53 显示的是文字的特性。在特性选项板中可以方便地修改已选对象的各种特性。

【特性管理器】如图 11-53 所示，主要有两个列表框，小的为选中实体显示框，大的列表框显示选中实体可以修改的属性。对选中的实体的编辑操作在大的列表框中进行。该列表框将实体属性分为按字母顺序和按分类列出。按分类列出的实体属性分为【基本属性】、【打印样式】、【视图】与【其他】四部分。当选中某一个或一些实体后，在小下拉列表框中将显示选中的实体总数及每一种实体的个数。在大列表框中显示相应的可以编辑的属性。比如，选中一个圆之后，在按分类项下将显示【基本属性】和【几何属性】。

结束修改，按〈ESC〉键，退出【特性管理器】，需单击该对话框左上角的 ✕。

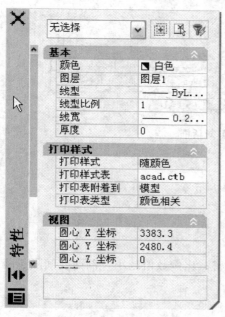

图 11-52 【特性编辑器】选项板

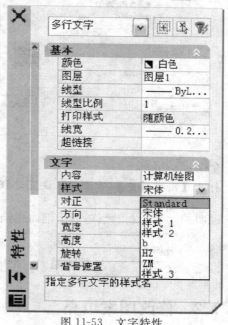

图 11-53 文字特性

11.7 图案填充

在 AutoCAD 中可以用图案填充命令来绘制剖面线。

11.7.1 创建图案填充

（1）输入命令

菜单栏：选取【绘图】菜单→【图案填充】命令

工具栏：在【绘图】工具栏中单击 按钮

命令行：键盘输入【BHATCH】

（2）操作格式

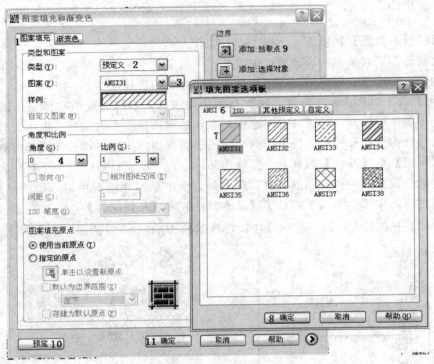

图 11-54 【图案填充】对话框

命令：_ bhatch

打开【图案填充】对话框，设置过程见图 11-54 所示。

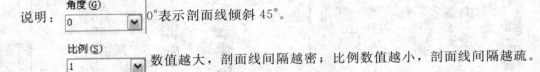

说明：0°表示剖面线倾斜 45°。

数值越大，剖面线间隔越密；比例数值越小，剖面线间隔越疏。

11.7.2 修改图案填充

（1）输入命令

菜单栏：选取【绘图】菜单→【对象】命令→【图案填充】命令

工具栏：在【修改Ⅱ】工具栏中单击 按钮

命令行：键盘输入【HATCHEDIT】

（2）操作格式

命令：_ hatchedit

重新弹出【图案填充】对话框，可对剖面线的设置进行修改。

11.8 文字标注

文字通常用于工程图中的标题栏、明细栏、技术要求等说明非图形内容。文字标注包括单行文字标注和多行文字标注。

11.8.1 设置文字样式

（1）输入命令

菜单栏：选取【格式】菜单→【文字样式】命令

工具栏：在【文字】工具栏中单击 A 按钮

命令行：键盘输入【STYLE】

（2）操作格式

命令：_style

执行命令后，弹出【文字样式】对话框，如图 11-55 所示，设置步骤也如图所示。

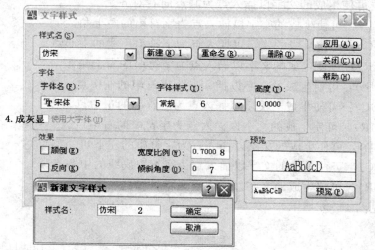

图 11-55 【文字样式】对话框

11.8.2 单行文字标注

（1）输入命令

菜单栏：选取【绘图】菜单→【文字】命令→【单行文字】命令

工具栏：在【文字】工具栏中单击 A 按钮

命令行：键盘输入【TEXT】

（2）操作格式

执行上面命令之一，系统提示如下。

命令：【绘图】→【文字】→【单行文字】

指定文字的起点或［对正（J）/样式（S）］：在图形任意位置拾取一点作为插入点

指定高度〈0.000〉：5 ↙（设置文本的高度：5）

指定文字的旋转角度〈0〉：↙（文字不旋转）

输入文字：工程制图是一门技术基础课。↙

输入文字：%%C84 ↙

输入文字：↙（结束命令）

① 指定文字的起点或［对正（J）/样式（S）］的含义。

ⅰ．对正（J）：设置文本的对齐方式，即文本行相对于起始点的位置关系。输入 J 时，系统提示如下。

输入选项［对齐（A）/调整（F）/中心（C）/中间（M）/右（R）/左上（TL）/中上（TC）/右上（TR）/左中（ML）/正中（MC）/右中（MR）/左下（BL）/中下（BC）/右下（BR）］。

- 对齐（A）：可使生成的文字在指定的两点之间均布。
- 调整（F）：可使生成的文字充满在指定的两点之间，并可控制文字高度。
- 中心（C）：可使生成的文字以插入点为中心向两边排列。
- 中间（M）：可使生成的文字以插入点为中央向两边排列。
- 右（R）：可使生成的文字以插入点为基点向右对齐。
- 左上（TL）：可使生成的文字以插入点为字符串的左上角。
- 中上（TC）：可使生成的文字以插入点为字符串顶线的中心点。
- 右上（TR）：可使生成的文字以插入点为字符串的右上角。
- 左中（ML）：可使生成的文字以插入点为字符串的左中点。
- 正中（MC）：可使生成的文字以插入点为字符串的正中点。
- 右中（MR）：可使生成的文字以插入点为字符串的右中点。
- 左下（BL）：可使生成的文字以插入点为字符串的左下角。
- 中下（BC）：可使生成的文字以插入点为字符串底线的中心点。
- 右下（BR）：可使生成的文字以插入点为字符串的右下角。

对正方式见图 11-56 所示。

图 11-56　文本对正方式

ⅱ．样式（S）：确定文本字体的样式，如设置的仿宋。

② 控制码　在 AutoCAD 中有些符号无法从键盘上直接输入。因此 AutoCAD 提供了一些控制码，在键盘上输入控制码，即可在屏幕上输入相应的字符。

%%O：表示打开或关闭文字上划线。

%%U：表示打开或关闭文字下划线。

%%D：标注角度符号（°）。

%%C：直径符号（ϕ）。

%%%：标注百分号符号（%）。

11.8.3　多行文字标注

（1）输入命令

菜单栏：选取【绘图】菜单→【文字】命令→【多行文字】命令

工具栏：在【文字】工具栏中单击 **A** 按钮

命令行：键盘输入【MTEXT】

（2）操作格式

命令：_ mtext

指定第一角度：在图形内任意位置拾取一点作为插入点

指定对角点或［高度（H）/对正（J）/行距（L）/旋转（R）/样式（S）/宽度（W）］：在图形内将会拉出一个方框，拖动鼠标形成矩形框，这时打开【文字格式】对话框，如图11-57所示。可以在文字区输入"工程制图及CAD"。

图 11-57 【多行文字】对话框

【文字格式】对话框就是一个文档编辑窗口，在这里可以设置文字的样式、字体和大小等属性。选中文字可以改变所选文字的样式、字体、大小、排列方式等。

11.8.4 编辑文字

ⅰ.直接双击文字可以进行在位编辑。在位编辑时，文字显示在图样中的真实位置并显示真实大小。

ⅱ.工具栏：在【标准】工具栏中单击 按钮。打开特性对话框，可以修改文字的颜色、图层、线型、字体样式等属性。

11.9 表格

使用表格可以方便地创建、整理和维护数据信息。

11.9.1 使用表格样式

（1）输入命令（选用下面方法之一）

菜单栏：选取【格式】菜单→【表格样式】命令

工具栏：工具栏中单击 按钮

命令行：键盘输入【TABLESTYLE】

（2）操作格式

命令：_ TABLESTYLE（选用上面输入命令方法之一）

执行命令后，系统打开【表格样式】对话框，如图 11-58 所示。

（3）选项说明

① 样式（S）　选择表格样式的名称。

② 列出（L）　选择样式列表中样式的过滤条件。

③ 预览（Standard）　预览所选择的表格样式。

④ 新建 N　新建表格样式。

⑤ 修改 M　修改表格样式。

⑥ 删除 D　删除表格样式。

⑦ 置为当前 S　将选择的样式作为当前表格样式。

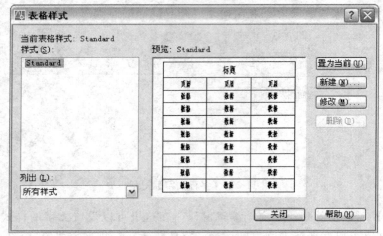

图 11-58　【表格样式】对话框

（4）操作步骤

ⅰ．新建：在【表格样式】对话框中单击【新建】按钮，打开【创建新的表格样式】对话框，输入要新建的样式名称，如图 11-59 所示。

按【继续】按钮，打开【新建表格样式】对话框，如图 11-60 所示，其中各选项功能如下。

图 11-59　【创建新的表格样式】对话框

【单元特性】设置表格单元中文字的样式、高度、颜色、填充颜色和对齐方式。

【边框特性】设置边框的线宽、颜色及应用的位置。

【基本】设置表格的方向是向上还是向下。

【单元边距】设置单元边框和单元内容之间的水平和垂直距离。默认设置是数据行中文字高度的 1/3。最大高度是数据行中文字的高度。

新建表格对话框包括【数据】、【列标题】和【标题】三个选项卡。各选项卡中的设置内容几乎完全相同。

【列标题】选项卡中的设置只应用于表格的列标题行。

【标题】选项卡中的设置只应用于表格的标题行。

当取消【包含页眉行】选项时，则所建表格不包含列标题行。

当取消【包含标题行】选项时，则所建表格不包含标题行。

ⅱ．设置所需表格样式，按【确定】按钮返回表格样式对话框。

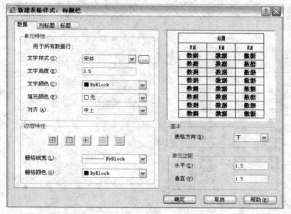

(a)【数据】选项卡

(b)【列标题】选项卡

(c)【标题】选项卡

图 11-60   【新建表格样式】对话框

iii．选取所需的表格样式，按【置为当前】按钮，使它为当前所用，然后按【关闭】按钮退出表格样式对话框。

11.9.2   创建表格

（1）输入命令（选用下面方法之一）

菜单栏：选取【绘图】菜单→【表格】命令

工具栏：工具栏中单击  按钮

命令行：键盘输入【TABLE】

（2）操作格式

命令：_ table（选用上面输入命令方法之一）

执行命令后，系统打开【插入表格】对话框，默认状态下提供一个表格样式，样式名为【Standard】，如图 11-61 所示。

（3）选项说明

① 表格样式设置   选择所建表格使用的样式。按 [...] 按钮可以打开【表格样式】对话

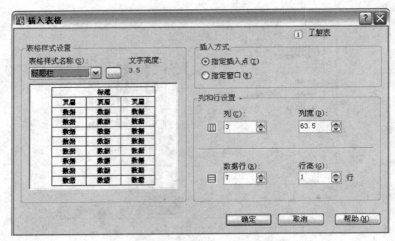

图 11-61 【插入表格】对话框

框，对样式进行修改。

② 插入方式　用来选择一种表格插入方式。分别是指定一点插入表格和为表格指定一个窗口范围。选择不同的选项，列和行的设置方法是不同的。

③ 列和行设置　设置表格的行数、列数、行高和列宽（不包括行标题行和列标题行）。

设置完成后，单击【确定】按钮，退出对话框。指定绘制表格的位置，完成一个空表格的创建，同时打开文字编辑功能。双击一个单元格，可以向表格单元中输入内容。

11.9.3　表格编辑

单击表格的任意一个边框就可以选择一个表格对象，该表格出现夹点，如图 11-62（a）所示，移动夹点可以修改表格的大小、位置。

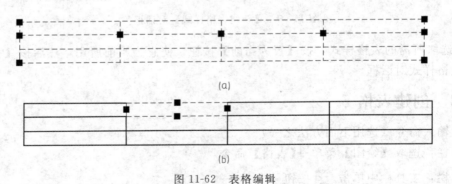

图 11-62　表格编辑

单击一个单元格，可以选择该单元，单元的边框中央将显示夹点，如图 11-62（b）所示。拖动单元上的夹点可以改变单元的行高和列宽，也可以先选中一个单元格，然后选择特性，在【特性】编辑对话框里通过输入数值来改变单元的行高和列宽。同时可以用窗口或交叉窗口选择方式来选择多个单元进行编辑。先选择一个单元，按住〈Shift〉键并在另一个单元内单击，可以同时选中这两个单元以及它们之间的所有单元。

选取一个表格对象，单击右键弹出编辑表格的快捷菜单，可以对其进行编辑。

选取表格中的单元，单击右键，弹出编辑表格单元的快捷菜单，对其进行编辑。

11·10 尺寸标注

11.10.1 尺寸标注组成

工程图中一个完整的尺寸一般由尺寸线、尺寸界线、尺寸终端形式（箭头）、尺寸数字四个部分组成，如图 11-63 所示。

① 尺寸线　用于表示尺寸标注的方向。

② 尺寸界线　用于表示尺寸标注的范围。

③ 尺寸起止符号　用于表示尺寸标注的起始和终止位置。

④ 尺寸数字　用于表示尺寸位置的具体大小。

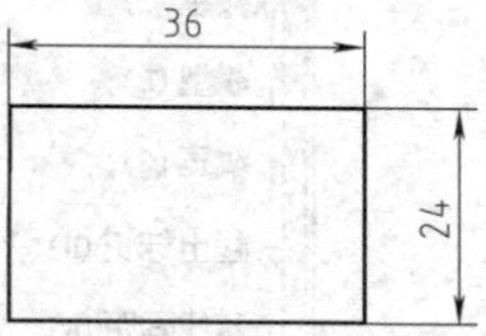

AutoCAD 2006 提供了 11 种尺寸标注类型，分别为：快速标注、线性标注、对齐标注、坐标标注、半径标注、直径标注、角度标注、基线标注、连续标注、引线标注、公差标注、圆心标注等。与书写文字一样，要在图样上标注尺寸，必须对尺寸进行设置。

图 11-63　尺寸标注组成

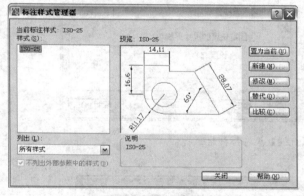

图 11-64　标注样式

11.10.2 尺寸标注设置

（1）输入命令

菜单栏：选取【格式】菜单→【标注样式】命令

工具栏：在【标注】工具栏中单击按钮

命令行：键盘输入【DIMSTYLE】

（2）操作格式

命令：_ dimstyle

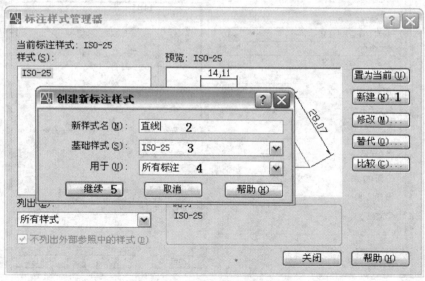

图 11-65　【直线】尺寸标注样式

执行命令后，弹出【标注样式管理器】对话框，如图 11-64 所示。

以创建【直线】尺寸标注样式为例，其操作步骤如图 11-65 所示。

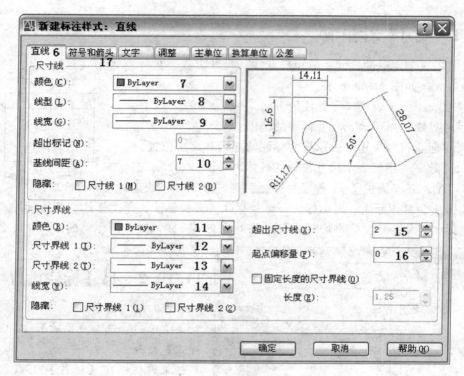

图 11-66　【直线】尺寸标注样式

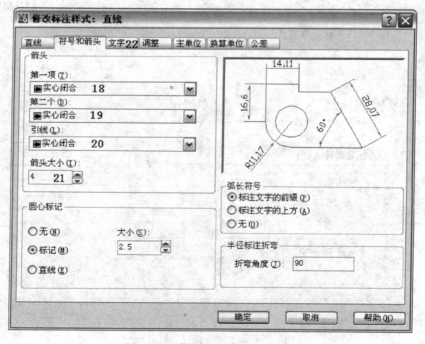

图 11-67　【符号和箭头】选项卡

工程制图与AutoCAD教程

（3）选项卡设置

ⅰ.【直线】选项卡，设置过程及参数如图 11-66 所示。

设置过程及参数如图 11-61 所示。

· 设置参数根据国家标准《机械制图》和《技术制图》。

· 其他选项为默认值。

ⅱ.【符号和箭头】选项卡，设置过程及参数如图 11-67 所示。

ⅲ.【文字】选项卡，设置过程及参数如图 11-68 所示。

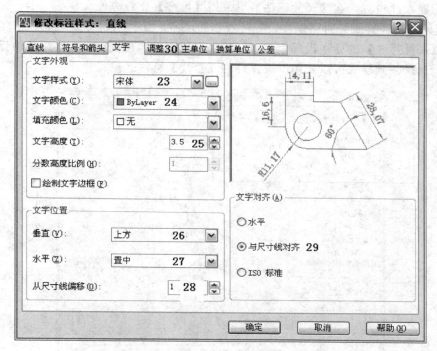

图 11-68　【文字】选项卡

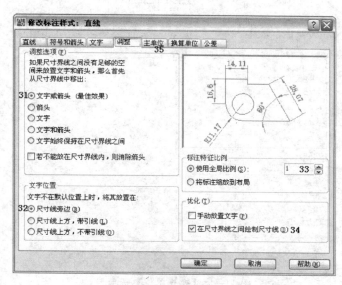

图 11-69　【调整】选项卡

ⅳ.【调整】选项卡，设置过程及参数如图 11-69 所示。

各选项的设置与国家标准基本一致，不需要进行相应设置。

ⅴ.【主单位】选项卡，设置过程及参数如图 11-70 所示。

根据国家标准，只修改 36 和 37 两处，其余采用基础样式 ISO-25 的设置。

ⅵ.【换算单位】选项卡，设置过程及参数如图 11-71 所示。

根据国家标准，不要勾选换算单位，直接采用基础样式 ISO-25 的设置。

ⅶ.【公差】选项卡，设置过程及参数如图 11-72 所示。

公差不要在此设置，在【尺寸标注】里采用【堆叠】比较方便。

ⅷ.返回【标注样式】对话框，设置过程如图 11-73 所示。

这样【线性尺寸】的标注设置完成了，如果设置直径、角度、半径等尺寸的标注，过程是一样的，只是基础样式可以采用以设置好的【直线】标注。

图 11-70 【主单位】选项卡

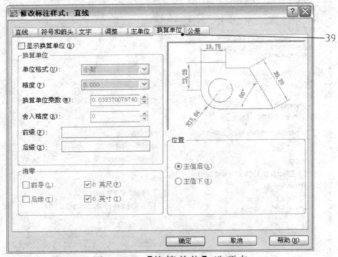

图 11-71 【换算单位】选项卡

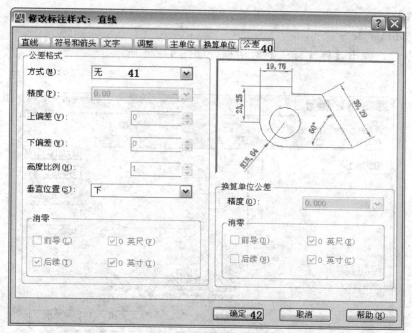

图 11-72 【直线】尺寸标注样式一

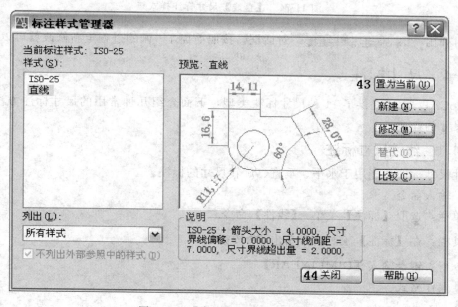

图 11-73 【直线】尺寸标注样式二

11.10.3 编辑尺寸标注设置

(1) 输入命令

菜单栏：选取【格式】菜单→【标注样式】命令

工具栏：在【标注】工具栏中单击 按钮

命令行：键盘输入【DIMSTYLE】

（2）操作格式

命令：_ dimstyle

执行命令后，弹出【标注样式】对话框，如图 11-74 所示。

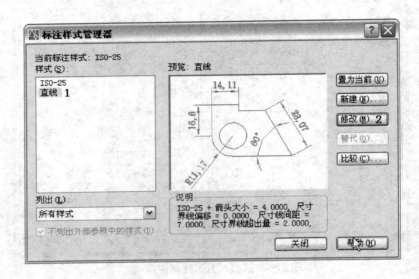

图 11-74　【直线】尺寸标注样式三

这时弹出 **修改标注样式：直线** 对话框，按照前面 i～viii 的过程重新修改就可以。

11.10.4　尺寸标注

AutoCAD 2006 提供了 11 种尺寸标注类型，下面介绍几种常用的尺寸标注方法以及如何设定尺寸的样式。

11.10.4.1　线性尺寸标注

线性尺寸标注功能用于水平、垂直、旋转尺寸的标注。

（1）输入命令

菜单栏：选取【标注】菜单→【线性】命令

工具栏：在【标注】工具栏中单击 按钮

命令行：键盘输入【DIMLINEAR】

（2）操作格式

命令：_ dimlinear

指定第一条尺寸界线起点或〈选择对象〉：指定第 1 条尺寸界线起点 ［如图 11-75(a) 中的 A］

指定第二条尺寸界线起点：指定第 2 条尺寸界线起点 ［如图 11-75(b) 中的 B］

指定尺寸线位置或 ［多行文字（M）/文字（T）/角度（A）/水平（H）/垂直（V）/旋转（R）］：指定尺寸位置或选项

如果想要标注旋转尺寸，则在【指定尺寸线位置或 ［多行文字（M）/文字（T）/角度（A）/水平（H）/垂直（V）/旋转（R）］：】提示下输入旋转（R）选项，出现新提示【指定尺寸线的角度〈0〉：】输入旋转角度，完成旋转尺寸标注，如图 11-75(c) 所示即为将尺寸旋转 30°后的标注。

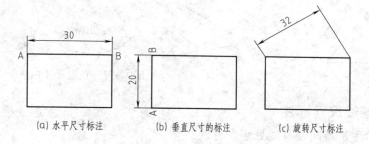

图 11-75　线性尺寸标注

11.10.4.2　对齐尺寸标注

对齐尺寸标注功能用于标注倾斜方向的尺寸。

（1）输入命令

菜单栏：选取【标注】菜单→【线性】命令

工具栏：在【标注】工具栏中单击 按钮

命令行：键盘输入【DIMALIGNED】

（2）操作格式

命令：_ dimaligned

指定第 1 条尺寸界线起点或〈选择对象〉：指定第 1 条尺寸界线起点

指定第 2 条尺寸界线起点：指定第 2 条尺寸界线起点

指定尺寸线位置或［多行文字（M）/文字（T）/角度（A）/水平（H）/垂直（V）/旋转（R）］：指定尺寸位置或选项，如输入旋转（R），可将文本旋转一定的角度。

如图 11-76 所示。

11.10.4.3　角度尺寸标注

角度尺寸标注可以标注圆的圆心角、某段圆弧的圆心角、两条不平行直线的夹角、根据给定的三点标注角度。

（1）输入命令

菜单栏：选取【标注】菜单→【角度】命令

工具栏：在【标注】工具栏中单击 按钮

命令行：键盘输入【DIMENSION】

（2）操作格式

命令：_ dimension

选择圆弧、圆、直线或〈指定顶点〉：选取对象或指定顶点

选择一条直线后，系统提示：

选择第二条直线：选取第二条直线

指定标注弧线位置或［多行文字（M）/文字（T）/角度（A）］：指定尺寸线位置或选项

指定尺寸线的位置后，完成两直线间的角度标注。

角度尺寸标注效果见图 11-77。

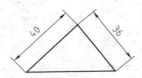

图 11-76 对齐尺寸标注

图 11-77 角度尺寸标注

11.10.4.4 基线尺寸标注

基线尺寸标注是指同一基线处多个标注。

（1）输入命令

菜单栏：选取【标注】菜单→【基线】命令

工具栏：在【标注】工具栏中单击 按钮

命令行：键盘输入【DIMBASLINE】

（2）操作格式

命令：_dimbasline

选择基准标注：指定已存在的线性尺寸界线为起点

指定第二条尺寸界线原点或［放弃（U）/选择（S）］〈选择〉：指定第一个基线尺寸的第2条尺寸界线起点或按 ↵ 结束命令

选择基准标注：可另选择一个基准尺寸同上操作进行基线尺寸标注或按 ↵ 结束命令

基线尺寸标注效果见图 11-78。

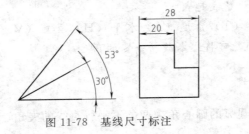

图 11-78 基线尺寸标注　　　　　　　图 11-79 连续尺寸标注

说明：在进行基线尺寸标注之前，必须先进行线性、对齐或角度尺寸标注。

11.10.4.5 连续尺寸标注

连续尺寸标注是首尾相连的多个标注。

（1）输入命令

菜单栏：选取【标注】菜单→【连续】命令

工具栏：在【标注】工具栏中单击 按钮

命令行：键盘输入【DIMCONTINNUE】

（2）操作格式

命令：_dimcontinnue

选择基准标注：指定已存在的线性尺寸界线为起点

指定第二条尺寸界线原点或［放弃（U）/选择（S）］〈选择〉：指定第一个连续尺寸的第2条尺寸界线起点

指定第二条尺寸界线原点或 [放弃 (U)/选择 (S)] 〈选择〉：指定第二个连续尺寸的第
2 条尺寸界线起点

指定第二条尺寸界线原点或 [放弃 (U)/选择 (S)] 〈选择〉：指定第三个连续尺寸的第
2 条尺寸界线起点或按 ↵ 结束命令

选择基准标注：可另选择一个基准尺寸同上操作进行连续尺寸标注或按 ↵ 结束命令

连续尺寸标注效果见图 11-79。

说明：在进行连续尺寸标注之前，必须先进行线性、对齐或角度尺寸标注。

11.10.4.6　半径尺寸标注

半径尺寸标注用于标注半圆或小于半圆的圆弧。

（1）输入命令

菜单栏：选取【标注】菜单→【半径】命令

工具栏：在【标注】工具栏中单击 ◎ 按钮

命令行：键盘输入【RADIUS】

（2）操作格式

命令：_ radius

选择圆弧或圆：选取被标注的圆弧或圆

指定尺寸的位置或 [多行文字 (M)/文字 (T)/角度 (A)]：移动鼠标指定尺寸的位置或选项

如果直接指定尺寸的位置，将标出圆或圆弧的半径；如果选择选项，将确定标注的尺寸
与其倾斜角度。

11.10.4.7　直径尺寸标注

直径尺寸标注用于标注圆或大于半圆的圆弧。

（1）输入命令

菜单栏：选取【标注】菜单→【直径】命令

工具栏：在【标注】工具栏中单击 ◎ 按钮

命令行：键盘输入【DIAMETER】

（2）操作格式

命令：_ diameter

选择圆弧或圆：选择对象

指定尺寸线的位置或 [多行文字 (M)/文字 (T)/角度 (A)]：指定位置或选项

半径和直径尺寸标注效果见图 11-80。

11.10.4.8　引线尺寸标注

引线尺寸标注可以标注引线和注释，而且可以有多种格式。

（1）输入命令

菜单栏：选取【标注】菜单→【引线】命令

工具栏：在【标注】工具栏中单击 🐾 按钮

命令行：键盘输入【LEADER】

（2）操作格式

命令：_ leader

指定第一条引线点或 [设置 (S)] 〈设置〉：指定指引线的起点箭头位置

指定下一点：指定引线另一点
指定文字宽度〈0〉：输入文字宽度

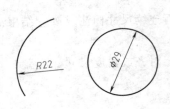

图 11-80　半径和直径尺寸标注

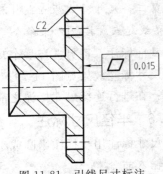

图 11-81　引线尺寸标注

输入注释文字的第一行〈多行文字（M）〉：输入文字

如果选择【多行文字】选项，输入【M】，则打开【多行文字编辑器】对话框输入文字。

如果在提示【指定第一条引线点】时选择【设置】选项，输入【S】时，则打开【引线设置】对话框。引线可以标注倒角、公差等，如图 11-81 所示。

11.11　块的操作

将一个或多个单一的实体对象整合为一个对象，这个对象就是图块，简称块。图块中各实体可以具有各自的图层、线型、颜色等特征。在应用时，图块作为一个独立的、完整的对象进行操作，可以根据需要按一定比例和角度将图块插入到需要的位置。

块分为两种：内部块和外部块。

11.11.1　块的特点

ⅰ. 图块应是需要多次调用的图形，仅一处需要，没有必要建立图块。

ⅱ. 图块的修改具有链接性。只要在当前图形中修改已经定义了的图块，并以同名重新定义图块，那么原来插入的所有同名图块都会改变。例如，某一矩形图块曾被命名为【1】，后来又将一个三角形图块命名为【1】。那么，原来插入的矩形图块，都将自动地变为三角形。

ⅲ. 插入图块时，图块中 0 层实体的颜色和线型将随当前图层而变（因它被绘制在当前图层上）；图块中其他层中的实体仍被绘制在同名图层；故插入时应在 0 层插入，它可以避免图块属性的某种改变。

ⅳ. 图块中实体处于非 0 层时，插入时仍绘制在同名图层。若当前图中的图层少于图块的图层，则当前图中将增加相应的图层。

11.11.2　定义内部块

内部图块是指创建的图块保存在定义该图块的图形中，只能在当前图形中应用，而不能插入到其他图形中。

（1）输入命令

菜单栏：选取【绘图】菜单→【块】命令→【创建】命令

工具栏：在【修改Ⅱ】工具栏中单击 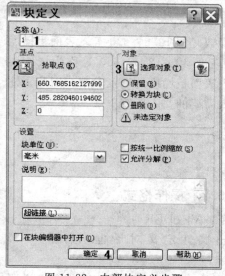 按钮

命令行：键盘输入【BLOCK】

（2）操作格式

命令：_ block

打开【块定义】对话框。在对话框中第1、2步完成后，在绘图区选择要作为块的对象基点。接着完成第3步，在绘图区选择要作为块的对象。定义过程如图 11-82 所示。

11.11.3　定义外部块

外部图块与内部图块的区别是：创建的图块作为独立文件保存，可以插入到任何图形中去，并可以对图块进行打开和编辑。

（1）输入命令

命令行：键盘输入【WBLOCK】

（2）操作格式

命令：_ wblock

打开【写块】对话框。在对话框中第1、2步后，在绘图区选择要作为块的对象基点。接着完成第3步，在绘图区选择要作为块的对象，完成第4步，选择保存路径，以备以后插入时使用。定义过程如图 11-83 所示。

图 11-82　内部块定义步骤

图 11-83　外部块定义步骤

注意：定义内部块和外部块中第2、3步操作没有先后之分。

11.11.4　块的插入

块作为一个独立的对象，可以插入到其他图形中，并在插入的同时也可改变其比例和旋转角度。

（1）输入命令

菜单栏：选取【插入】菜单→【块】命令

工具栏：在【修改】工具栏中单击 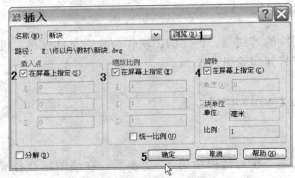 按钮

命令行：键盘输入【INSERT】

（2）操作格式

命令：_ insert

打开【插入】对话框。第 1 步找到要插入块的图形文件名称，如果路径名字不对，可以单击浏览选中；第 2 步确定块在图形文件中的插入点，可以鼠标指定或直接输入坐标值；第 3、4 步确定块在插入时是否缩放和旋转。插入过程见图 11-84 所示。

图 11-84　块【插入】对话框

11.11.5　图块的属性定义

机械零件图样中，需要标有不同的表面粗糙度高度参数，如 12.5、6.3 等。表面粗糙度符号和它的高度参数共同构成了一个完整块。在这里把高度参数 12.5、6.3 等称为块的属性，每次插入表面粗糙度代号时，命令行将自动提示输入表面粗糙度的高度参数。因此属性是块的文本信息，利用定义块属性的方法可以方便地加入需要的文本内容。

11.11.5.1　输入命令

命令行：键盘输入【ATTDEF】

菜单栏：选取【绘图】菜单→【块】命令→【定义属性】命令

11.11.5.2　操作格式

命令：ATTDEF

弹出属性定义对话框，如图 11-85 所示。

【属性定义】选项区内的选项含义说明如下：

（1）模式选项组

□不可见(I) 复选框　表示插入图块并输入图块属性值后，属性值在图中将不显示。不勾选，插入图块将不显示属性值。

□固定(C) 复选框　表示属性值在定义属性时已经确定为一个常量，插入图块

图 11-85　【属性定义】对话框

该属性值将保持不变。不勾选，系统不会对用户输入的属性值提示效验要求。

□ 验证(V) 复选框　表示在插入图块时，系统会对用户提示所输入的属性值将再次提出效验要求。不勾选，系统不会对用户输入的属性值提示效验要求。

□ 预置(P) 复选框　表示在定义属性时，系统要求用户为块指定一个初始值为属性值。不勾选，表示不预设初始值。

（2）属性选项组

标记(T): 文本框　识别图形中每次出现的属性，必须填写，不允许空缺。使用任何字符组合（空格除外）输入属性标记，系统将小写字母更改为大写字母。

提示(M): 文本框　指定在插入包含属性定义的块时显示的提示，如果不输入提示，属性标记将用作提示。

值(L): 文本框　指定默认属性值。

（3）插入点选项组

确定属性文本在块中的插入位置。选择 插入点 ☑在屏幕上指定(O)，文本的输入位置允许用户用

鼠标在绘图区内选择一点作为属性文本的插入点；选择 插入点 ☑在屏幕上指定(O) 可以直接在 X、Y、Z 文本框中输入插入点的坐标值。

（4）文字选项组

对正(J): 左 ▼ 下拉列表　确定属性文本相对于插入点的对齐方式。

文字样式(S): 宋体 ▼ 下拉列表　通过文字标注样式的设置，选择属性文本的样式。

高度(E) < 2.5 设置表　确定属性文本的字高。

旋转(R) < 0 设置表　确定属性文本的旋转角度。

（5）□ 在上一个属性定义下对齐(A) 复选框　勾选该复选框，表示当前属性将继承上一属性的部分参数，如字高、字体、旋转角度等。此时插入点选项组和文字选项组呈灰色显示。

练　习　题

练习　绘制下列图形，并标注尺寸

11-1　　　　　　　　　　　　　　　　　　　11-2

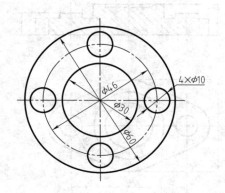

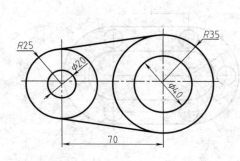

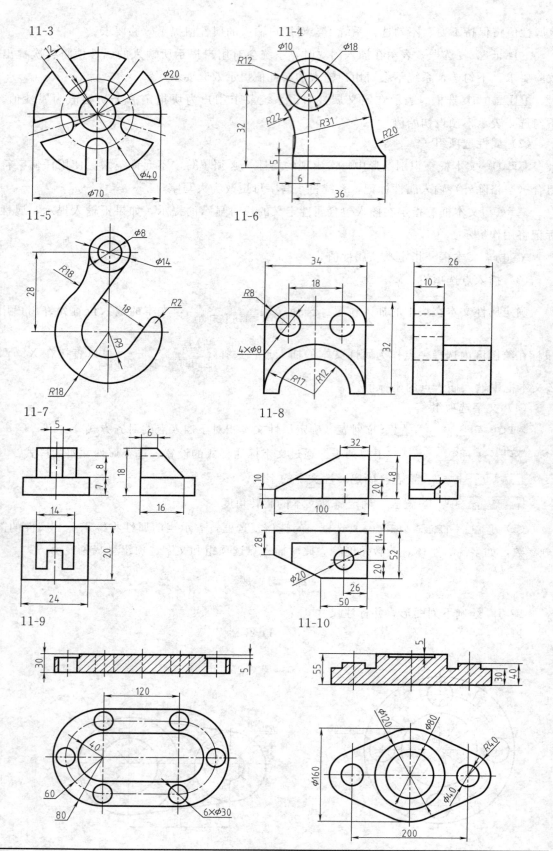

工程制图与AutoCAD教程

11-11

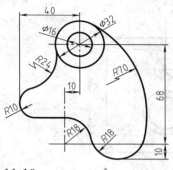

11-12

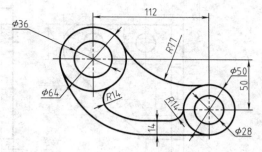

11-13

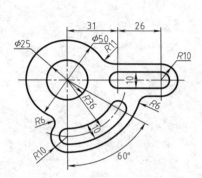

11-14

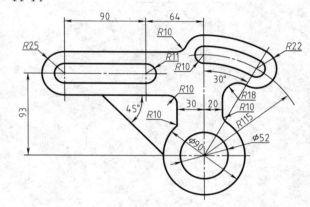

11-15

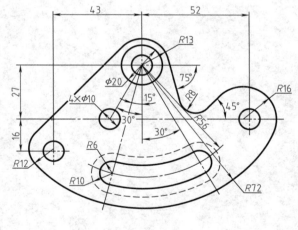

11-16

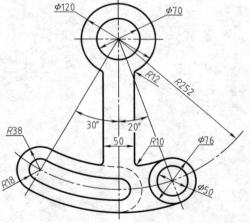

11-17　完成简易标题栏

制图	(姓名)	(日期)		图名		比例	
审核	(姓名)	(日期)				图号或存储代号	
	(校名、班号)			(质量)			
10	25	25		50		10	20

3×7

140

11-18 按标注尺寸 1∶1 抄画支架的零件图，并主全尺寸和技术要求

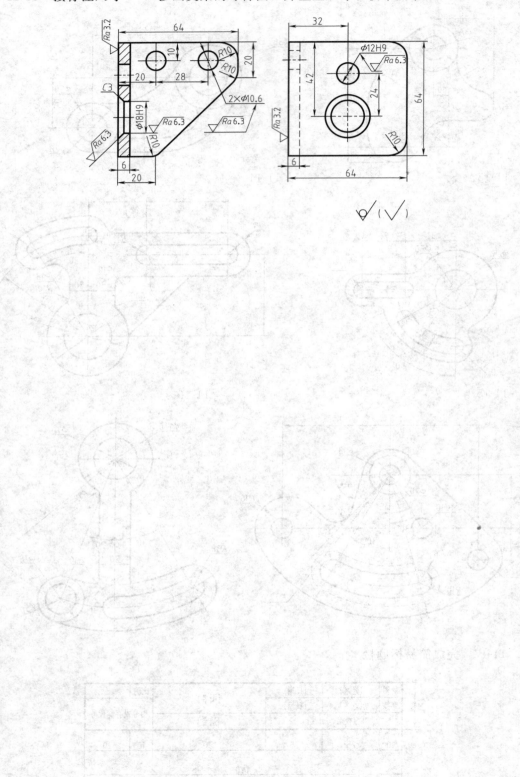

工程制图与AutoCAD教程

附 录

附录 1 螺纹

附 1.1 普通螺纹（GB/T 193—1981、GB/T 196—1981）

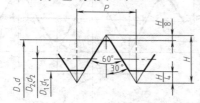

代 号 示 例

公称直径 24mm，螺距为 1.5mm，右旋的细牙普通螺纹：

M24×1.5

附表 1 直径与螺距系列、基本尺寸 /mm

公称直径 D、d 第一系列	公称直径 D、d 第二系列	螺距 P 粗牙	螺距 P 细牙	粗牙小径 D_1、d_1	公称直径 D、d 第一系列	公称直径 D、d 第二系列	螺距 P 粗牙	螺距 P 细牙	粗牙小径 D_1、d_1
3		0.5	0.35	2.459		22	2.5	2,1.5,1,(0.75),(0.5)	19.294
	3.5	(0.6)	0.35	2.850	24		3	2,1.5,1,(0.75)	20.752
4		0.7	0.5	3.242		27	3	2,1.5,1,(0.75)	23.752
	4.5	(0.75)	0.5	3.688					
5		0.8	0.5	4.134	30		3.5	(3),2,1.5,1,(0.75)	26.752
6		1	0.75,(0.5)	4.917		33	3.5	(3),2,1.5,(1),(0.75)	29.211
8		1.25	1,0.75,(0.5)	6.647	36		4	3,2,1.5,(1)	31.670
10		1.5	1.25,1,0.75,(0.5)	8.376		39	4	3,2,1.5,(1)	34.670
12		1.75	1.5,1.25,1,(0.75),(0.5)	10.106	42		4.5		37.129
	14	2	1.5,(1.25)*,1,(0.75),(0.5)	11.835		45	4.5	(4),3,2,1.5,(1)	40.129
16		2	1.5,1,(0.75),(0.5)	13.835	48		5		42.587
	18	2.5	2,1.5,1,(0.75),(0.5)	15.294		52	5		46.587
20		2.5	2,1.5,1,(0.75),(0.5)	17.294	56		5.5	4,3,2,1.5,(1)	50.046

注：1. 优先选用第一系列，括号内尺寸尽量不用；

2. 公称直径 D、d 第三系列未列入；

3. * M14×1.25 仅用于火花塞；

4. 中径 D_2、d_2 未列。

螺距 P	小径 D_1、d_1	螺距 P	小径 D_1、d_1	螺距 P	小径 D_1、d_1
0.35	$d-1+0.621$	1	$d-2+0.917$	2	$d-3+0.835$
0.5	$d-1+0.459$	1.25	$d-2+0.647$	3	$d-4+0.752$
0.75	$d-1+0.188$	1.5	$d-2+0.376$	4	$d-5+0.670$

注：表中的小径按 $d_1=D_1=d-2\times\dfrac{5}{8}H$、$H=\dfrac{\sqrt{3}}{2}P$ 计算得出。

附1.2　管螺纹

55°密封管螺纹

第1部分：圆柱内螺纹与圆柱外螺纹（GB/T 7306.1—2000）

第2部分：圆锥内螺纹与圆锥外螺纹（GB/T 7306.2—2000）

55°非密封管螺纹（GB/T 7307—2001）

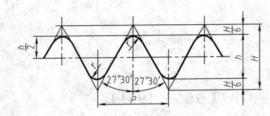

圆柱螺纹的设计牙型

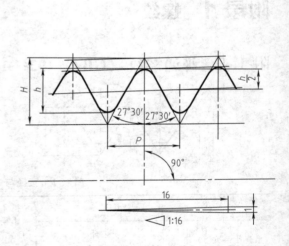

圆锥螺纹的设计牙型

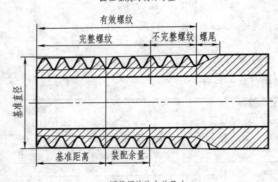

圆锥螺纹的有关尺寸

标 记 示 例

GB/T 7306.1	GB/T 7306.2	GB/T 7307

GB/T 7306.1

尺寸代号 3/4，右旋，圆柱内螺纹：$R_P 3/4$

尺寸代号 3，右旋，圆柱外螺纹：$R_1 3$

尺寸代号 3/4，左旋，圆柱内螺纹：$R_P 3/4$ LH

GB/T 7306.2

尺寸代号 3/4，右旋，圆锥内螺纹：$R_C 3/4$

尺寸代号 3，右旋，圆锥外螺纹：$R_2 3$

尺寸代号 3/4，左旋，圆锥内螺纹：$R_C 3/4$ LH

GB/T 7307

尺寸代号 2，右旋，圆柱内螺纹：G2

尺寸代号 3，右旋，A 级圆柱外螺纹：G3A

尺寸代号 2，左旋，圆柱内螺纹：G2 LH

尺寸代号 4，左旋，B 级圆柱外螺纹：G4B LH

尺寸代号	每 25.4mm 内所含的牙数 n	螺距 P	牙高 h	基本直径或基准平面内的基本直径			基准距离（基本）	外螺纹的有效螺纹不小于
				大径（基本直径）$d=D$	中径 $d_2=D_2$	小径 $D_1=d_1$		
1/16	28	0.907	0.851	7.723	7.142	6.561	4	6.5
1/8	28	0.907	0.851	9.728	9.147	8.566	4	6.5
1/4	19	1.337	0.856	13.157	12.301	11.445	6	9.7
3/8	19	1.337	0.856	16.662	15.806	14.950	6.4	10.1
1/2	14	1.814	1.162	20.955	19.793	18.631	8.2	13.2
3/4	14	1.814	1.162	26.441	25.279	24.117	9.5	14.5
1	11	2.309	1.479	33.249	31.770	30.291	10.4	16.8
1 $\frac{1}{4}$	11	2.309	1.479	41.910	40.431	38.952	12.7	19.1
1 $\frac{1}{2}$	11	2.309	1.479	47.803	46.324	44.845	12.7	19.1
2	11	2.309	1.479	59.614	58.135	56.656	15.9	23.4
2 $\frac{1}{2}$	11	2.309	1.479	75.184	73.705	72.226	17.5	26.7
3	11	2.309	1.479	87.884	86.405	84.926	20.6	29.8
4	11	2.309	1.479	113.030	111.551	110.072	25.4	35.8
5	11	2.309	1.479	138.430	136.951	135.472	28.6	40.1
6	11	2.309	1.479	163.830	162.351	162.351	28.6	40.1

注：第五列中所列的是圆柱螺纹的基本直径和圆锥螺纹在基本平面内的基本直径；第六、七列只适用于圆锥螺纹。

附 1.3　梯形螺纹（GB/T 5796.2—1986，GB/T 8796.3—1986）

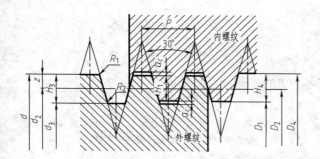

代号示例

公称直径 40mm，导程 14mm，螺距为 7mm 的双线左旋梯形螺纹：

Tr40×14（P7）LH

附表 4　直径与螺距系列、基本尺寸　　　　　　　　　　　　　　　/mm

公称直径 d		螺距 P	中径 $D_2=d_2$	大径 D_4	小径		公称直径 d		螺距 P	中径 $D_2=d_2$	大径 D_4	小径	
第一系列	第二系列				d_3	D_1	第一系列	第二系列				d_3	D_1
8	—	1.5	7.25	8.30	6.20	6.50		11	3	9.50	11.50	7.50	8.00
	9	1.5	8.25	9.30	7.20	7.50	12		2	11.00	12.50	9.50	10.00
		2	8.00	9.50	6.50	7.00			3	10.50	12.50	8.50	9.00
10		1.5	9.25	10.30	8.20	8.50		14	2	13.00	14.50	11.50	12.00
		2	9.00	10.50	7.50	8.00			3	12.50	14.50	10.50	11.00
	11	2	10.00	11.50	8.50	9.00	16		2	15.00	16.50	13.50	14.00

| 公称直径 d | | 螺距 | 中径 | 大径 | 小径 | | 公称直径 d | | 螺距 | 中径 | 大径 | 小径 | |
第一系列	第二系列	P	$D_2=d_2$	D_4	d_3	D_1	第一系列	第二系列	P	$D_2=d_2$	D_4	d_3	D_1
16		4	14.00	16.50	11.50	12.00	30		6	27.00	31.00	23.00	24.00
	18	2	17.00	18.50	15.50	16.00			10	25.00	31.00	19.00	20.50
	18	4	16.00	18.50	13.50	14.00	32		3	30.50	32.50	28.50	29.00
20		2	19.00	30.50	17.50	18.00			6	29.00	33.00	25.00	26.00
20		4	18.00	20.50	15.50	16.00			10	27.00	33.00	21.00	22.00
	22	3	20.50	22.50	18.50	19.00		34	3	32.50	34.50	30.50	31.00
	22	5	19.50	22.50	16.50	17.00		34	6	31.00	35.00	27.00	28.00
	22	8	18.00	23.00	13.00	14.00		34	10	29.00	35.00	23.00	24.00
24		3	22.50	24.50	20.50	21.00	36		3	34.50	36.50	32.50	33.00
24		5	21.50	24.50	18.50	19.00	36		6	33.00	37.00	29.00	30.00
24		8	20.00	25.00	15.00	16.00	36		10	31.00	37.00	25.00	26.00
	26	3	24.50	26.50	22.50	23.00		38	3	36.50	38.50	34.50	35.00
	26	5	23.50	26.50	20.50	21.00		38	7	34.50	39.00	30.00	31.00
	26	8	22.00	27.00	17.00	18.00		38	10	33.00	39.00	27.00	28.00
28		3	26.50	28.50	24.50	25.00	40		3	38.50	40.50	36.50	37.00
28		5	25.50	28.50	22.50	23.00	40		7	36.50	41.00	32.00	33.00
28		8	24.00	29.00	19.00	20.00	40		10	35.00	41.00	29.00	30.00
	30	3	28.50	30.50	26.50	29.00							

附录 2　常用的标准件

附 2.1　螺钉

附 2.1.1　开槽圆柱头螺钉（GB/T 65—2000）

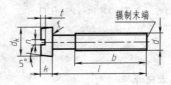

辗制末端

标 记 示 例

螺纹规格 $d=$ M5，公称长度 $l=20$mm，性能等级为 4.8 级，不经表面处理的 A 级开槽圆柱头螺钉：

螺钉 GB/T 65—2000　M5×20

附表 5　　　　　　　　　　　　　　　　　　　　　　　　　　　/mm

螺纹规格 d	M4	M5	M6	M8	M10
P（螺距）	0.7	0.8	1	1.25	1.5
b	38	38	38	38	38
d_k	7	8.5	10	13	16
k	2.6	3.3	3.9	5	6
n	1.2	1.2	1.6	2	2.5
r	0.2	0.2	0.25	0.4	0.4
t	1.1	1.3	1.6	2	2.4
公称长度 l	5～40	6～50	8～60	10～80	12～80
l 系列	5,6,8,10,12,(14),16,20,25,30,35,40,45,50,(55),60,(65),70,(75),80				

注：1. 公称长度 $l \leqslant 40$mm 的螺钉，制出全螺纹。
2. 括号内的规格尽可能不采用。
3. 螺纹规格 $d=$ M1.6～M10；公称长度 $l=2$～80mm。
4. 材料为钢的螺钉性能等级有 4.8、5.8 级，其中 4.8 级为常用。

附 2.1.2　开槽盘头螺钉（GB/T 67—2000）

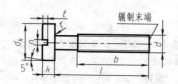

标 记 示 例

螺纹规格 $d=M5$、公称长度 $l=20mm$，性能等级为 4.8 级，不经表面处理的 A 级开槽盘头螺钉：

螺钉 GB/T 67—2000 M5×20

附表 6　　　　　　　　　　　　　　　　　　　　　　　　　/mm

螺纹规格 d	M1.6	M2	M2.5	M3	M4	M5	M6	M8	M10
P（螺距）	0.35	0.4	0.45	0.5	0.7	0.8	1	1.25	1.5
b	25	25	25	25	38	38	38	38	38
d_k	3.2	4	5	5.6	8	9.5	12	16	20
k	1	1.3	1.5	1.8	2.4	3	3.6	4.8	6
n	0.4	0.5	0.6	0.8	1.2	1.2	1.6	2	2.5
r	0.1	0.1	0.1	0.1	0.2	0.2	0.25	0.4	0.4
t	0.35	0.5	0.6	0.7	1	1.2	1.4	1.9	2.4
公称长度 l	2～16	2.5～20	3～25	4～30	5～40	6～50	8～60	10～80	12～80
l 系列	2,2.5,3,4,5,6,8,10,12,(14),16,20,25,30,35,40,45,50(55),60,(65),70,(75),80								

注：1. 括号内的规格尽可能不采用。

　　2. M1.6～M3 的螺钉，公称长度 $l\leqslant30mm$ 时，制出全螺纹。

　　3. M4～M10 的螺钉，公称长度 $l\leqslant40mm$ 时，制出全螺纹。

　　4. 材料为钢的螺钉，性能等级有 4.8、5.8 级，其中 4.8 级为常用。

附 2.1.3　开槽沉头螺钉（GB/T 68—2000）

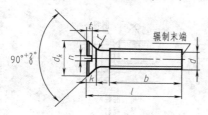

标 记 示 例

螺纹规格 $d=M5$、公称长度 $l=20mm$，性能等级为 4.8 级，不经表面处理的 A 级开槽沉头螺钉：

螺钉　GB/T 68—2000　　M5×20

附表 7　　　　　　　　　　　　　　　　　　　　　　　　　/mm

螺纹规格 d	M1.6	M2	M2.5	M3	M4	M5	M6	M8	M10
P（螺距）	0.35	0.4	0.45	0.5	0.7	0.8	1	1.25	1.5
b	25	25	25	25	38	38	38	38	38
d_k	3.6	4.4	5.5	6.3	9.4	10.4	12.6	17.3	20
k	1	1.2	1.5	1.65	2.7	2.7	3.3	4.65	5
n	0.4	0.5	0.6	0.8	1.2	1.2	1.6	2	2.5
r	0.4	0.5	0.6	0.8	1	1.3	1.5	2	2.5
t	0.5	0.6	0.75	0.85	1.3	1.4	1.6	2.3	2.6
公称长度 l	2.5～16	3～20	4～25	5～30	6～40	8～50	8～60	10～80	12～80
l 系列	2.5,3,4,5,6,8,10,12,(14),16,20,25,30,35,40,45,50,(55),60,(65),70,(75),80								

注：1. 括号内的规格尽可能不采用。

　　2. M1.6～M3 的螺钉，公称长度 $l\leqslant30mm$ 时，制出全螺纹。

　　3. M4～M10 的螺钉，公称长度 $l\leqslant45mm$ 时，制出全螺纹。

　　4. 材料为钢的螺钉，性能等级有 4.8、5.8 级，其中 4.8 级为常用。

附2.1.4 内六角圆柱头螺钉（GB/T 70.1—2000）

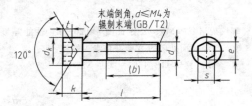

标记示例

螺纹规格 d＝M5、公称长度 l＝20mm、性能等级为8.8级、表面氧化的内六角圆柱头螺钉：

螺钉 GB/T 70.1—2000 M5×20

附表8 /mm

螺纹规格 d	M3	M4	M5	M6	M8	M10	M12	M16	M20
P（螺距）	0.5	0.7	0.8	1	1.25	1.5	1.75	2	2.5
b 参考	18	20	22	24	28	32	36	44	52
d_k	5.5	7	8.5	10	13	16	18	24	30
k	3	4	5	6	8	10	12	16	20
t	1.3	2	2.5	3	4	5	6	8	10
s	2.5	3	4	5	6	8	10	14	17
e	2.87	3.44	4.58	5.72	6.86	9.15	11.43	16.00	19.44
r	0.1	0.2	0.2	0.25	0.4	0.4	0.6	0.6	0.8
公称长度 l	5～30	6～40	8～50	10～60	12～80	16～100	20～120	25～160	30～200
$l \leqslant$ 表中数值时，制出全螺纹	20	25	25	30	35	40	45	55	65
l 系列	2.5,3,4,5,6,8,10,12,16,20,25,30,35,40,45,50,55,60,65,70,80,90,100,120,130,140,150,160,180,200,220,240,260,280,300									

注：螺纹规格 d＝M1.6～M64；六角槽端部允许倒圆或制出沉孔。

附2.1.5 开槽锥端紧定螺钉（GB/T71—1985）、开槽平端紧定螺钉（GB/T 73—1985）、开槽长圆柱端紧定螺钉（GB/T 75—1985）

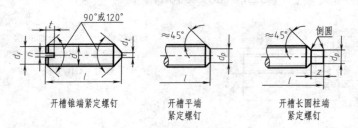

开槽锥端紧定螺钉　　开槽平端紧定螺钉　　开槽长圆柱端紧定螺钉

标记示例

螺纹规格 d＝M5，公称长度 l＝12mm、性能等级为14H级、表面氧化的开槽平端紧定螺钉：

螺钉 GB/T 73—1985 M5×15-14H

附表9 /mm

螺纹规格 d		M1.6	M2	M2.5	M3	M4	M5	M6	M8	M10	M12
P（螺距）		0.35	0.4	0.45	0.5	0.7	0.8	1	1.25	1.5	1.75
n		0.25	0.25	0.4	0.4	0.6	0.8	1	1.2	1.6	2
t		0.74	0.84	0.95	1.05	1.42	1.63	2	2.5	3	3.6
d_t		0.16	0.2	0.25	0.3	0.4	0.5	1.5	2	2.5	3
d_p		0.8	1	1.5	2	2.5	3.5	4	5.5	7	8.5
z		1.05	1.25	1.5	1.75	2.25	2.75	3.25	4.3	5.3	6.3
公称长度 l	GB/T 71—1985	2～8	3～10	3～12	4～16	6～20	8～25	8～30	10～40	12～50	14～60
	GB/T 73—1985	2～8	2～10	2.5～12	3～16	4～20	5～25	6～25	8～40	10～50	12～60
	GB/T 75—1985	2.5～8	3～10	4～12	5～16	6～20	8～25	10～30	10～40	12～50	14～60
l 系列		2,2.5,3,4,5,6,8,10,12,(14),16,20,25,30,35,40,45,50,(55),60										

注：1. 括号内的规格尽可能不采用。

2. $d_f \approx$ 螺纹小径。

3. 紧定螺钉性能等级有14H、22H级，其中14H级为常用。

附2.2 螺栓

六角头螺栓—C级（GB/T 5780—2000）　　　　　　　　六角头螺栓—A和B级（GB/T 5782—2000）

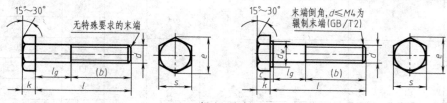

标 记 示 例

螺纹规格 d＝M12、公称长度 l＝80mm、性能等级为8.8级、表面氧化、A级的六角头螺栓：

螺栓　GB/T 5782—2000　M12×80

附表10

/mm

	螺纹规格 d		M3	M4	M5	M6	M8	M10	M12	M16	M20	M24	M30	M36	M42
b 参 考	l≤125		12	14	16	18	22	26	30	38	46	54	66	—	—
	125＜l≤200		18	20	22	24	28	32	36	44	52	60	72	84	96
	l＞200		31	33	35	37	41	45	49	57	65	73	85	97	109
	c		0.4	0.4	0.5	0.5	0.6	0.6	0.6	0.8	0.8	0.8	0.8	0.8	1
d_w	产品 等级	A	4.57	5.88	6.88	8.88	11.63	14.63	16.63	22.49	28.19	33.61	—	—	—
		B	4.45	5.74	6.74	8.74	11.47	14.47	16.47	22	27.7	33.25	42.75	51.11	59.95
e	产品 等级	A	6.01	7.66	8.79	11.05	14.38	17.77	20.03	26.75	33.53	39.98	—	—	—
		B、C	5.88	7.50	8.63	10.89	14.20	17.59	19.85	26.17	32.95	39.55	50.85	60.79	72.02
	k 公称		2	2.8	3.5	4	5.3	6.4	7.5	10	12.5	15	18.7	22.5	26
	r		0.1	0.2	0.2	0.25	0.4	0.4	0.6	0.6	0.8	0.8	1	1	1.2
	s 公称		5.5	7	8	10	13	16	18	24	30	36	46	55	65
	l（商品规格范围）		20～ 30	25～ 40	25～ 50	30～ 60	40～ 80	45～ 100	50～ 120	65～ 160	80～ 200	90～ 240	110～ 300	140～ 360	160～ 400
	l 系列		12,16,20,25,30,35,40,45,50,55,60,65,70,80,90,100,110,120,130,140,150,160, 180,200,220,240,260,280,300,320,340,360,380,400,420,440,460,480,500												

注：1. A级用于 d≤24mm，和 l≤10d 或≤150mm的螺栓；B级用于 d＞24mm和 l＞10d 或＞150mm的螺栓。

2. 螺纹规格 d 范围：GB/T 5780 为M5～M64；GB/T 5782 为M1.6～M64。

3. 公称长度 l 范围：GB/T 5780 为 25～500；GB/T 5782 为 12～500。

4. 材料为钢的螺栓性能等级有 5.6、8.8、9.8、10.9级，其中8.8级为常用。

附2.3　双头螺柱

双头螺柱—b_m＝1d（GB/T 897—1988）

双头螺柱—b_m＝1.25d（GB/T 898—1988）

双头螺柱—b_m＝1.5d（GB/T 899—1988）

双头螺柱—b_m＝2d（GB/T 900—1988）

标 记 示 例

两端均为粗牙普通螺纹，d＝10mm，l＝50mm，性能等级为4.8级，不经表面处理，B型，b_m＝1d 的双头螺柱：

螺柱　GB/T 897　M10×50

旋入端为粗牙普通螺纹，紧固端为螺距 P＝1mm的细牙普通螺纹，d＝10mm，l＝50mm，性能等级为4.8级，不经表面处理，A型，b_m＝1.25d 的双头螺柱：

螺柱　GB/T 898　AM10—M10×1×50

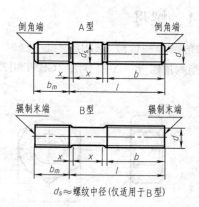

d_s≈螺纹中径(仅适用于B型)

螺纹规格 d	b_m 公称		d_s		x max	b	l 公称
	GB/T 897—1988	GB/T 898—1988	max	min			
M5	5	6	5	4.7		10	16～(22)
						16	25～50
M6	6	8	6	5.7		10	20、(22)
						14	25、(28)、30
						18	(32)～(75)
M8	8	10	8	7.64		12	20、(22)
						16	25、(28)、30
						22	(32)～90
M10	10	12	10	9.64		14	25、(28)
						16	30～(38)
						26	40～120
				2.5P		32	130
M12	12	15	12	11.57		16	25～30
						20	(32)～40
						30	45～120
						36	130～180
M16	16	20	16	15.57		20	30～(38)
						30	40～50
						38	60～120
						44	130～200
M20	20	25	20	19.48		25	35～40
						35	45～60
						46	(65)～120
						52	130～200

注: 1. 本表未列入 GB/T 899—1988、GB/T 900—1988 两种规格。

2. P 表示螺距。

3. l 的长度系列: 16、(18), 20, (22), 25, 30 (32), 35, (38), 40, 45, 50, (55), 60, (65), 70, (75), 80, 90, (95), 100～200 (十进位), 括号内数值尽可能不采用。

4. 材料为钢的螺柱, 性能等级有 4.8、5.8、6.8、8.8、10.9、12.9 级, 其中 4.8 级为常用。

附 2.4　螺母

六角螺母—C 级 (GB/T 41—2000)

1 型六角螺母—A 和 B 级 (GB/T 6170—2000)

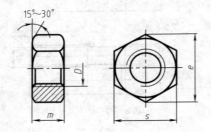

标 记 示 例

螺纹规格 D＝M12、性能等级为 5 级、不经表面处理、C 级的六角螺母:

　　螺母　GB/T 41—2000　M12

螺纹规格 D＝M12、性能等级为 8 级、不经表面处理、A 级的 1 型六角螺母:

　　螺母　GB/T 6170—2000　M12

螺纹规格 D		M3	M4	M5	M6	M8	M10	M12	M16	M20	M24	M30	M36	M42
e	GB/T 41—2000	—	—	8.63	10.89	14.20	17.59	19.85	26.17	32.95	39.55	50.85	60.79	72.02
	GB/T 6170—2000	6.01	7.66	8.79	11.05	14.38	17.77	20.03	26.75	32.95	39.55	50.85	60.79	72.02
s	GB/T 41—2000			8	10	13	16	18	24	30	36	46	55	65
	GB/T 6170—2000	5.5	7	8	10	13	16	18	24	30	36	46	55	65
m	GB/T 41—2000	—	—	5.6	6.1	7.9	9.5	12.2	15.9	18.7	22.3	26.4	31.5	34.9
	GB/T 6170—2000	2.4	3.2	4.7	5.2	6.8	8.4	10.8	14.8	18	21.5	25.6	31	34

注：A 级用于 $D \leqslant 16$；B 级用于 $D > 16$。产品等级 A、B 由公差取值决定，A 级公差数值小。材料为钢的螺母：GB/T 6170 的性能等级有 6、8、10 级，8 级为常用；GB/T 41 等性能等级为 4 和 5 级。这两类螺母的螺纹规格为 M5～M64。

附 2.5 　垫圈

附 2.5.1 　小垫圈　A 级（GB/T 848—2002）、平垫圈　A 级（GB/T 97.1—2002）、平垫圈　倒角型　A 级（GB/T97.2—2002）

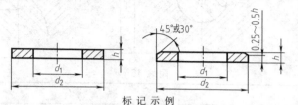

标 记 示 例

标准系列、公称规格 8mm，由钢制造的硬度等级为 200HV 级，不经表面处理、产品等级为 A 级的平垫圈：

垫圈　GB/T 97.1—2002 8

公称规格（螺纹大径）d		1.6	2	2.5	3	4	5	6	8	10	12	16	20	24	30	36
d_1	GB/T 848—2002	1.7	2.2	2.7	3.2	4.3	5.3	6.4	8.4	10.5	13	17	21	25	31	37
	GB/T 97.1—2002	1.7	2.2	2.7	3.2	4.3	5.3	6.4	8.4	10.5	13	17	21	25	31	37
	GB/T 97.2—2002	—					5.3	6.4	8.4	10.5	13	17	21	25	31	37
d_2	GB/T 848—2002	3.5	4.5	5	6	8	9	11	15	18	20	28	34	39	50	60
	GB/T 97.1—2002	4	5	6	7	9	10	12	16	20	24	30	37	44	56	66
	GB/T 97.2—2002						10	12	16	20	24	30	37	44	56	66
h	GB/T 848—2002	0.3	0.3	0.5	0.5	0.5	1	1.6	1.6	1.6	2	2.5	3	4	4	5
	GB/T 97.1—2002	0.3	0.3	0.5	0.5	0.8	1	1.6	1.6	2	2.5	3	3	4	4	5
	GB/T 97.2—2002	—					1	1.6	1.6	2	2.5	3	3	4	4	5

注：1. 硬度等级有 200HV、300HV 级；材料有钢和不锈钢两种。

2. d 的范围：GB/T 848 为 1.6～36mm，GB/T 97.1 为 1.6～64mm，GB/T 97.2 为 5～64mm。表中所列的仅为 $d \leqslant$ 36mm 的优选尺寸；$d > 36$mm 的优选尺寸和非优选尺寸，可查阅这三个标准。

附 2.5.2 　标准型弹簧垫圈（GB/T 93—1987）

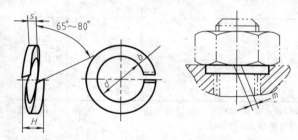

标 记 示 例

规格 16mm，材料为 65Mn，表面氧化的标准型弹簧垫圈：

垫圈　GB/T 93—1987 16

公称规格（螺纹大径）	3	4	5	6	8	10	12	(14)	16	(18)	20	(22)	24	(27)	30
d	3.1	4.1	5.1	6.1	8.1	10.2	12.2	14.2	16.2	18.2	20.2	22.5	24.5	27.5	30.5
H	1.6	2.2	2.6	3.2	4.2	5.2	6.2	7.2	8.2	9	10	11	12	13.6	15
$s(b)$	0.8	1.1	1.3	1.6	2.1	2.6	3.1	3.6	4.1	4.5	5	5.5	6	6.8	7.5
$m \leqslant$	0.4	0.55	0.65	0.8	1.05	1.3	1.55	1.8	2.05	2.25	2.5	2.75	3	3.4	3.75

注：1. 括号内的规格尽可能不采用。

2. m 应大于零。

附 2.6   键[*]

平键   键和键槽的断面尺寸（GB/T 1095—1979）

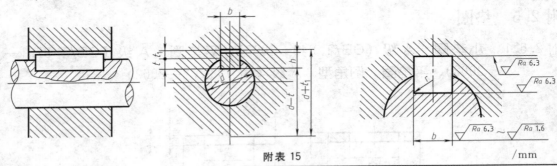

轴	键		键 槽									
			宽度 b					深度				半径 r
公称直径 d	公称尺寸 $b \times h$	公称尺寸 b	偏差					轴 t		毂 t_1		
			较松键连接		一般键连接		较紧键连接	公称	偏差	公称	偏差	最小 最大
			轴 H9	毂 d10	轴 N9	毂 js9	轴和毂 P9					
自 6~8	2×2	2	+0.025 0	+0.060 +0.020	−0.004 −0.029	±0.0125	−0.006 −0.031	1.2	+0.1 0	1	+0.1 0	0.08 0.16
>8~10	3×3	3						1.8		1.4		
>10~12	4×4	4	+0.030 0	+0.078 +0.030	0 −0.030	±0.015	−0.012 −0.042	2.5		1.8		
>12~17	5×5	5						3.0		2.3		0.16 0.25
>17~22	6×6	6						3.5		2.8		
>22~30	8×7	8	+0.036 0	+0.098 +0.040	0 −0.036	±0.018	−0.015 −0.051	4.0		3.3		
>30~38	10×8	10						5.0		3.3		
>38~44	12×8	12	+0.043 0	+0.120 +0.050	0 −0.043	±0.0215	−0.018 −0.061	5.0	+0.2 0	3.3	+0.2 0	0.25 0.40
>44~50	14×9	14						5.5		3.8		
>50~58	16×10	16						6.0		4.3		
>58~65	18×11	18						7.0		4.4		
>65~75	20×12	20	+0.052 0	+0.149 +0.065	0 −0.052	±0.026	−0.022 −0.074	7.0		4.9		0.40 0.60
>75~85	22×14	22						9.0		5.4		
>85~95	25×14	25						9.0		5.4		
>95~110	28×16	28						10.0		6.4		

注：在工作图中轴槽深度用 $(d-t)$ 标注，$(d-t)$ 的极限偏差值应取负号；轮毂槽深用 $(d+t_1)$ 标注。平键轴槽的长度公差带用 H14。图中原标注的表面光洁度已折合成表面粗糙度 Ra 值标注。

普通平键的型式和尺寸（GB/T 1096—1979）

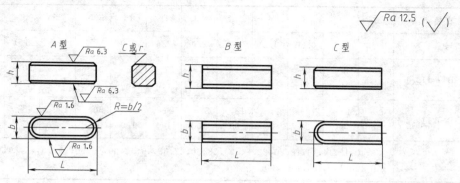

标 记 示 例

圆头普通平键（A 型），$b=18$mm，$h=11$mm，$L=100$mm：键 18×100 GB/T 1096—1979

方头普通平键（B 型），$b=18$mm，$h=11$mm，$L=100$mm：键 B18×100 GB/T 1096—1979

单头普通平键（C 型），$b=18$mm，$h=11$mm，$L=100$mm：键 C18×100 GB/T 1096—1979

附表 16

/mm

b	2	3	4	5	6	8	10	12	14	16	18	20	22	25
h	2	3	4	5	6	7	8	8	9	10	11	12	14	14
C 或 r	0.16~0.25			0.25~0.40			0.40~0.60					0.60~0.80		
L	6~20	6~36	8~45	10~56	14~70	18~90	22~110	28~140	36~160	45~180	50~200	56~220	63~250	70~280
L 系列	6、8、10、12、14、16、18、20、22、25、28、32、36、40、45、50、56、63、70、80、90、100、110、125、140、160、180、200、220、250、280													

注：材料常用 45 钢。图中原标注的表面光洁度已折合成表面粗糙度 Ra 值标注。键的极限偏差：宽（b）用 h9；高（h）用 h11；长（L）用 h14。

附2.7 销

附2.7.1 圆柱销—不淬硬钢和奥氏体不锈钢（GB/T 119.1—2000）、圆柱销—淬硬钢和马氏体不锈钢（GB/T 119.2—2000）

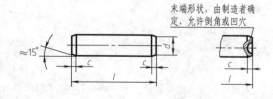

末端形状，由制造者确
定，允许倒角或凹穴

标 记 示 例

公称直径 $d=6$mm、公差 m6、公称长度 $l=30$mm、材料为钢、不经淬火、不经表面处理的圆柱销：

销 GB/T 119.1—2000 6m6×30

公称直径 $d=6$mm、公称长度 $l=30$mm、材料为钢、普淬火（A 型）、表面氧化处理的圆柱销：

销 GB/T 119.2—2000 6×30

公称直径 d		3	4	5	6	8	10	12	16	20	25	30	40	50
$c\approx$		0.50	0.50	0.80	1.2	1.6	2.0	2.5	3.0	3.5	4.0	5.0	6.3	8.0
公称长度 l	GB/T 119.1	8~30	8~40	10~50	12~60	14~80	18~95	22~140	26~180	35~200	50~200	60~200	80~200	95~200
	GB/T 119.2	8~30	10~40	12~50	14~60	18~80	22~100	26~100	40~100	50~100	—	—	—	—
l 系列		8,10,12,14,16,18,20,22,24,26,28,30,32,35,40,45,50,55,60,65,70,75,80,85,90,95, 100,120,140,160,180,200												

注：1. GB/T 119.1—2000 规定圆柱销的公称直径 $d=0.6\sim50\text{mm}$，公称长度 $l=2\sim200\text{mm}$，公差有 m6 和 h8。

2. GB/T 119.2—2000 规定圆柱销的公称直径 $d=1\sim20\text{mm}$，公称长度 $l=3\sim100\text{mm}$，公差仅有 m6。

3. 当圆柱销公差为 h8 时，其表面粗糙度 $Ra\leqslant1.6\mu\text{m}$。

附 2.7.2　圆锥销（GB/T 117—2000）

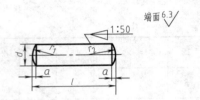

标 记 示 例

公称直径 $d=10\text{mm}$、公称长度 $l=60\text{mm}$、材料为 35 钢、热处理硬度（28~38）HRC、表面氧化处理的 A 型圆锥销：

销　　GB/T 117—2000　10×60

公称直径 d	4	5	6	8	10	12	16	20	25	30	40	50
$a\approx$	0.5	0.63	0.8	1	1.2	1.6	2	2.5	3	4	5	6.3
公称长度 d	14~55	18~60	22~90	22~120	26~160	32~180	40~200	45~200	50~200	55~200	60~200	65~200
l 系列	2,3,4,5,6,8,10,12,14,16,18,20,22,24,26,28,30,32,35,40,45,50,55,60,65,70,75,80,85,90, 95,100,120,140,160,180,200											

注：1. 标准规定圆锥销的公称直径 $d=0.6\sim50\text{mm}$。

2. 有 A 型和 B 型。A 型为磨削，锥面表面粗糙度 $Ra=0.8\mu\text{m}$；B 型为切削或冷镦，锥面粗糙度 $Ra=3.2\mu\text{m}$。

附 2.8　滚动轴承

附 2.8.1　深沟球轴承（GB/T 276—1994）

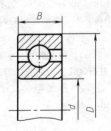

标 记 示 例

类型代号 6　内圈孔径 $d=60\text{mm}$、尺寸系列代号为 (0) 2 的深沟球轴承：

滚动轴承　6212　GB/T 276—1994

轴承代号	尺 寸			轴承代号	尺 寸		
	d	D	B		d	D	B
尺寸系列代号(1)0				尺寸系列代号(0)3			
606	6	17	6	633	3	13	5
607	7	19	6	634	4	16	5
608	8	22	7	635	5	19	6
609	9	24	7	6300	10	35	11
6000	10	26	8	6301	12	37	12
6001	12	28	8	6302	15	42	13
6002	15	32	9	6303	17	47	14
6003	17	35	10	6304	20	52	15
6004	20	42	12	63/22	22	56	16
60/22	22	44	12	6305	25	62	17
6005	25	47	12	63/28	28	68	18
60/28	28	52	12	6306	30	72	19
6006	30	55	13	63/32	32	75	20
60/32	32	58	13	6307	35	80	21
6007	35	62	14	6308	40	90	23
6008	40	68	15	6309	45	100	25
6009	45	75	16	6310	50	110	27
6010	50	80	16	6311	55	120	29
6011	55	90	18	6312	60	130	31
6012	60	95	18				
尺寸系列代号(0)2				尺寸系列代号(0)4			
623	3	10	4				
624	4	13	5	6403	17	62	17
625	5	16	5	6404	20	72	19
626	6	19	6	6405	25	80	21
627	7	22	7	6406	30	90	23
628	8	24	7	6407	35	100	25
629	9	26	8	6408	40	110	27
6200	10	30	9	6409	45	120	29
6201	12	32	10	6410	50	130	31
6202	15	35	11	6411	55	140	33
6203	17	40	12	6412	60	150	35
6204	20	47	14	6413	65	160	37
62/22	22	50	14	6414	70	180	42
6205	25	52	15	6415	75	190	45
62/28	28	58	16	6416	80	200	48
6206	30	62	16	6417	85	210	52
62/32	32	65	17	6418	90	225	54
6207	35	72	17	6419	95	240	55
6208	40	80	18	6420	100	250	58
6209	45	85	19	6422	110	280	65
6210	50	90	20				
6211	55	100	21	注:表中括号"( )",表示该数字在轴承代号中省略。			
6212	60	110	22				

附 2.8.2 圆锥滚子轴承 (GB/T 297—1994)

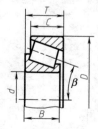

标记示例

类型代号 3 内圈孔径 $d=35$mm、尺寸系列代号为 03 的圆锥滚子轴承:

滚动轴承 30307 GB/T 297—1994

轴承代号	尺 寸					轴承代号	尺 寸				
	d	D	T	B	C		d	D	T	B	C
尺寸系列代号 02						尺寸系列代号 23					
30202	15	35	11.75	11	10	32303	17	47	20.25	19	16
30203	17	40	13.25	12	11	32304	20	52	22.25	21	18
30204	20	47	15.25	14	12	32305	25	62	25.25	24	20
30205	25	52	16.25	15	13	32306	30	72	28.75	27	23
30206	30	62	17.25	16	14	32307	35	80	32.75	31	25
302/32	32	65	18.25	17	15	32308	40	90	35.25	33	27
30207	35	72	18.25	17	15	32309	45	100	38.25	36	30
30208	40	80	19.75	18	16	32310	50	110	42.25	40	33
30209	45	85	20.75	19	16	32311	55	120	45.5	43	35
30210	50	90	21.75	20	17	32312	60	130	48.5	46	37
30211	55	100	22.75	21	18	32313	65	140	51	48	39
30212	60	110	23.75	22	19	32314	70	150	54	51	42
30213	65	120	24.75	23	20	32315	75	160	58	55	45
30214	70	125	26.75	24	21	32316	80	170	61.5	58	48
30215	75	130	27.75	25	22	尺寸系列代号 30					
30216	80	140	28.75	26	22						
30217	85	150	30.5	28	24	33005	25	47	17	17	14
30218	90	160	32.5	30	26	33006	30	55	20	20	16
30219	95	170	34.5	32	27	33007	35	62	21	21	17
30220	100	180	37	34	29	33008	40	68	22	22	18
						33009	45	75	24	24	19
尺寸系列代号 03						33010	50	80	24	24	19
						33011	55	90	27	27	21
30302	15	42	14.25	13	11	33012	60	95	27	27	21
30303	17	47	15.25	14	12	33013	65	100	27	27	21
30304	20	52	16.25	15	13	33014	70	110	31	31	25.5
30305	25	62	18.25	17	15	33015	75	115	31	31	25.5
30306	30	72	20.75	19	16	33016	80	125	36	36	29.5
30307	35	80	22.75	21	18						
30308	40	90	25.25	23	20	尺寸系列代号 31					
30309	45	100	27.25	25	22						
30310	50	110	29.25	27	23	33108	40	75	26	26	20.5
30311	55	120	31.5	29	25	33109	45	80	26	26	20.5
30312	60	130	33.5	31	26	33110	50	85	26	26	20
30313	65	140	36	33	28	33111	55	95	30	30	23
30314	70	150	38	35	30	33112	60	110	30	30	23
30315	75	160	40	37	31	33113	65	110	34	34	26.5
30316	80	170	42.5	39	33	33114	70	120	37	37	29
30317	85	180	44.5	41	34	33115	75	125	37	37	29
30318	90	190	46.5	43	36	33116	80	130	37	37	29
30319	95	200	49.5	45	38						
30320	100	215	51.5	47	39						

附 2.8.3 推力球轴承（GB/T 301—1995）

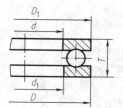

标 记 示 例

类型代号 5 内圈孔径 $d=30$mm、尺寸系列代号为 13 的推力球轴承：

滚动轴承 51306 GB/T 301—1995

附表 21

/mm

轴承代号	尺 寸					轴承代号	尺 寸				
	d	D	T	d_1	D_1		d	D	T	d_1	D_1
尺寸系列代号 11						尺寸系列代号 13					
51104	20	35	10	21	35	51304	20	47	18	22	47
51105	25	42	11	26	42	51305	25	52	18	27	52
51106	30	47	11	32	47	51306	30	60	21	32	60
51107	35	52	12	37	52	51307	35	68	24	37	68
51108	40	60	13	42	60	51308	40	78	26	42	78
51109	45	65	14	47	65	51309	45	85	28	47	85
51110	50	70	14	52	70	51310	50	95	31	52	95
51111	55	78	16	57	78	51311	55	105	35	57	105
51112	60	85	17	62	85	51312	60	110	35	62	110
51113	65	90	18	67	90	51313	65	115	36	67	115
51114	70	95	18	72	95	51314	70	125	40	72	125
51115	75	100	19	77	100	51315	75	135	44	77	135
51116	80	105	19	82	105	51316	80	140	44	82	140
51117	85	110	19	87	110	51317	85	150	49	88	150
51118	90	120	22	92	120	51318	90	155	50	93	155
51120	100	135	25	102	135	51320	100	170	55	103	170
尺寸系列代号 12						尺寸系列代号 14					
51204	20	40	14	22	40	51405	25	60	24	27	60
51205	25	47	15	27	47	51406	30	70	28	32	70
51206	30	52	16	32	52	51407	35	80	32	37	80
51207	35	62	18	37	62	51408	40	90	36	42	90
51208	40	68	19	42	68	51409	45	100	39	47	100
51209	45	73	20	47	73	51410	50	110	43	52	110
51210	50	78	22	52	78	51411	55	120	48	57	120
51211	55	90	25	57	90	51412	60	130	51	62	130
51212	60	95	26	62	95	51413	65	140	56	68	140
51213	65	100	27	67	100	51414	70	150	60	73	150
51214	70	105	27	72	105	51415	75	160	65	78	160
51215	75	110	27	77	110	51416	80	170	68	83	170
51216	80	115	28	82	115	51417	85	180	72	88	177
51217	85	125	31	88	125	51418	90	190	77	93	187
51218	90	135	35	93	135	51420	100	210	85	103	205
51220	100	150	38	103	150	51422	110	230	95	113	225

注：推力球轴承有 51000 型和 52000 型，类型代号都是 5，尺寸系列代号分别为 11、12、13、14 和 21、22、23、24。52000 型推力球轴承的形式、尺寸可查阅 GB/T 301—1995。

附 录

附 2.9 弹簧

圆柱螺旋压缩弹簧（GB/T 2089—1994）

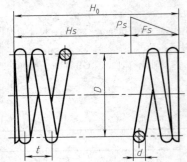

A 型（两端圈并紧磨平）
B 型（两端圈并紧锻平）

标 记 示 例

A 型、材料直径 $d=6$mm、弹簧中径 $D=38$mm、自由
高度 $H_0=60$mm、材料为 C 级碳素弹簧钢丝、冷卷、表面
涂漆处理的右旋圆柱螺旋压缩弹簧，其标记为：

YA $6 \times 38 \times 60$ GB/T 2089

附表 22   圆柱螺旋压缩弹簧（YA、YB 型）尺寸及参数

材料直径 d/mm	弹簧中径 D/mm	节距 t/mm	自由高度 H_0/mm	有效圈数 n 圈	试验负荷 P_s/N	试验负荷 变形量 F_s/mm
2.5	20	7.02	38	4.5	218	20.4
			80	10.5		47.5
	25	9.57	58	5.5	174	38.9
			70	6.5		45.9
4	28	9.16	50	4.5	594	23.2
			70	6.5		33.5
	30	9.92	45	3.5	554	20.7
			85	7.5		44.4
4.5	32	10.5	65	5.5	740	32.9
			90	7.5		44.9
	50	19.1	80	3.5	474	51.2
			220	10.5		153
5	40	13.4	85	5.5	812	46.3
			110	7.5		63.2
	45	15.7	80	4.5	722	48.0
			140	8.5		90.6
6	38	11.9	60	4	368	23.5
			100	7.5		44.0
	45	14.2	90	5.5	1155	45.2
			120	7.5		61.7
10	45	14.6	115	6.5	4919	29.5
			130	7.5		34.1
	50	15.6	80	4	4427	22.4
			150	8.5		47.6

注：1. 材料直径系列：0.5～1（0.1 进位），1.2～2（0.2 进位），2.5～5（0.5 进位），6～20（2 进位），25～50（5 进位）。

2. 弹簧中径系列：3～4.5（0.5 进位），6～10（1 进位），12～22（2 进位），25，28，30，32，35，38，40～100（5 进位），110～200（10 进位），220～340（20 进位）。

3. 本表仅摘录 GB/T 2089—1994 所列表格中的部分项目，作为示例，需用时可查阅该标准。

附录 **3** 常用的零件结构要素

附 **3.1** 标准尺寸（摘自 GB/T 2822—1981）

附表 23

/mm

R10	1.00, 1.25, 1.60, 2.00, 2.50, 3.15, 4.00, 5.00, 6.30, 8.00, 10.0, 12.5, 16.0, 20.0, 25.0, 31.5, 40.0, 50.0, 63.0, 80.0, 100, 125, 160, 200, 250, 315, 400, 500, 630, 800, 1000
R20	1.12, 1.40, 1.80, 2.24, 2.80, 3.55, 4.50, 5.60, 7.10, 9.00, 11.2, 14.0, 18.0, 22.4, 28.0, 35.5, 45.0, 56.0, 71.0, 90.0, 112, 140, 180, 224, 280, 355, 450, 560, 710, 900
R40	13.2, 15.0, 17.0, 19.0, 21.2, 23.6, 26.5, 30.0, 33.5, 37.5, 42.5, 47.5, 53.0, 60.0, 67.0, 75.0, 85.0, 95.0, 106, 118, 132, 150, 170, 190, 212, 236, 265, 300, 335, 375, 425, 475, 530, 600, 670, 750, 850, 950

注：1. 本表仅摘录 1～1000mm 范围内优先数系 R 系列中的标准尺寸。

2. 使用时按优先顺序（R10、R20、R40）选取标准尺寸。

附 **3.2** 砂轮越程槽（摘自 GB/T 6403.5—1986）

附表 24

/mm

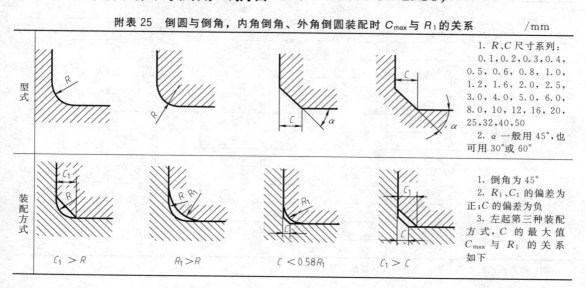

b_1	0.6	1.0	1.6	2.0	3.0	4.0	5.0	8.0	10
b_2	2.0	3.0		4.0			5.0	8.0	10
h	0.1	0.2		0.3		0.4		0.6	0.8	1.2
r	0.2	0.5		0.8		1.0		1.6	2.0	3.0
d	～10			>10～50		>50～100		>100		

注：1. 越程槽内两直线相交处，不允许产生尖角。

2. 越程槽深度 h 与圆弧半径 r，要满足 $r \leqslant 3h$。

3. 磨削具有数个直径的工件时，可使用同一规格的越程槽。

4. 直径 d 值大的零件，允许选择小规格的砂轮越程槽。

5. 砂轮越程槽的尺寸公差和表面粗糙度根据该零件的结构、性能确定。

附 **3.3** 零件倒圆与倒角（摘自 GB/T 6403.4—1986）

附表 25　倒圆与倒角，内角倒角、外角倒圆装配时 C_{max} 与 R_1 的关系

/mm

型式					1. R、C 尺寸系列：0.1, 0.2, 0.3, 0.4, 0.5, 0.6, 0.8, 1.0, 1.2, 1.6, 2.0, 2.5, 3.0, 4.0, 5.0, 6.0, 8.0, 10, 12, 16, 20, 25, 32, 40, 50 2. α 一般用 45°，也可用 30° 或 60°
装配方式	$C_1 > R$	$R_1 > R$	$C < 0.58R_1$	$C_1 > C$	1. 倒角为 45° 2. R_1、C_1 的偏差为正；C 的偏差为负 3. 左起第三种装配方式，C 的最大值 C_{max} 与 R_1 的关系如下

装配方式	R_1	0.1	0.2	0.3	0.4	0.5	0.6	0.8	1.0	1.2	1.6	2.0	2.5	3.0	4.0	5.0	6.0	8.0	10	12	16	20	25
	C_{max}	—	0.1	0.1	0.2	0.2	0.3	0.4	0.5	0.6	0.8	1.0	1.2	1.6	2.0	2.5	3.0	4.0	5.0	6.0	8.0	10	12

注：按上述关系装配时，内角与外角取值要适当，外角的倒圆或倒角过大会影响零件工作面；内角的倒圆或倒角过小会产生应力集中。

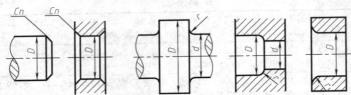

附表 26　与直径 ϕ 相应的倒角 C、倒圆 R 的推荐值　　　　　　/mm

ϕ	~3	>3~6	>6~10	>10~18	>18~30	>30~50	>50~80	>80~120	>120~180
C 或 R	0.2	0.4	0.6	0.8	1.0	1.6	2.0	2.5	3.0
ϕ	>180~250	>250~300	>320~400	>400~500	>500~630	>630~800	>800~1000	>1000~1250	>1250~1600
C 或 R	4.0	5.0	6.0	8.0	10	12	16	20	25

注：倒角一般用 45°，也允许用 30°、60°。

附 3.4　普通螺纹倒角和退刀槽（摘自 GB/T 3—1997）、螺纹紧固件的螺纹倒角（摘自 GB/T 2—2001）

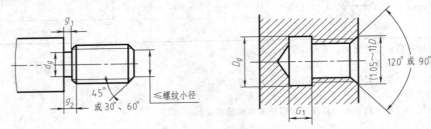

附表 27　　　　　　/mm

螺距	外螺纹	内螺纹	螺距	外螺纹	内螺纹
	g_{2max}	g_{1min}	d_g	G_1	D_g
0.5	1.5	0.8	$d-0.8$	2	$D+0.3$
0.7	2.1	1.1	$d-1.1$	2.8	
0.8	2.4	1.3	$d-1.3$	3.2	
1	3	1.6	$d-1.6$	4	
1.25	3.75	2	$d-2$	5	
1.5	4.5	2.5	$d-2.3$	6	
1.75	5.25	3	$d-2.6$	7	
2	6	3.4	$d-3$	8	$D+0.5$
2.5	7.5	4.4	$d-3.6$	10	
3	9	5.2	$d-4.4$	12	
3.5	10.5	6.2	$d-5$	14	
4	12	7	$d-5.7$	16	

注：退刀槽的尺寸见上表；普通螺纹端部倒角见上页的附图。

附3.5 紧固件通孔（摘自 GB/T 5277—1985）及沉头座尺寸（摘自 GB/T 152.2～4—1988）

附表28

/mm

	螺纹规格 d	3	4	5	6	8	10	12	14	16	18	20	22	24	27	30	36	
通孔直径 GB/T 5277—1985	精装配	3.2	4.3	5.3	6.4	8.4	10.5	13	15	17	19	21	23	25	28	31	37	
	中等装配	3.4	4.5	5.5	6.6	9	11	13.5	15.5	17.5	20	22	24	26	30	33	39	
	粗装配	3.6	4.8	5.8	7	10	12	14.5	16.5	18.5	21	24	26	28	32	35	42	
六角头螺栓和六角螺母用沉孔	d_2	9	10	11	13	18	22	26	30	33	36	40	43	48	53	61	—	适用于六角头螺栓和六角螺母
	d_3	—	—	—	—	—	—	—	—	—	—	—	—	—	—	—	—	
沉头用沉孔	d_2	6.4	9.6	10.6	12.8	17.6	20.3	24.4	28.4	32.4	—	40.4	—	—	—	—	—	适用沉头及半沉头螺钉
	$t \approx$	1.6	2.7	2.7	3.3	4.6	5.0	6.0	7.0	8.0	—	10.0	—	—	—	—	—	
	α	$90°{}^{0}_{-4°}$																
圆柱头用沉孔	d_2	6.0	8.0	10.0	11.0	15.0	18.0	20.0	24.0	26.0	—	33.0	—	40.0	—	48.0	—	适用于内六角圆柱头螺钉
	t	3.4	4.6	5.7	6.8	9.0	11.0	13.0	15.0	17.5	—	21.5	—	25.5	—	32.0	—	
	d_3	—	—	—	—	—	—	16	18	20	—	24	—	28	—	36	—	
	d_2	—	8	10	11	15	18	20	24	26	—	33	—	36	—	—	—	适用于开槽圆柱头螺钉
	t	—	3.2	4.0	4.7	6.0	7.0	8.0	9.0	10.5	—	12.5	—	—	—	—	—	
	d_3	—	—	—	—	—	—	16	18	20	—	24	—	—	—	—	—	
	d_1	—	4.5	5.5	6.6	9	11	13.5	15.5	17.5	—	22	—	24	—	—	—	

注：对螺栓和螺母用沉孔的尺寸 t，只要能制出与通孔轴线垂直的圆平面即可，即刮平圆平面为止，常称锪平。表中尺寸 d_1、d_2、t 的公差带都是 H13。

附录 4 极限与配合

附 4.1 优先配合中轴的极限偏差（摘自 GB/T 1800.4—1999）

附表 29

/μm

基本尺寸/mm 大于	至	公差带 c 11	d 9	f 7	g 6	h 6	h 7	h 9	h 11	k 6	n 6	p 6	s 6	u 6
—	3	-60 / -120	-20 / -45	-6 / -16	-2 / -8	0 / -6	0 / -10	0 / -25	0 / -60	+6 / 0	+10 / +4	+12 / +6	+20 / +14	+24 / +18
3	6	-70 / -145	-30 / -60	-10 / -22	-4 / -12	0 / -8	0 / -12	0 / -30	0 / -75	+9 / +1	+16 / +8	+20 / +12	+27 / +19	+31 / +23
6	10	-80 / -170	-40 / -76	-13 / -28	-5 / -14	0 / -9	0 / -15	0 / -36	0 / -90	+10 / +1	+19 / +10	+24 / +15	+32 / +23	+37 / +28
10	18	-95 / -205	-50 / -93	-16 / -34	-6 / -17	0 / -11	0 / -18	0 / -43	0 / -110	+12 / +1	+23 / +12	+29 / +18	+39 / +28	+44 / +33
18	30	-110 / -240	-65 / -117	-20 / -41	-7 / -20	0 / -13	0 / -21	0 / -52	0 / -130	+15 / +2	+28 / +15	+35 / +22	+48 / +35	+54 / +41 ; +61 / +48
30	40	-120 / -280	-80 / -142	-25 / -50	-9 / -25	0 / -16	0 / -25	0 / -62	0 / -160	+18 / +2	+33 / +17	+42 / +26	+59 / +43	+76 / +60
40	50	-130 / -290	-80 / -142	-25 / -50	-9 / -25	0 / -16	0 / -25	0 / -62	0 / -160	+18 / +2	+33 / +17	+42 / +26	+59 / +43	+86 / +70
50	65	-140 / -330	-100 / -174	-30 / -60	-10 / -29	0 / -19	0 / -30	0 / -74	0 / -190	+21 / +2	+39 / +20	+51 / +32	+72 / +53	+106 / +87
65	80	-150 / -340	-100 / -174	-30 / -60	-10 / -29	0 / -19	0 / -30	0 / -74	0 / -190	+21 / +2	+39 / +20	+51 / +32	+78 / +59	+121 / +102
80	100	-170 / -390	-120	-36	-12	0	0	0	0	+25	+45	+59	+93 / +71	+146 / +124

基本尺寸/mm 大于	至	c	d	f	g	h				k	n	p	s	u
		11	9	7	6	6	7	9	11	6	6	6	6	6
100	120	−180/−400	−207	−71	−34	−22	−35	−87	−220	+3	+23	+37	+101/+79	+166/+144
120	140	−200/−450											+117/+92	+195/+170
140	160	−210/−460	−145/−245	−43/−83	−14/−39	0/−25	0/−40	0/−100	0/−250	+28/+3	+52/+27	+68/+43	+125/+100	+215/+190
160	180	−230/−480											+133/+108	+235/+210
180	200	−240/−530											+151/+122	+265/+236
200	225	−260/−550	−170/−285	−50/−96	−15/−44	0/−29	0/−46	0/−115	0/−290	+33/+4	+60/+31	+79/+50	+159/+130	+287/+258
225	250	−280/−570											+169/+140	+313/+284
250	280	−300/−620	−190/−320	−56/−108	−17/−49	0/−32	0/−52	0/−130	0/−320	+36/+4	+66/+34	+88/+56	+190/+158	+347/+315
280	315	−330/−650											+202/+170	+382/+350
315	355	−360/−720	−210/−350	−62/−119	−18/−54	0/−36	0/−57	0/−140	0/−360	+40/+4	+73/+37	+98/+62	+226/+190	+426/+390
355	400	−400/−760											+244/+208	+471/+435
400	450	−440/−840	−230/−385	−68/−131	−20/−60	0/−40	0/−63	0/−155	0/−400	+45/+5	+80/+40	+108/+68	+272/+232	+530/+490
450	500	−480/−880											+292/+252	+580/+540

公差带

附4.2　优先配合中孔的极限偏差（摘自 GB/T 1800.4—1999）

附表 30　　　　　　　　　　　　　　　　　　　　　　　　　　　　　　/μm

基本尺寸/mm 大于	至	公差带 C 11	D 9	F 8	G 7	H 7	H 8	H 9	H 11	K 7	N 7	P 7	S 7	U 7
—	3	+120 / +60	+45 / +20	+20 / +6	+12 / +2	+10 / 0	+14 / 0	+25 / 0	+60 / 0	0 / −10	−4 / −14	−6 / −16	−14 / −24	−18 / −28
3	6	+145 / +70	+60 / +30	+28 / +10	+16 / +4	+12 / 0	+18 / 0	+30 / 0	+75 / 0	+3 / −9	−4 / −16	−8 / −20	−15 / −27	−19 / −31
6	10	+170 / +80	+76 / +40	+35 / +13	+20 / +5	+15 / 0	+22 / 0	+36 / 0	+90 / 0	+5 / −10	−4 / −19	−9 / −24	−17 / −32	−22 / −37
10	18	+205 / +95	+93 / +50	+43 / +16	+24 / +6	+18 / 0	+27 / 0	+43 / 0	+110 / 0	+6 / −12	−5 / −23	−11 / −29	−21 / −39	−26 / −44
18	30	+240 / +110	+117 / +65	+53 / +20	+28 / +7	+21 / 0	+33 / 0	+52 / 0	+130 / 0	+6 / −15	−7 / −28	−14 / −35	−27 / −48	−33 / −54 (18~24); −40 / −61 (24~30)
30	40	+280 / +120	+142 / +80	+64 / +25	+34 / +9	+25 / 0	+39 / 0	+62 / 0	+160 / 0	+7 / −18	−8 / −33	−17 / −42	−34 / −59	−51 / −76
40	50	+290 / +130	+142 / +80	+64 / +25	+34 / +9	+25 / 0	+39 / 0	+62 / 0	+160 / 0	+7 / −18	−8 / −33	−17 / −42	−34 / −59	−61 / −86
50	65	+330 / +140	+174 / +100	+76 / +30	+40 / +10	+30 / 0	+46 / 0	+74 / 0	+190 / 0	+9 / −21	−9 / −39	−21 / −51	−42 / −72	−76 / −106
65	80	+340 / +150	+174 / +100	+76 / +30	+40 / +10	+30 / 0	+46 / 0	+74 / 0	+190 / 0	+9 / −21	−9 / −39	−21 / −51	−48 / −78	−91 / −121
80	100	+390 / +170	+207 / +120	+90 / +36	+47 / +12	+35 / 0	+54 / 0	+87 / 0	+220 / 0	+10 / −25	−10 / −45	−24 / −59	−58 / −93	−111 / −146
100	120	+400 / +180	+207 / +120	+90 / +36	+47 / +12	+35 / 0	+54 / 0	+87 / 0	+220 / 0	+10 / −25	−10 / −45	−24 / −59	−66 / −101	−131 / −166

工程制图与AutoCAD教程

公差带

基本尺寸/mm 大于	至	C 11	D 9	F 8	G 7	H 7	H 8	H 9	H 11	K 7	N 7	P 7	S 7	U 7
120	140	+450 / +200	+245 / +145	+106 / +43	+54 / +14	+40 / 0	+63 / 0	+100 / 0	+250 / 0	+12 / -28	-12 / -52	-28 / -68	-77 / -117	-155 / -195
140	160	+460 / +210											-85 / -125	-175 / -215
160	180	+480 / +230											-93 / -133	-195 / -235
180	200	+530 / +240	+285 / +170	+122 / +50	+61 / +15	+46 / 0	+72 / 0	+115 / 0	+290 / 0	+13 / -33	-14 / -60	-33 / -79	-105 / -151	-219 / -265
200	225	+550 / +260											-113 / -159	-241 / -287
225	250	+570 / +280											-123 / -169	-267 / -313
250	280	+620 / +300	+320 / +190	+137 / +56	+69 / +17	+52 / 0	+81 / 0	+130 / 0	+320 / 0	+16 / -36	-14 / -66	-36 / -88	-138 / -190	-295 / -347
280	315	+650 / +330											-150 / -202	-330 / -382
315	355	+720 / +360	+350 / +210	+151 / +62	+75 / +18	+57 / 0	+89 / 0	+140 / 0	+360 / 0	+17 / -40	-16 / -73	-41 / -98	-169 / -226	-369 / -426
355	400	+760 / +400											-187 / -244	-414 / -471
400	450	+840 / +440	+385 / +230	+165 / +68	+83 / +20	+63 / 0	+97 / 0	+155 / 0	+400 / 0	+18 / -45	-17 / -80	-45 / -108	-209 / -272	-467 / -530
450	500	+880 / +480											-229 / -292	-517 / -580

附录 5　常用材料以及常用的热处理、表面处理名词解释

附 5.1　金属材料

附表 31

标　准	名称	牌　号		应　用　举　例	说　明
GB/T 700—1988	普通碳素结构钢	Q215	A 级	金属结构件、拉杆、套圈、铆钉、螺栓。短轴、心轴、凸轮（载荷不大的）、垫圈、渗碳零件及焊接件	"Q"为碳素结构钢屈服点"屈"字的汉语拼音首位字母，后面的数字表示屈服点的数值。如 Q235 表示碳素结构钢的屈服点为 235N/mm²
			B 级		
		Q235	A 级	金属结构件、心部强度要求不高的渗碳或氰化零件、钩、拉杆、套圈、汽缸、齿轮、螺母、连杆、轮轴、楔、盖及焊接件	新旧牌号对照： Q215—A2 Q235—A3 Q275—A5
			B 级		
			C 级		
			D 级		
		Q275		轴、轴销、刹车杆、卡头、垫圈、螺栓、齿轮以及其他强度较高的零件	
GB/T 699—1999	优质碳素结构钢	10		用作拉杆、卡头、垫圈、铆钉及用作焊接零件	牌号即表示钢中平均含碳量的万分数，45号钢即表示碳的平均含量为 0.45%；碳的含量 ≤0.25% 的碳钢属低碳钢（渗碳钢）；碳的含量在（0.25～0.6）% 的碳钢属中碳钢；碳的含量 >0.6% 的碳钢属高碳钢
		15		用于受力不大和韧性较高的零件、渗碳零件及紧固件（如螺栓、螺钉）、法兰盘和化工贮器	
		35		用于制造曲轴、转轴、轴销、杠杆、连杆、螺栓、螺母、垫圈、飞轮（多在正火、调质下使用）	
		45		用作要求综合力学性能高的各种零件，通常经正火或调质处理后使用。如制造轴、齿轮、齿条、链条、螺栓、螺母、销钉、键、拉杆等	
		60		用于制造弹簧、弹簧垫圈、凸轮、轧辊等	
		15Mn		制作心部力学性能要求较高且需渗碳的零件	锰的含量较高的钢，需加注化学元素符号"Mn"
		65Mn		用作要求耐磨性的圆盘、衬板、齿轮、花键轴、弹簧等	
GB/T 3077—1999	合金结构钢	20Mn2		用于渗碳小齿轮、小轴、活塞销、柴油机套筒、气门推杆、缸套等	钢中加入一定量的合金元素，提高了钢的力学性能和耐磨性，也提高了钢的淬透性，保证金属在较大截面上获得较高的力学性能
		15Cr		用于要求心部韧性较高的渗碳零件，如船舶主机螺栓、凸轮、汽轮机套环、机车小零件等	
		40Cr		用于受变载、中速、中载、强烈磨损而无很大冲击的重要零件，如重要的齿轮、轴、曲轴、连杆、螺栓、螺母等	

标准	名称	牌号	应用举例	
GB/T 3077—1999	合金结构钢	35SiMn	耐磨、耐疲劳性均优，适用于小型轴类、齿轮及430℃以下的重要紧固件等	钢中加入一定重量的合金元素，提高了钢的力学性能和耐磨性，也提高了钢的淬透性，保证金属在较大截面上获得高的力学性能
		20CrMnTi	工艺性特优，强度、韧性均高，可用于承受高速或重负荷以及冲击、磨损等的重要零件，如渗碳齿轮、凸轮等	
GB/T 11352—1989	铸钢	ZG230—450	轧机机架、铁道车辆摇枕、侧梁、机座、铁砧台、箱体、450℃以下的管路附件等	"ZG"为"铸钢"汉语拼音的首位字母，后面的数字表示屈服点和抗拉强度。如ZG230-450表示屈服点为230N/mm²，抗拉强度为450N/mm²
		ZG310—570	适用于各种形状的零件，如联轴器、齿轮、汽缸、机架、齿圈等	
GB/T 9439—1988	灰铸铁	HT150	用于小负荷和对耐磨性无特殊要求的零件，如端盖、外罩、手轮、一般机床的底座、床身、滑台、工作台和低压管件等	"HT"为"灰铁"的汉语拼音的首位字母，后面的数字表示抗拉强度。如HT200表示抗拉强度为200N/mm²的灰铸铁
		HT200	用于中等负荷和对耐磨性有一定要求的零件，如机床床身、立柱、汽缸、泵体、活塞、轴承座、齿轮箱、阀体等	
		HT250	用于中等负荷和对耐磨性有一定要求的零件，如阀壳、油缸、汽缸、联轴器、机体、齿轮、齿轮箱外壳、飞轮、液压泵和滑阀的壳体等	
GB/T 1176—1987	锡青铜 5-5-5	ZCuSn5Pb5Zn5	耐磨性和耐蚀性均好，易加工，铸造性和气密性较好。用于较高负荷、中等滑动速度下工作的耐磨、耐腐蚀零件，如轴瓦、衬套、缸套、活塞、离合器、蜗轮等	"Z"为"铸造"汉语拼音的首位字母，各化学元素后面的数字表示该元素的质量分数。如ZCuAl10Fe3表示 $w_{Al}=8.1\%\sim11\%$，$w_{Fe}=2\%\sim4\%$。其余为Cu的铸铝青铜
	铝青铜 10-3	ZCuAl10Fe3	力学性能高、耐磨性、耐蚀性，抗氧化性好，可以焊接，不易钎焊。适用于高强度耐磨零件和在蒸汽温度下工作的零件，如涡轮、衬套、轴系、管嘴、耐热管配件等	
	铝黄铜 25-6-3-3	ZCuZn25Al6Fe3Mn3	有很高的力学性能，铸造性良好，耐蚀性较好，可以焊接，适用于高强度耐磨零件，如桥梁支承板、螺母、螺杆、耐磨板、滑块、蜗轮等	
	锰黄铜 38-2-2	ZCuZn38Mn2Pb2	有较高的力学性能，耐蚀性较好，切削性良好。可用于一般用途的结构件，船舶、仪表等使用的外形简单的铸件，如套筒、衬套、轴瓦、滑块等	
GB/T 1173—1995	铸造铝合金	ZAlSi12 代号ZL102	用于制造形状复杂、负荷小、耐腐蚀的薄壁零件和工作温度≤200℃的高气密性零件	$w_{Si}10\%\sim13\%$的铝硅合金
GB/T 1176—1995	硬铝	2A12 (原LY12)	焊接性能好，适于制作高载荷的零件及构件(不包括冲压件和锻件)	2A12表示 $w_{Cu}=3.8\%\sim4.9\%$，$w_{Mg}=1.2\%\sim1.8\%$，$w_{Mn}=0.3\%\sim0.9\%$的硬铝
GB/T 3190—1996	工业纯铝	1060 (代L2)	塑性、耐腐蚀性高，焊接性好，强度低。适于制作贮槽、热交换器、防污染及泵冷设备等	1060表示含杂质≤0.4%的工业纯铝

附 5.2　非金属材料

标准	名称	牌号	应 用 举 例	说 明
GB/T 359—1995	耐油石棉橡胶板	NY250 HNY300	供航空发动机用的煤油、润滑油及冷气系统结合处的密封衬垫材料	有(0.4～3.0)mm 的 10 种厚度规格
GB/T 5574—1994	耐酸碱橡胶板	2707 2807 2709	具有耐酸碱性能,在温度(−30～+60)℃的 20%浓度的酸碱液体中工作,用于冲制密封性能较好的垫圈	较高硬度 中等硬度
	耐油橡胶板	3707 3807 3709 3809	可在一定温度的全损耗系统用油、变压器油、汽油等介质中工作,适用于冲制各种形状的垫圈	较高硬度
	耐热橡胶板	4708 4808 4710	可在(−30～+100)℃且压力不大的条件下,在热空气、蒸汽介质中工作,用于冲制各种垫圈及隔热垫板	较高硬度 中等硬度

附 5.3　常用的热处理和表面处理名词解释

附表 33

名称	代号	说 明	目 的
退火	5111	将钢件加热到临界温度以上,保温一段时间,然后以一定速度缓慢冷却	用于消除铸、锻、焊零件的内应力,以利切削加工,细化晶粒,改善组织,增加韧性
正火	5121	将钢件加热到临界温度以上,保温一段时间,然后在空气中冷却	用于处理低碳和中碳结构钢及渗碳零件,细化晶粒,增加强度和韧性,减少内应力,改善切削性能
淬火	5131	将钢件加热到临界温度以上,保温一段时间,然后急速冷却	提高钢件强度及耐磨性。但淬火后会引起内应力,使钢变脆,所以淬火后必须回火
回火	5141	将淬火后的钢件重新加热到临界温度以下某一温度,保温一段时间,然后冷却到室温	降低淬火后的内应力和脆性,提高钢的塑性和冲击韧性
调质	5151	淬火后在 450～600℃进行高温回火	提高韧性及强度。重要的齿轮、轴、及丝杠等零件需调质
表面淬火	5210	用火焰或高频电流将钢件表面迅速加热到临界温度以上,急速冷却	提高钢件表面的硬度及耐磨性,而心部又保持一定的韧性,使零件既耐磨又能承受冲击,常用来处理齿轮等
渗碳	5310	将钢件在渗碳剂中加热,停留一段时间,使碳渗入钢的表面后,再淬火和低温回火	提高钢件表面的硬度、耐磨性、抗拉强度等。主要适用于低碳、中碳($w_C < 0.40\%$)结构钢的中小型零件
渗氮	5330	将零件放入氨气内加热,使氮原子渗入零件的表面,获得含氮强化层	提高钢件表面的硬度、耐磨性、疲劳强度和抗蚀能力。适用于合金钢、碳钢、铸铁件,如机床主轴、丝杠、重要液压元件中的零件
时效处理	时效	机件精加工前,加热到 100～150℃,保温 5～20h,空气冷却;铸件可天然时效处理,露天放一年以上	消除内应力,稳定机件形状和尺寸,常用于处理精密机件,如精密轴承、精密丝杠等

名称	代号	说　明	目　的
发蓝 发黑	发蓝或 发黑	将零件置于氧化性介质内加热氧化,使表面形成一层氧化铁保护膜	防腐蚀、美化,常用于螺纹连接件
镀镍	镀镍	用电解方法,在钢件表面镀一层镍	防腐蚀、美化
镀铬	镀铬	用电解方法,在钢件表面镀一层铬	提高钢件表面硬度、耐磨性和耐蚀能力,也用于修复零件上磨损了的表面
硬度	HBS(布氏硬度) HRC(洛氏硬度) HV(维氏硬度)	材料抵抗硬物压入其表面的能力,依测定方法不同而有布氏、洛氏、维氏硬度等几种	用于检验材料经热处理后的硬度。HBS 用于退火、正火、调质的零件及铸件;HRC 用于经淬火、回火及表面渗碳、渗氮等处理的零件;HV 用于薄层硬化零件

参 考 文 献

[1] 陈传波等编. 计算机图形学基础. 北京：电子工业出版社，2002.

[2] 杨惠英，王玉坤主编. 机械制图. 第四版. 北京：清华大学出版社，2006.

[3] 叶玉驹，焦永和主编. 机械制图手册. 第四版. 北京：机械工业出版社，2008.

[4] 大连理工大学工程画教研室编. 画法几何学. 第六版. 北京：高等教育出版社，2003.

[5] 国家质量技术监督局发布. 中华人民共和国国家标准　技术制图. 北京：中国标准出版社，1999.

[6] 国家质量技术监督局发布. 中华人民共和国国家标准　机械制图. 北京：中国标准出版社，2001.

[7] 国家质量监督检验检疫总局发布. 中华人民共和国国家标准　机械制图　图样画法　图线. 北京：中国标准出版
     社，2003.

[8] 国家质量监督检验检疫总局发布. 中华人民共和国国家标准　机械制图　图样画法　视图. 北京：中国标准出版
     社，2003.

[9] 国家质量监督检验检疫总局发布. 中华人民共和国国家标准　机械制图　图样画法　剖视图和断面图　北京：中国
     标准出版社，2003.

[10] 二代龙震工作室编著. Auto CAD 2006 中文版机械设计基础. 北京：电子工业出版社，2005.

[11] 二代龙震工作室编著. Auto CAD 2006 中文版机械设计提高. 北京：电子工业出版社，2005.

[12] 魏崇光，郑晓梅编著. 化工工程制图. 北京：化学工业出版社，2002.

[13] 方利国，董新法编著. 化工制图 Auto CAD 实战教程与开发. 北京：化学工业出版社，2006.

[14] 大连理工大学工程画教研室编. 机械制图. 第五版. 北京：高等教育出版社，2003.